高等职业教育系列教材

可编程控制器原理及应用

第 2 版

主编　田淑珍

参编　孙建东　王延忠

主审　李　丽

机械工业出版社

本书作为高等职业教育中可编程序控制器的教材，充分体现了高等职业教育培养技能型人才的教学特色。

本书共分为 8 章，第 1 章～第 3 章介绍可编程序控制器的基础知识、结构和编程软件的使用及实训；第 4 章～第 5 章介绍 PLC 的基本指令及应用，第 6 章介绍 PLC 的功能指令及指令向导的应用，在常用指令后配有例题、实训，由浅入深，培养读者兴趣；第 7 章通过综合实例和实训，介绍 PLC 应用系统的设计，提高读者技能；第 8 章介绍 S7-200 的通信与网络，并重点介绍了 PPI 通信及 NETR/NETW 指令及向导的应用，并配有实训。每章后都有习题，既可做课堂教学及书面练习，也可供上机实际操作用。

本书适合高职高专自动化、机电一体化、计算机控制等相关专业的教学使用，也可供 S7-200 系列 PLC 用户参考，同时还可作为从事相关专业的技术人员的自学用书。

本书配备授课电子教案，需要的教师可登录 www.cmpedu.com 免费注册、审核通过后下载，或联系编辑索取（QQ：1239258369，电话：010-88379739）。

图书在版编目（CIP）数据

可编程控制器原理及应用 / 田淑珍主编 . —2 版 . —北京：机械工业出版社，2014.4（2025.6 重印）

高等职业教育系列教材

ISBN 978-7-111-46014-5

Ⅰ . ①可… Ⅱ . ①田… Ⅲ . ①可编程序控制器－高等职业教育－教材 Ⅳ . ①TP332.3

中国版本图书馆 CIP 数据核字（2014）第 036600 号

机械工业出版社（北京市百万庄大街 22 号　邮政编码 100037）

责任编辑：李文轶　　　责任校对：张艳霞

责任印制：常天培

北京华宇信诺印刷有限公司印刷

2025 年 6 月第 2 版·第 12 次印刷

184mm×260mm · 15.5 印张 · 381 千字

标准书号：ISBN 978-7-111-46014-5

定价：49.90 元

电话服务　　　　　　　　　　　网络服务

客服电话：010-88361066　　　　机 工 官 网：www.cmpbook.com

　　　　　010-88379833　　　　机 工 官 博：weibo.com/cmp1952

　　　　　010-68326294　　　　金 书 网：www.golden-book.com

封底无防伪标均为盗版　　　　　机工教育服务网：www.cmpedu.com

前　言

可编程序控制器的原理及应用是从事自动控制及机电一体化专业工作的技术人员不可缺少的重要技能。在许多高职院校已将其作为一门主要的实用性很强的专业课。西门子公司的可编程序控制器在我国的应用市场中占有一定的份额，特别是 S7-200 系列的 CPU21X 和 CPU22X 系列有着广泛的应用，因其结构紧凑、功能强、易于扩展以及性价比高等方面的因素，被许多高职院校作为教学用机。我们编写这本以培养综合性技能型兼顾应用型人才为目标的"讲、练、用"结合的教材，在理论够用条件下，突出实训教学环节，力图做到便于教学，突出职业教育的特点。本书在第 1 版的基础上，将编程软件升级到 STEP7 V4.0 版本，同时强化了 PID、高速计数器、高速脉冲输出和通信指令及其指令向导的应用及实训。

本书重点介绍了 S7-200 系列 PLC 的组成、原理、指令和应用，详细介绍了 PLC 的编程方法，并列举了大量应用示例。为了突出职业教育的特点，在介绍常用指令后都配有例题、实训，由浅入深地培养学生的学习兴趣，并通过综合实例和实训，介绍 PLC 应用系统的设计，提高学生的技能。全书编写体现了讲练结合、工学结合，淡化了理论和实践的界限。在内容安排上，精练理论，突出实用技能，基本概念准确，基本原理简单易懂，并以有趣实用的例子和"看得见、摸得着"的实训介绍可编程序控制器的编程和调试等应用方法，让学生学会应用 PLC 实现一定的控制任务，提高应用技能。

本书既可供少学时（如 40～50 学时）的教学使用，也可供多学时（如 70～80 学时）的教学使用。少学时教学可以将第 1～5 章作为重点详细介绍，有条件可多安排一些实训，而对第 6、8 章可作简单介绍，可有选择地重点讲解第 7 章，并安排实训，让学生实现一定的控制任务。

对第 3 章关于 STEP7 编程软件一章讲解，可以根据教学内容和实训内容的需要合理安排，最好是"现用现讲，用多少讲多少"，特别是要与实训内容交织在一起讲，通过上机练习，教学效果更好。

本书是机械工业出版社组织出版的"高等职业教育系列教材"之一，由田淑珍主编，并编写第 1、2、3、4、6、7 章，孙建东编写第 8 章，王延忠编写第 5 章和附录并进行图文处理工作。全书由田淑珍整理定稿，由李丽主审，在此表示感谢。

由于编者水平有限，书中错漏在所难免，恳请广大读者批评指正。

编　者

目　录

第 1 章 可编程序控制器概述

本章要点

- 可编程序控制器的特点、分类与发展
- 可编程序控制器的定义和基本含义
- 可编程序控制器的基本组成及各部分的作用
- 可编程序控制器的工作原理
- 可编程序控制器的技术指标

1.1 可编程序控制器的发展概况

随着计算机控制技术的不断发展，可编程序控制器的应用已广泛普及，成为自动化技术的重要组成部分。

1969 年，美国数字设备公司（DEC）研制出了世界上第一台可编程序控制器，并应用于通用汽车公司的生产线上。当时叫做可编程序逻辑控制器（Programmable Logic Controller，PLC），目的是用来取代继电器，以执行逻辑判断、计时、计数等顺序控制功能。

随着半导体技术、尤其是微处理器和微型计算机技术的发展， PLC 已广泛地使用 16 位甚至 32 位微处理器作为中央处理器，输入、输出模块和外围电路也都采用了中、大规模甚至超大规模的集成电路，使 PLC 在概念、设计、性能价格比以及应用方面都有了新的突破。这时的 PLC 已不仅仅具有逻辑判断功能，还同时具有数据处理、PID 调节和数据通信功能，称为可编程序控制器（Programmable Controller）更为合适，简称为 PC，但为了与个人计算机（Personal Computer）的简称 PC 相区别，一般将它简称为 PLC（Programmable Logic Controller）。

我国从 1974 年起也开始研制可编程序控制器，于 1977 年开始工业应用。目前它已经大量地被应用在楼宇自动化、家庭自动化、商业、公用事业、测试设备和农业等领域，并涌现出大批应用可编程序控制器的新型设备。掌握可编程序控制器的工作原理，具备设计、调试和维护可编程序控制器控制系统的能力，已经成为现代工业对电气技术人员的基本要求。

1.2 可编程序控制器的定义

国际电工委员会（IEC）曾于 1982 年 11 月颁发了可编程序控制器标准草案第一稿，于 1985 年 1 月又发表了第二稿，1987 年 2 月颁发了第三稿。该草案中对可编程序控制器的定义是：

"可编程序控制器是一种数字运算操作的电子系统，专为在工业环境下应用而设计。它采用了可编程序的存储器，用来在其内部存储和执行逻辑运算、顺序控制、定时、计数和算术运算等操作命令，并通过数字式和模拟式的输入和输出，控制各种类型的机械或生产过程。可编程序控制器及其有关外围设备，都按易于与工业系统联成一个整体、易于扩充其功能的原则设计。"

该定义强调了可编程序控制器是"数字运算操作的电子系统"，是一种计算机。它是"专为在工业环境下应用而设计"的工业计算机，是一种用程序来改变控制功能的工业控制计算机，除了能完成各种各样的控制功能外，还有与其他计算机通信联网的功能。

这种工业计算机采用"面向用户的指令"，因此编程方便。它能完成逻辑运算、顺序控制、定时、计数和算术操作，它还具有"数字量和模拟量输入和输出控制"的能力，并且非常容易与"工业控制系统联成一体"，易于"扩充"。

定义还强调了可编程序控制器能直接应用于工业环境，它须具有很强的抗干扰能力、广泛的适应能力和应用范围。这也是区别于一般微型计算机控制系统的一个重要特征。

应该强调的是，可编程序控制器与以往所讲的顺序控制器在"可编程"方面有质的区别。PLC 中引入了微处理机及半导体存储器等新一代电子器件，并用规定的指令进行编程，能灵活地修改，即用软件方式来实现"可编程序"的目的。

可编程序控制器是应用面最广、功能强大、使用方便的通用工业控制装置。它已经成为当代自动化的主要支柱之一。

1.3 可编程序控制器的基本组成

1.3.1 控制组件

可编程序控制器主要由 CPU、存储器、基本输入/输出（I/O）接口电路、外设接口、编程装置和电源等组成。

可编程序控制器的结构多种多样，但其组成的一般原理基本相同，都是以微处理器为核心的结构。可编程序控制器系统的结构如图 1-1 所示。编程装置将用户程序送入可编程序控制器，在可编程序控制器运行状态下，输入单元接收到外部元件发出的输入信号，可编程序控制器执行程序，并根据程序运行后的结果，由输出单元驱动外部设备。

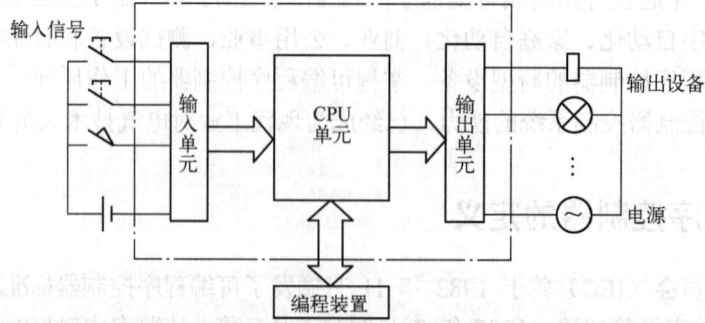

图 1-1 可编程序控制器系统的结构

1. CPU 单元

CPU 是可编程序控制器的控制中枢，相当于人的大脑。CPU 一般由控制电路、运算器和寄存器组成。这些电路通常都被封装在一个集成的芯片上。CPU 通过地址总线、数据总线、控制总线与存储单元、输入/输出接口电路连接。CPU 的功能有：它在系统监控程序的控制下工作，通过扫描方式，将外部输入信号的状态写入输入映像寄存区域，PLC 进入运行状态后，从存储器逐条读取用户指令，按指令规定的任务进行数据的传送、逻辑运算、算术运算等，然后将结果送到输出映像寄存区域。简单地说，CPU 的功能就是读输入、执行程序、写输出。

2. 存储器

可编程序控制器的存储器由只读存储器（ROM）、随机存储器（RAM）和可电擦写的存储器（E²PROM）3 大部分构成，主要用于存放系统程序、用户程序及工作数据。

只读存储器（ROM）用于存放系统程序，可编程序控制器在生产过程中将系统程序固化在 ROM 中，用户是不可改变的。用户程序和中间运算数据存放在随机存储器（RAM）中，RAM 存储器是一种高密度、低功耗、价格便宜的半导体存储器，可用锂电池作为备用电源。它存储的内容是易失的，掉电后内容丢失；当系统掉电时，用户程序可以保存在只读存储器 E²PROM 或由高能电池支持的 RAM 中。E²PROM 兼有 ROM 的非易失性和 RAM 的随机存取优点，用来存放需要长期保存的重要数据。

3. I/O 单元及 I/O 扩展接口

1) I/O 单元（输入/输出接口电路）。PLC 内部输入电路的作用是将 PLC 外部电路（如行程开关、按钮和传感器等）提供的符合 PLC 输入电路要求的电压信号，通过光耦合电路送至 PLC 内部电路中。输入电路通常以光电隔离和阻容滤波的方式提高抗干扰能力，输入响应时间一般在 0.1～15ms。根据输入信号形式的不同，可将 I/O 单元分为模拟量 I/O 单元、数字量 I/O 单元两大类。根据输入单元形式的不同，可将 I/O 单元分为基本 I/O 单元、扩展 I/O 单元两大类。PLC 内部输出电路作用是，将输出映像寄存器的结果通过输出接口电路驱动外部的负载（如接触器线圈、电磁阀和指示灯等）。

2) I/O 扩展接口。可编程序控制器利用 I/O 扩展接口实现 I/O 扩展单元与 PLC 基本单元的连接，当基本 I/O 单元的输入或输出点数不够使用时，可以用 I/O 扩展单元来扩充开关量 I/O 点数和增加模拟量的 I/O 端子。

4. 外设接口

外设接口电路用于连接编程器、文本显示器、触摸屏、变频器等，并能通过外设接口组成 PLC 的控制网络。PLC 通过 PC/PPI 电缆或使用 MPI 卡通过 RS-485 接口与计算机连接，可以实现编程、监控和联网等功能。

5. 电源

电源单元的作用是把外部电源（220V 的交流电源）转换成内部工作电压。外部连接的电源通过 PLC 内部配有的一个专用开关式稳压电源，将交流/直流供电电源转化为 PLC 内部电路需要的工作电源（直流 5V、±12V、24V），并为外部输入元件（如接近开关）提供 24V 直流电源（仅供输入端点使用），而驱动 PLC 负载的电源由用户提供。

1.3.2 输入/输出接口电路

输入/输出接口电路实际上是 PLC 与被控对象间传递输入、输出信号的接口部件。输入/输出接口电路要有良好的电隔离和滤波作用。

1. 输入接口电路

在生产过程中使用的各种开关、按钮和传感器等输入器件直接被接到 PLC 输入接口电路上，为防止因触点抖动或干扰脉冲引起错误的输入信号，输入接口电路必须具有很强的抗干扰能力。

可编程序控制器输入电路如图 1-2 所示。用输入接口电路提高抗干扰能力的方法主要有：

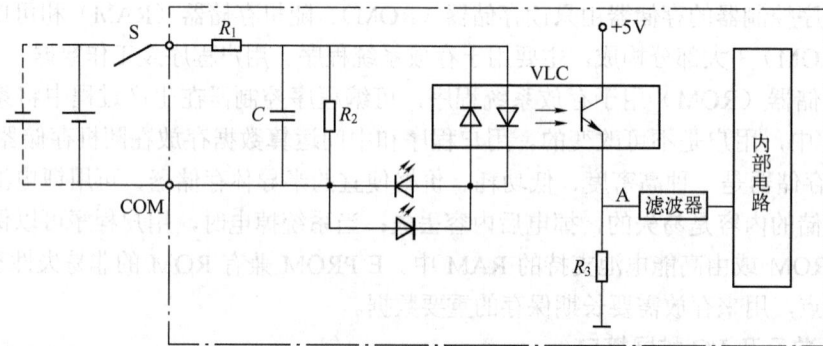

图 1-2 可编程序控制器输入电路

1）利用光耦合器提高抗干扰能力。光耦合器的工作原理是，当发光二极管有驱动电流流过时，导通发光，光敏晶体管接收到光线，由截止变为导通，将输入信号送入 PLC 内部。光耦合器中的发光二极管是电流驱动器件，要有足够的能量才能驱动，而干扰信号虽然有的电压值很高，但能量较小，不能使发光二极管导通发光，所以不能进入 PLC 内，实现了电隔离。

2）利用滤波电路提高抗干扰能力。最常用的滤波电路是电阻电容滤波，见图 1-2 中的 R_1、C。

在图 1-2 中，S 为输入开关，当 S 闭合时，LED 点亮，显示输入开关 S 处于接通状态，光耦合器导通，将高电平经滤波器送到 PLC 内部电路中。当 CPU 在循环的输入阶段锁入该信号时，将该输入点对应的映像寄存器状态置 1；当 S 断开时，则将对应的映像寄存器状态置 0。

根据常用输入电路的电压类型及电路形式不同，可将输入接口电路分为干接点式、直流输入式和交流输入式。输入电路的电源可由外部提供，也可由 PLC 内部提供。

2. 输出接口电路

根据驱动负载元件的不同，可将输出接口电路分为以下 3 种形式。

1）小型继电器输出形式，其电路如图 1-3 所示。这种输出形式既可驱动交流负载，又可驱动直流负载，驱动负载的能力在 2A 左右。它的优点是适用电压范围比较宽，导通压降小，承受瞬时过电压和过电流的能力强。缺点是动作速度较慢，动作次数（寿命）有一定的限制。建议在输出量变化不频繁时优先选用。不能用于高速脉冲的输出。

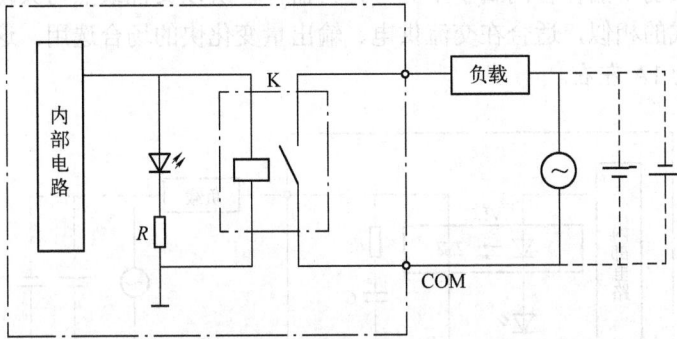

图 1-3　小型继电器输出形式电路

图 1-3 所示电路的工作原理是，当内部电路的状态为 1 时，使继电器 K 的线圈通电，产生电磁吸力，触点闭合，则负载得电，同时点亮 LED，表示该路输出点有输出。当内部电路的状态为 0 时，使继电器 K 的线圈无电流，触点断开，则负载断电，同时 LED 熄灭，表示该路输出点无输出。

2) 大功率晶体管或场效应晶体管输出形式，其电路如图 1-4 所示。这种输出形式只可驱动直流负载。驱动负载的能力：每一个输出点为零点几安培左右。它的优点是可靠性强，执行速度快，寿命长；缺点是过载能力差。适合在直流供电、输出量变化快的场合使用。

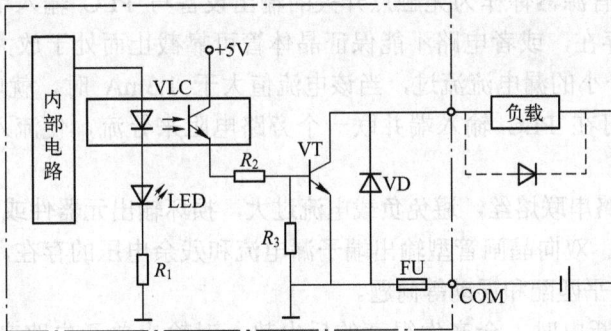

图 1-4　大功率晶体管输出形式电路

图 1-4 所示电路工作原理是，当内部电路的状态为 1 时，光耦合器 VLC 导通，使大功率晶体管 VT 饱和导通，负载得电，同时点亮 LED，表示该路输出点有输出。当内部电路的状态为 0 时，光耦合器 VLC 断开，大功率晶体管 VT 截止，则负载失电，LED 熄灭，表示该路输出点无输出。VD 为保护二极管，可防止负载电压极性接反或高电压、交流电压损坏晶体管。FU 的作用是，防止负载短路时损坏 PLC。由于当负载为电感性负载、VT 关断时，会产生较高的反电势，所以必须给负载并联续流二极管，为其提供放电回路，以避免 VT 承受过电压。

3）双向晶闸管输出形式，其电路如图 1-5 所示。这种输出形式适合驱动交流负载。由于双向晶闸管和大功率晶体管同属于半导体材料器件，所以其优缺点与大功率晶体管或场效应晶体管输出形式的相似，适合在交流供电、输出量变化快的场合选用。这种输出接口电路驱动负载的能力为 1A 左右。

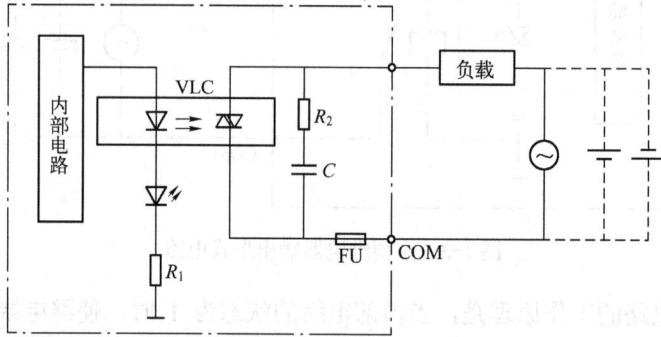

图 1-5　双向晶闸管输出形式电路

图 1-5 所示电路工作原理是，当内部电路的状态为 1 时，发光二极管导通发光，相当于给双向晶闸管施加了触发信号，无论外接电源极性如何，双向晶闸管均导通，负载得电，同时输出指示灯 LED 点亮，表示该输出点接通；当内部电路的状态为 0 时，双向晶闸管无触发信号，双向晶闸管关断，此时 LED 不亮，负载失电。

3．I/O 电路的常见问题

1）用晶体管等有源器件作为无触点开关的输出设备与 PLC 输入单元连接时，由于晶体管自身有漏电流存在，或者电路不能保证晶体管可靠截止而处于放大状态，使得即使在截止时，仍会有一个小的漏电流流过，当该电流值大于 1.3mA 时，就可能引起 PLC 输入电路发生误动作。可在 PLC 输入端并联一个旁路电阻来分流，使流入 PLC 的电流小于1.3mA。

2）应在输出回路串联熔丝，避免负载电流过大，损坏输出元器件或电路板。

3）由于晶体管、双向晶闸管型输出端子漏电流和残余电压的存在，当驱动不同类型的负载时，需要考虑电平匹配和误动等问题。

4）当感性负载断电时，会产生很高的反电势，对输出单元电路产生冲击。对于大电感或频繁关断的感性负载，应使用外部抑制电路，一般采用阻容吸收电路或二极管吸收电路。

1.3.3　编程器

编程器是 PLC 的重要外围设备。利用编程器，可将用户程序送入 PLC 的存储器中，还可用编程器检查程序和修改程序，监视 PLC 的工作状态。

目前，可编程序控制器厂商或经销商向用户提供编程软件，在个人计算机上添加适当的硬件接口和软件包，即可用个人计算机对 PLC 编程。利用微型计算机作为编程器，可以直接编制并显示梯形图，程序可以存盘、打印、调试，对于查找故障非常有利。

1.4　可编程序控制器的工作原理及主要技术指标

1.4.1　可编程序控制器的工作原理

结合 PLC 的组成和结构分析 PLC 的工作原理更容易理解。PLC 采用周期循环扫描的工作方式，CPU 连续执行用户程序和任务的循环序列称为扫描。CPU 对用户程序的执行过程是通过 CPU 的循环扫描，并用周期性地集中采样、集中输出的方式来完成的。一个扫描周期主要可分为：

1）读输入阶段。每次扫描周期的开始，先读取输入点的当前值，然后写到输入映像寄存器区域中。在用户程序执行的过程中，CPU 访问输入映像寄存器区域，而并非读取输入端口的状态，输入信号的变化并不会影响到输入映像寄存器的状态，通常要求输入信号有足够的脉冲宽度，才能被响应。

2）执行程序阶段。用户程序执行阶段，PLC 按照梯形图的顺序，自左而右、自上而下的逐行扫描，在这一阶段 CPU 从用户程序的第一条指令开始执行，直到最后一条指令结束，程序运行结果放入输出映像寄存器区域。在此阶段，允许对数字量 I/O 指令和不设置数字滤波的模拟量 I/O 指令进行处理，在扫描周期的各个部分，均可对中断事件进行响应。

3）处理通信请求阶段。扫描周期的信息处理阶段，CPU 处理从通信端口接收到的信息。

4）执行 CPU 自诊断测试阶段。在此阶段，CPU 检查其硬件、用户程序存储器和所有 I/O 模块的状态。

5）写输出阶段。在每个扫描周期的结尾，CPU 把存在输出映像寄存器中的数据输出给数字量输出端点（写入输出锁存器中），更新输出状态。然后 PLC 进入下一个循环周期，重新执行输入采样阶段，周而复始。

如果程序中使用了中断，中断事件出现，CPU 立即执行中断程序，中断程序可以在扫描周期的任意点被执行。

如果程序中使用了立即 I/O 指令，可以直接存取 I/O 点。用立即 I/O 指令读输入点值时，相应的输入映像寄存器的值未被修改，用立即 I/O 指令写输出点值时，相应的输出映像寄存器的值被修改。

1.4.2　可编程序控制器的主要技术指标

可编程序控制器的种类很多，用户可以根据控制系统的具体要求选择不同技术性能指标的 PLC。可编程序控制器的技术性能指标主要有以下几点：

1. 输入/输出点数

可编程序控制器的 I/O 点数指外部输入、输出端子数量的总和。它是 PLC 的一个重要参数。

2. 存储容量

PLC 的存储器由系统程序存储器、用户程序存储器和数据存储器 3 部分组成。PLC 的存储容量通常指用户程序存储器和数据存储器容量之和，表征系统提供给用户的可用资源，是系统性能的一项重要技术指标。

3．扫描速度

可编程序控制器采用循环扫描方式工作，完成一次扫描所需的时间叫做扫描周期。影响扫描速度的主要因素有用户程序的长度和 PLC 产品的类型。PLC 中 CPU 的类型、机器字长等直接影响 PLC 的运算精度和运行速度。

4．指令系统

指令系统是指 PLC 所有指令的总和。可编程序控制器的编程指令越多，软件功能就越强，但其应用也相对较复杂。用户应根据实际控制要求，选择合适指令功能的可编程序控制器。

5．通信功能

通信有 PLC 之间的通信和 PLC 与其他设备之间的通信。通信主要涉及通信模块、通信接口、通信协议和通信指令等内容。PLC 的组网和通信能力也已成为 PLC 产品水平的重要衡量指标之一。

厂家的产品手册上还提供 PLC 的负载能力、外形尺寸、重量、保护等级、适用的安装和使用环境（如温度、湿度等性能指标）等参数，供用户参考。

1.5　可编程序控制器的分类、特点、应用及发展

1.5.1　可编程序控制器的分类

1．按 I/O 点数和功能分类

可编程序控制器用于对外部设备的控制，外部信号的输入、PLC 运算结果的输出都要通过 PLC 的输入、输出端子来进行连接，输入、输出端子的数目之和被称做 PLC 的输入、输出点数，简称为 I/O 点数。

由 I/O 点数的多少，可将 PLC 分成小型、中型和大型。

小型 PLC 的 I/O 点数小于 256 点，以开关量控制为主，它具有体积小、价格低的优点。可用于开关量的控制、定时/计数的控制、顺序控制及少量模拟量的控制，代替继电器-接触器控制，用于单机或小规模生产过程中。

中型 PLC 的 I/O 点数在 256～1024 点，功能比较丰富，兼有开关量和模拟量的控制能力，适用于较复杂系统的逻辑控制和闭环过程的控制。

大型 PLC 的 I/O 点数在 1024 点以上，用于大规模过程控制、集散式控制和工厂自动化网络。

2．按结构形式分类

PLC 可分为整体式结构和模块式结构两大类。

整体式 PLC 是将 CPU、存储器、I/O 部件等组成部分集中一体，安装在印制电路板上，并连同电源一起装在一个机壳内，形成一个整体，通常称为主机或基本单元。整体式结构的 PLC 具有结构紧凑、体积小、重量轻和价格低的优点。一般小型或超小型 PLC 多采用这种结构。

模块式 PLC 是把各个组成部分制成独立的模块，如 CPU 模块、输入模块、输出模块和电

源模块等。将各模块制成插件式，组装在一个具有标准尺寸并带有若干插槽的机架内。模块式结构的PLC配置灵活，装配和维修方便，易于扩展。一般大中型的PLC都采用这种结构。

1.5.2 可编程序控制器的特点

1）编程简单，使用方便。梯形图是用得最多的可编程序控制器的编程语言，其符号与继电器电路原理图相似。有继电器电路基础的电气技术人员只要很短的时间就可以熟悉梯形图语言，并用它来编制用户程序。梯形图语言形象直观，易学易懂。

2）控制灵活，程序可变，具有很好的柔性。可编程序控制器产品采用模块化形式，配备有品种齐全的各种硬件装置供用户选用，用户能灵活方便地进行系统配置，将其组成不同功能、不同规模的系统。可编程序控制器用软件功能取代了继电器控制系统中大量的中间继电器、时间继电器、计数器等器件，硬件配置确定后，可以修改用户程序而不用改变硬件，方便快速地适应工艺条件的变化，具有很好的柔性。

3）功能强，扩充方便，性能价格比高。可编程序控制器内有成百上千个可供用户使用的编程元件，有很强的逻辑判断、数据处理、PID调节和数据通信功能，可以实现非常复杂的控制功能。如果元件不够，只要加上需要的扩展单元即可，扩充非常方便。与相同功能的继电器控制系统相比，具有很高的性能价格比。

4）控制系统设计及施工的工作量少，维修方便。可编程序控制器的配线与其他控制系统的配线比较少得多，故可以省下大量的配线，减少大量的安装接线时间，开关柜体积缩小，节省大量的费用。可编程序控制器有较强的带负载能力，可以直接驱动一般的电磁阀和交流接触器。一般可用接线端子连接外部线路。可编程序控制器的故障率很低，且有完善的自诊断和显示功能，便于迅速地排除故障。

5）可靠性高，抗干扰能力强。可编程序控制器是为现场工作设计的，采取了一系列硬件和软件抗干扰措施。硬件措施如屏蔽、滤波、电源调整与保护、隔离、后备电池等。例如，在西门子公司的S7-200系列PLC内部E²PROM中，储存了用户源程序和预设值，在一个较长时间段（190h），所有中间数据可以通过一个超级电容器保持，如果选配电池模块，就可以确保停电后中间数据保存200天。软件措施如故障检测、信息保护和恢复、警戒时钟，加强了对程序的检测和校验，从而提高了系统抗干扰能力，平均无故障时间达到数万小时以上，可以直接用于有强烈干扰的工业生产现场。可编程序控制器已被广大用户公认为是最可靠的工业控制设备之一。

6）体积小、重量轻、能耗低，是"机电一体化"特有的产品。

1.5.3 可编程序控制器的应用

目前，可编程序控制器已经广泛地应用在各个工业部门。随着其性能价格比的不断提高，应用范围还在不断扩大，主要有以下几个方面：

1. 逻辑控制

可编程序控制器具有"与"、"或"、"非"等逻辑运算的能力，可以实现逻辑运算，用触点和电路的串、并联，代替继电器进行组合逻辑控制、定时控制与顺序逻辑控制。数字量逻辑控制可以用于单台设备，也可以用于自动生产线，其应用领域最为普及，包括微电子、家电行业。

2．运动控制

可编程序控制器使用专用的运动控制模块，灵活运用指令，使运动控制与顺序控制功能有机地结合在一起。随着变频器、电动机起动器的普遍使用，可编程序控制器可以与变频器结合，运动控制功能更为强大，并广泛地用于各种机械（如金属切削机床、装配机械、机器人和电梯等）中。

3．过程控制

可编程序控制器可以接收温度、压力、流量等连续变化的模拟量，通过模拟量 I/O 模块，实现模拟量（Analog）和数字量（Digital）之间的模/数（A/D）转换和数/模（D/A）转换，并对被控模拟量实行闭环 PID（比例-积分-微分）控制。现代的大中型可编程序控制器一般都有 PID 闭环控制功能，此功能已经广泛地应用于加热炉、锅炉等设备以及轻工、化工、机械、冶金、电力和建材等行业。

4．数据处理

可编程序控制器具有数学运算、数据传送、转换、排序和查表、位操作等功能，可以完成数据的采集、分析和处理。这些数据可以是运算的中间参考值，也可以通过通信功能传送到别的智能装置，或者将它们保存、打印。数据处理一般用于大型控制系统，如无人柔性制造系统，也可以用于过程控制系统，如造纸、冶金、食品工业中的一些大型控制系统。

5．构建网络控制

可编程序控制器的通信包括主机与远程 I/O 之间的通信、多台可编程序控制器之间的通信、可编程序控制器和其他智能控制设备（如计算机、变频器）之间的通信。可编程序控制器与其他智能控制设备一起，可以组成"集中管理、分散控制"的分布式控制系统。

当然，并非所有的可编程序控制器都具有上述功能，用户应根据系统的需要选择可编程序控制器，这样既能完成控制任务，又可节省资金。

1.5.4 可编程序控制器的发展

1．向高集成、高性能、高速度和大容量发展

微处理器技术、存储技术的发展十分迅猛，为可编程序控制器的发展提供了良好的环境。大型可编程序控制器大多采用多 CPU 结构，不断地向高性能、高速度和大容量方向发展。

在模拟量控制方面，除了专门用于模拟量闭环控制的 PID 指令和智能 PID 模块外，一些可编程序控制器还具有模糊控制、自适应、参数自整定功能，使调试时间减少，控制精度提高。

2．向普及化方向发展

由于微型可编程序控制器的价格便宜，体积小、重量轻、能耗低，适合单机自动化，而且其外部接线简单，容易实现或组成控制系统，在很多控制领域中将得到广泛应用。

3．向模块化和智能化发展

可编程序控制器采用模块化的结构，方便了用户的使用和维护。智能 I/O 模块主要有模拟量 I/O、高速计数输入、中断输入、机械运动控制、热电偶输入、热电阻输入、条形码阅读器、多路 BCD 码输入/输出、模糊控制器、PID 控制、通信等模块。智能 I/O 模块本身就是一个小的微型计算机系统，有很强的信息处理能力和控制功能，有的模块甚至可以自成系统，单独工作。它们可以完成可编程序控制器的主 CPU 难以兼顾的功能，简化了某些控制领域的系统设计和编程，提高了可编程序控制器的适应性和可靠性。

4．向软件化发展

编程软件可以控制可编程序控制器系统的硬件组态，即设置硬件的结构和参数，例如设置各框架各个插槽上模块的型号、模块的参数、各串行通信接口的参数等。在屏幕上可以直接生成和编辑梯形图、指令表、功能块图和顺序功能图程序，并可以实现不同编程语言的相互转换。可编程序控制器的编程软件有调试和监控功能，可以在梯形图中显示触点的通断和线圈的通电情况，使查找复杂电路的故障非常方便。对于历史数据，可以存盘或打印，通过网络或 Modem 卡还可以实现远程编程和传送。

个人计算机（PC）的价格便宜，有很强的数学运算、数据处理、通信和人机交互的功能。目前已有多家厂商推出了在 PC 上运行的实现可编程序控制器功能的软件包，如亚控公司的 KingPLC。"软 PLC"在很多方面比传统的"硬 PLC"有优势，有的场合"软 PLC"可能是理想的选择。

5．向通信网络化发展

伴随科技发展，很多工业控制产品都加设了智能控制和通信功能，如变频器、软起动器等，可以和现代的可编程序控制器通信联网，实现更强大的控制功能。通过双绞线、同轴电缆或光纤联网，信息可以传送到几十千米远的地方，通过 Modem 和互联网可以与世界上其他地方的计算机装置进行通信。

相当多的大中型控制系统都采用上位计算机加可编程序控制器的方案，通过串行通信接口或网络通信模块，实现上位计算机与可编程序控制器交换数据信息。组态软件引发的上位计算机编程革命，很容易实现两者的通信，降低了系统集成的难度，节约了大量的设计时间，提高了系统的可靠性。国际上比较著名的组态软件有 Intouch、Fix 等，国内也涌现出了组态王、力控等一批组态软件。有的可编程序控制器厂商也推出了自己的组态软件，如西门子公司的 WinCC。

1.6 习题

1．简述可编程序控制器的定义。
2．可编程序控制器有哪些基本组成？
3．输入接口电路有哪几种形式？输出接口电路有哪几种形式？各有何特点？
4．PLC 的工作原理是什么？工作过程分为哪几个阶段？
5．可编程序控制器有哪些主要特点？
6．可编程序控制器可以在哪些领域应用？

第2章 西门子 S7-200 系列可编程序控制器

本章要点

- 西门子 S7-200 CPU224 可编程序控制器的结构、性能指标
- 西门子 S7-200 CPU224 可编程序控制器的工作方式
- 扩展模块介绍
- S7-200 系列可编程序控制器的编址、寻址方式
- 可编程序控制器元器件功能及地址分配

2.1 S7-200 系列 PLC 概述

西门子 S7 系列可编程序控制器分为 S7-400、S7-300、S7-200 三个系列，分别为 S7 系列的大、中、小型可编程序控制器系统。S7-200 系列可编程序控制器有 CPU21X 系列和 CPU22X 系列，其中 CPU22X 型可编程序控制器提供了 4 个不同的基本型号，分别为 CPU221、CPU222、CPU224 和 CPU226。

在小型 PLC 中，CPU221 价格低廉，能满足多种集成功能的需要。CPU222 是 S7-200 家族中低成本的单元，通过可连接的扩展模块即可处理模拟量。CPU224 具有更多的输入输出点及更大的存储器。CPU226 和 226XM 是功能最强的单元，可完全满足一些中小型复杂控制系统的要求。4 种型号的 PLC 具有下列特点。

1）集成的 24V 电源。可直接连接到传感器和变送器执行器，CPU221 和 CPU222 具有 180mA 输出。CPU224 输出 280mA。CPU226、CPU226XM 输出 400mA，可用做负载电源。

2）高速脉冲输出。具有两路高速脉冲输出端，输出脉冲频率可达 20kHz，用于控制步进电动机或伺服电动机，实现定位任务。

3）通信口。CPU221、CPU222 和 CPU224 具有一个 RS-485 通信口。CPU226、CPU226XM 具有两个 RS-485 通信口。支持 PPI、MPI 通信协议，有自由口通信能力。

4）模拟电位器。CPU221/222 有一个模拟电位器，CPU224/226/226XM 有两个模拟电位器。模拟电位器用来改变特殊寄存器（SMB28，SMB29）中的数值，以改变程序运行时的参数，如定时器、计数器的预置值，过程量的控制参数。

5）中断输入允许以极快的速度对过程信号的上升沿作出响应。

6）E^2PROM 存储器模块（选件）。可作为修改与复制程序的快速工具，无需编程器，并可进行辅助软件归档工作。

7）电池模块。用户数据（如标志位状态、数据块、定时器和计数器）可通过内部的超级电容存储大约 5 天。选用电池模块能延长存储时间到 200 天（10 年寿命）。电池模块插在存储器模块的卡槽中。

8）不同的设备类型。CPU221～226 各有两种类型 CPU，具有不同的电源电压和控制电压。

9）数字量输入/输出点。CPU221 具有 6 个输入点和 4 个输出点；CPU222 具有 8 个输入点和 6 个输出点；CPU224 具有 14 个输入点和 10 个输出点；CPU226/226XM 具有 24 个输入点和 16 个输出点。CPU22X 主机的输入点为 24V 直流双向光耦合输入电路，输出有继电器和直流（MOS 型）两种类型。

10）高速计数器。CPU221/222 有 4 个 30kHz 高速计数器，CPU224/226/226XM 有 6 个 30kHz 的高速计数器，用于捕捉比 CPU 扫描频率更快的脉冲信号。

CPU22X 模块主要技术指标见表 2-1。

表 2-1　CPU22X 模块主要技术指标

型　　号	CPU221	CPU222	CPU224	CPU226	CPU226MX
用户数据存储器类型	E^2PROM	E^2PROM	E^2PROM	E^2PROM	E^2PROM
程序空间（永久保存）/字	2048	2048	4096	4096	8192
用户数据存储器/字	1024	1024	2560	2560	5120
数据后备（超级电容）典型值/H	50	50	190	190	190
主机 I/O 点数	6/4	8/6	14/10	24/16	24/16
可扩展模块	无	2	7	7	7
24V 传感器电源最大电流/电流限制/mA	180/600	180/600	280/600	400/约1500	400/约1500
最大模拟量输入/输出	无	16/16	28/7 或 14	32/32	32/32
AC 240V 电源 CPU 输入电流/最大负载电流/mA	25/180	25/180	35/220	40/160	40/160
DC 24V 电源 CPU 输入电流/最大负载/mA	70/600	70/600	120/900	150/1050	150/1050
为扩展模块提供的 DC5V 电源的输出电流/mA	-	最大 340	最大 660	最大 1000	最大 1000
内置高速计数器	4（30kHz）	4（30kHz）	6（30kHz）	6（30kHz）	6（30kHz）
高速脉冲输出	2（20kHz）	2（20kHz）	2（20kHz）	2（20kHz）	2（20kHz）
模拟量调节电位器/个	1	1	2	2	2
实时时钟	有（时钟卡）	有（时钟卡）	有（内置）	有（内置）	有（内置）
RS-485 通信口	1	1	1	1	1
各组输入点数	4,2	4,4	8,6	13,11	13,11
各组输出点数	4（DC 电源）1,3（AC 电源）	6（DC 电源）3,3（AC 电源）	5,5（DC 电源）4,3,3（AC 电源）	8,8（DC 电源）4,5,7（AC 电源）	8,8（DC 电源）4,5,7（AC 电源）

2.2　S7-200 系列 CPU224 型 PLC 的结构

2.2.1　CPU224 型 PLC 的外形、端子及接线

1. CPU224 型 PLC 的外形

S7-200 PLC 外形如图 2-1 所示。其输入、输出、CPU、电源模块均被装设在一个基本单元的机壳内，是典型的整体式结构。当系统需要扩展时，选用需要的扩展模块与基本单元连接。

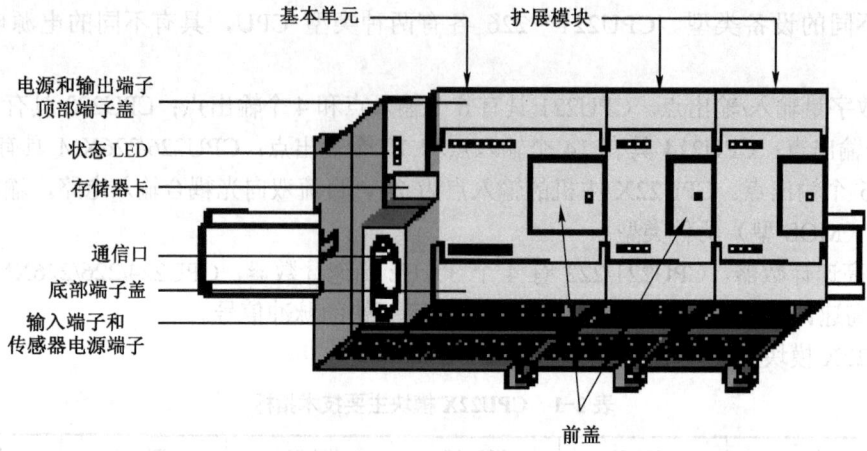

图 2-1　S7-200 PLC 外形图

底部端子盖下是输入量的接线端子和为传感器提供的 24V 直流电源端子。

基本单元前盖下有工作模式选择开关、电位器和扩展 I/O 连接器，通过扁平电缆可以连接扩展 I/O 模块。西门子整体式 PLC 配有许多扩展模块，如数字量的 I/O 扩展模块、模拟量的 I/O 扩展模块、热电偶模块和通信模块等，用户可以根据需要选用，使 PLC 的功能更强大。

2. CPU224 型 PLC 端子及接线

1）基本输入端子。CPU224 的主机共有 14 个输入点（I0.0～I0.7，I1.0～I1.5）和 10 个输出点（Q0.0～Q0.7，Q1.0～Q1.1），在编写端子代码时采用八进制，没有 0.8 和 0.9。CPU224 型 PLC 输入端子如图 2-2 所示。它采用了双向光耦合器，24V 直流极性可任意选择，系统设置 1M 为输入端子（I0.0～I0.7）的公共端，2M 为输入端子（I1.0～I1.5）的公共端。

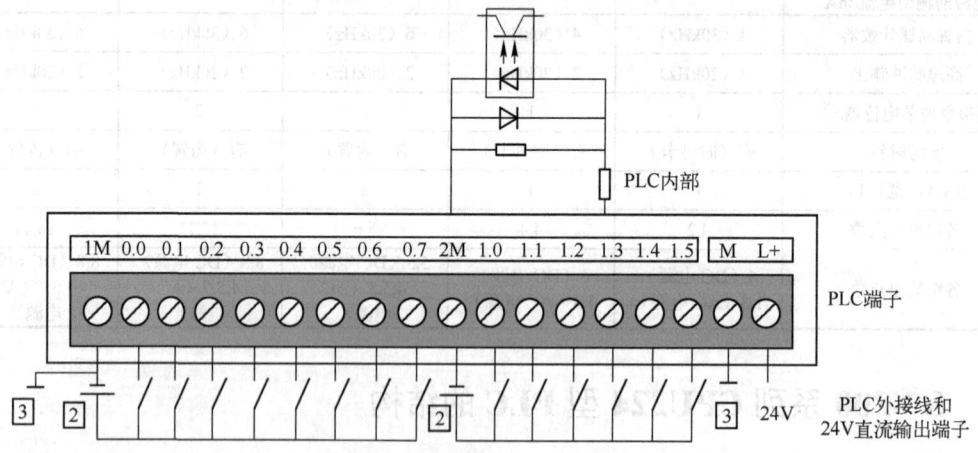

图 2-2　CPU224 型 PLC 输入端子

注：1. 实际元器件值可能有变。

2. ②处可接受任何极性。

3. ③处接地可选。

14

2）基本输出端子。PLC 晶体管输出端子及外部接线如图 2-3 所示。Q0.0～Q0.4 共用 1M 和 1L 公共端，Q0.5～Q1.1 共用 2M 和 2L 公共端，在公共端上需要用户连接适当的电源，为 PLC 的负载服务。

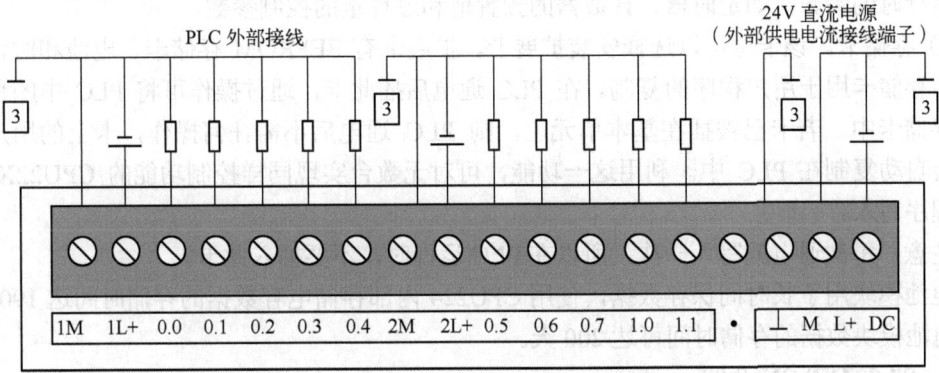

图2-3 PLC 晶体管输出端子及外部接线图

CPU224 的输出电路有晶体管输出电路和继电器输出两种供用户选用。在晶体管输出电路（型号为 6ES7 214-1AD21-0XB0）中，PLC 由 24V 直流供电，负载采用了 MOSFET 功率驱动器件，所以只能用直流为负载供电。输出端将数字量输出分为两组，每组有一个公共端，共有 1L、2L 两个公共端，可接入不同电压等级的负载电源。在继电器输出电路中（型号为 6ES7 212-1BB21-0XB0），PLC 由 220V 交流电源供电，负载采用了继电器驱动，所以既可以选用直流为负载供电，也可以采用交流为负载供电。在继电器输出电路中，数字量输出被分为 3 组，每组的公共端为本组的电源供给端，Q0.0～Q0.3 共用 1L，Q0.4～Q0.6 共用 2L，Q0.7～Q1.1 共用 3L，各组之间可接入不同电压等级、不同电压性质的负载电源。继电器输出形成 PLC 输出端子及外部接线如图 2-4 所示。

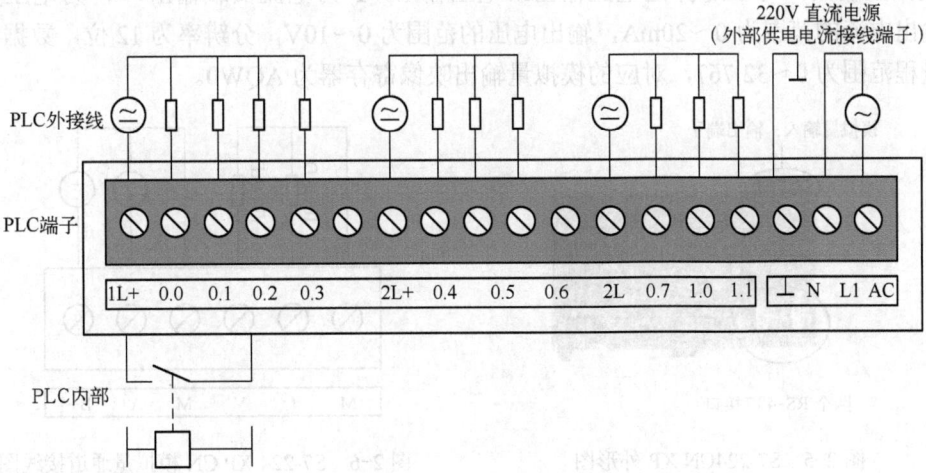

图2-4 继电器输出形式 PLC 输出端子及外部接线图

3）高速反应性。CPU224 PLC 有 6 个高速计数脉冲输入端（I0.0～I0.5），最快的响应速度为 30kHz，用于捕捉比 CPU 扫描周期更短的脉冲信号。

CPU224 PLC 有两个高速脉冲输出端（Q0.0，Q0.1），输出频率可达 20kHz，用于 PTO（高速脉冲束）和 PWM（宽度可变脉冲输出）高速脉冲输出。

4）模拟电位器。模拟电位器用来改变特殊寄存器（SM28，SM29）中的数值，以改变程序运行时的参数，如定时器、计数器的预置值和过程量的控制参数。

5）存储卡。该卡位可以选择安装扩展卡。扩展卡有 EEPROM 存储卡、电池和时钟卡等模块。存储卡用于用户程序的复制。在 PLC 通电后插此卡，通过操作可将 PLC 中的程序装载到存储卡中。若卡已被插在基本单元上，则 PLC 通电后不需任何操作，卡上的用户程序数据会自动复制在 PLC 中。利用这一功能，可对无数台实现同样控制功能的 CPU22X 系列进行程序写入。

注意：每次通电就写入一次，所以在 PLC 运行时，不要插入此卡。

电池模块用于长时间保存数据，使用 CPU224 内部存储电容数据的存储时间达 190h，而使用电池模块数据的存储时间可达 200 天。

3．S7-224XP CN 介绍

图 2-5 所示为 S7-224CN XP 外形图。在图中有两个通信端口，有电源端子、输入端子、输出端子、模拟量 AI/AO 端子、24V 直流电源输出端子、拨码开关、用于连接扩展电缆的接口等。

S7-224 XP CN 集成数字量输入 14 点，输出 10 点，最多可连续扩展模块 7 个，高速计数器可计 200kHz 的高速脉冲，可输出 100kHz 的高速脉冲，有两个串行通信端口，并且在本机体上自带有两路模拟量输入和一路模拟量输出（2AI/1AO），不用配置模拟量模块即可进行单回路模拟量控制，具有良好的性价比。编程软件需使用 Step7.Micro/Win4.0SP3 及以上版本。S7-224 XP CN 模拟量通道接线如图 2-6 所示，A+、B+ 为模拟量输入单端，M 为公共端；输入电压范围为 ±10V；分辨率为 11 位，加 1 符号位；数据字格式对应的满量程范围为 -32 000～+32 000，对应的模拟量输入映像寄存器分别为 AIW0、AIW2。图 2-6 中有一路单极性模拟量输出，可以选择是电流输出或电压输出，I 为电流负载输出，V 为电压负载输出，输出电流的范围为 0～20mA，输出电压的范围为 0～10V，分辨率为 12 位，数据格式对应的量程范围为 0～32 767，对应的模拟量输出映像寄存器为 AQW0。

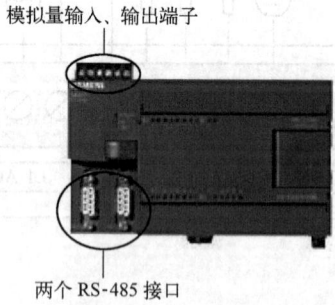

图 2-5　S7-224CN XP 外形图

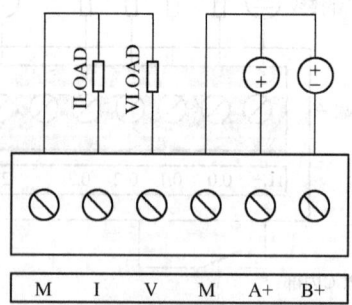

图 2-6　S7-224 XP CN 模拟量通道接线图

2.2.2　CPU224 型 PLC 的结构及性能指标

CPU224 型可编程序控制器主要由 CPU、存储器、基本 I/O 接口电路、外设接口、编程器通信网络和电源等组成，其结构框图如图 2-7 所示。

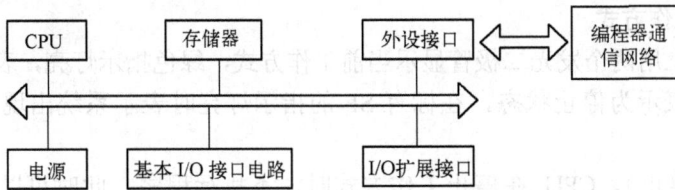

图 2-7　CPU224 型可编程序控制器结构框图

　　CPU224 型可编程序控制器有两种，一种是 CPU224 AC/DC/继电器，交流输入电源，提供 24V 直流给外部元器件（如传感器等），继电器方式输出，14 点输入，10 点输出；另一种是 CPU 224 DC/DC/DC，直流 24V 输入电源，提供 24V 直流给外部元器件（如传感器等），半导体元器件直流方式输出，14 点输入，10 点输出。用户可根据需要选用。它们的主要技术指标见表 2-2～表 2-4。

表 2-2　电源的主要技术指标

特　　　性	24V 电源	AC 电源
电压允许范围	20.4～28.8V	85～264V，47～63Hz
冲击电流	10A，28.8V	20A，254V
内部熔断器（用户不能更换）	3A，250V 慢速熔断	2A，250V 慢速熔断

表 2-3　数字量输入的主要技术指标

项　　　目	指　　　标
输入类型	漏型/源型
输入电压额定值	DC 24V
"1" 信号	15～35V，最大 4mA
"0" 信号	0～5V
光电隔离	AC 500V，1min
非屏蔽电缆长度	300m
屏蔽电缆长度	500m

表 2-4　数字量输出的主要技术指标

特　　　性	DC 24V 输出	继电器型输出
电压允许范围	20.4～28.8V	—
逻辑 1 信号最大电流	0.75A（电阻负载）	2A（电阻负载）
逻辑 0 信号最大电流	10μA	0
灯负载	5W	DC 30W / AC 200W
非屏蔽电缆长度	150m	150m
屏蔽电缆长度	500m	500m
触点机械寿命		10 000 000 次
额定负载时触点寿命		100 000 次

2.2.3 PLC 的 CPU 工作方式

1. CPU 的工作方式

CPU 前面板上用两个发光二极管显示当前工作方式，绿色指示灯亮，表示为运行状态，红色指示灯亮，表示为停止状态，在标有 SF 的指示灯亮时表示系统出现故障，PLC 停止工作。

1）STOP（停止）。CPU 在停止工作方式时，不执行程序，此时可以通过编程装置向 PLC 装载程序或进行系统设置。在程序编辑、上下载等处理过程中，必须把 CPU 置于 STOP 方式。

2）RUN（运行）。CPU 在 RUN 工作方式下，PLC 按照自己的工作方式运行用户程序。

2. 改变工作方式的方法

（1）用工作方式开关改变工作方式。

工作方式开关有 3 个档位：STOP、TERM（Terminal）、RUN。

1）把方式开关切到 STOP 位，可以停止程序的执行。

2）把方式开关切到 RUN 位，可以启动程序的执行。

3）把方式开关切到 TERM（暂态）或 RUN 位，允许 STEP 7-Micro/Win 32 软件设置 CPU 工作状态。

如果工作方式开关设为 STOP 或 TERM，电源上电时，CPU 自动进入 STOP 工作状态。设置为 RUN 时，电源上电，CPU 自动进入 RUN 工作状态。

（2）用编程软件改变工作方式

把方式开关切换到 TERM（暂态），可以使用 STEP7-Micro/Win 32 编程软件设置工作方式。

（3）在程序中用指令改变工作方式

在程序中插入一个 STOP 指令，CPU 可由 RUN 方式进入 STOP 工作方式。

2.3 扩展功能模块

2.3.1 扩展单元及电源模块

1. 扩展单元

扩展单元没有 CPU，作为基本单元输入/输出点数的扩充，只能与基本单元连接使用，而不能单独使用。S7-200 的扩展单元包括数字量扩展单元、模拟量扩展单元、热电偶/热电阻扩展模块和 PROFIBUS-DP 通信模块。

用户选用具有不同功能的扩展模块，可以满足不同的控制需要，节约投资费用。连接时将 CPU 模块放在最左侧，扩展模块用扁平电缆与左侧的模块相连，如图 2-8 所示。CPU222 最多连接两个扩展模块，CPU224/CPU226 最多连接 7 个扩展模块。

2. 电源模块

外部提供给 PLC 的电源有 DC 24V、AC 220V 两种，根据型号不同有所变化。S7-200 的 CPU 单元有一个内部电源模块，S7-200 小型 PLC 的电源模块与 CPU 封装在一起，通过连接总线为 CPU 模块、扩展模块提供 5V 的直流电源，如果容量许可，还可提供给外部

DC 24V 的电源，供本机输入点和扩展模块继电器线圈使用。应根据下面的原则来确定 I/O
电源的配置。

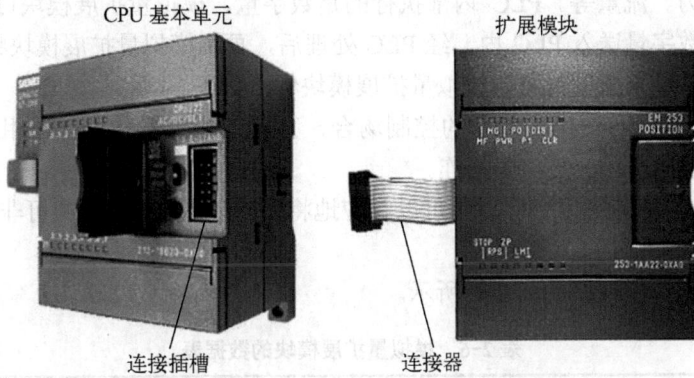

图 2-8　CPU 基本单元和扩展模块的连接

1）有扩展模块连接时，如果扩展模块对 DC 5V 电源的需求超过 CPU 的 5V 电源模块的
容量，则必须减少扩展模块的数量。

2）当 DC +24V 电源的容量不满足要求时，可以增加一个外部 DC 24V 电源给扩展模块
供电。此时，外部电源不能与 S7-200 的传感器电源并联使用，但应将两个电源的公共端
（M）连接在一起。

I/O 电源的具体参数可以参看表 2-1～表 2-4。

2.3.2　常用扩展模块

1. 数字量扩展模块

当需要本机集成的数字量输入/输出点外更多的数字量的输入/输出时，可选用数字量扩
展模块。用户选择具有不同 I/O 点数的数字量扩展模块，可以满足应用的实际要求，同时节
约不必要的投资费用。可选择 8、16 和 32 点输入/输出模块。

S7-200 PLC 系列目前总共可以提供 3 大类共 9 种数字量输入/输出扩展模块，其数据如
表 2-5 所示。

表 2-5　数字量输入/输出扩展模块的数据表

类　　型	型　　号	各组输入点数	各组输出点数
输入扩展模块 EM221	EM221 24V DC 输入	4, 4	—
	EM221 230V AC 输入	8 点相互独立	—
输出扩展模块 EM222	EM222 24V DC 输出	—	4, 4
	EM222 继电器输出	—	4, 4
	EM222 230V AC 双向晶闸管输出	—	8 点相互独立
输入/输出 扩展模块 EM223	EM223 24V DC 输入/继电器输出	4	4
	EM223 24V DC 输入/24V DC 输出	4, 4	4, 4
	EM223 24V DC 输入/24V DC 输出	8, 8	4, 4, 8
	EM223 24V DC 输入/继电器输出	8, 8	4, 4, 4, 4

2. 模拟量扩展模块

模拟量扩展模块提供了模拟量输入/输出的功能。在工业控制中,被控对象常常是模拟量,如温度、压力、流量等。PLC 内部执行的是数字量,模拟量扩展模块可以将 PLC 外部的模拟量转换为数字量送入 PLC 内,经 PLC 处理后,再由模拟量扩展模块将 PLC 输出的数字量转换为模拟量送给控制对象。模拟量扩展模块优点如下。

1)最佳适应性。可适用于复杂的控制场合,直接与传感器和执行器相连。例如,可将 EM235 模块直接与 PT100 热电阻相连。

2)灵活性。当实际应用变化时,可以相应地将 PLC 进行扩展,并可非常容易的调整用户程序。

模拟量扩展模块的数据如表 2-6 所示。

表 2-6 模拟量扩展模块的数据表

模　块	EM231	EM232	EM235
点数	4 路模拟量输入	2 路模拟量输出	4 路输入,1 路输出

EM235 模块的面板及接线如图 2-9 所示。EM235 具有 4 路模拟量输入和 1 路模拟量输出,它的输入信号可以是不同量程的电压或电流。其电压、电流的量程由配置设定开关 SW1～SW6 设定。EM235 有 1 路模拟量输出,其输出电压、或电流。EM235 有 4 路模拟量输入,为 RA、A+、A-;RA、B+、B-;RC、C+、C-;RD、D+、D- 共 4 路模拟量输入通道,每 3 个点为一组。接线如图 2-9 上部所示,当输入信号为电压信号时,只用两个端子(如图 2-9 中的 A+、A-),电流信号需用 3 个端子(见图 2-9 中的 RC、C+、C-),其中 RC 与 C+端子

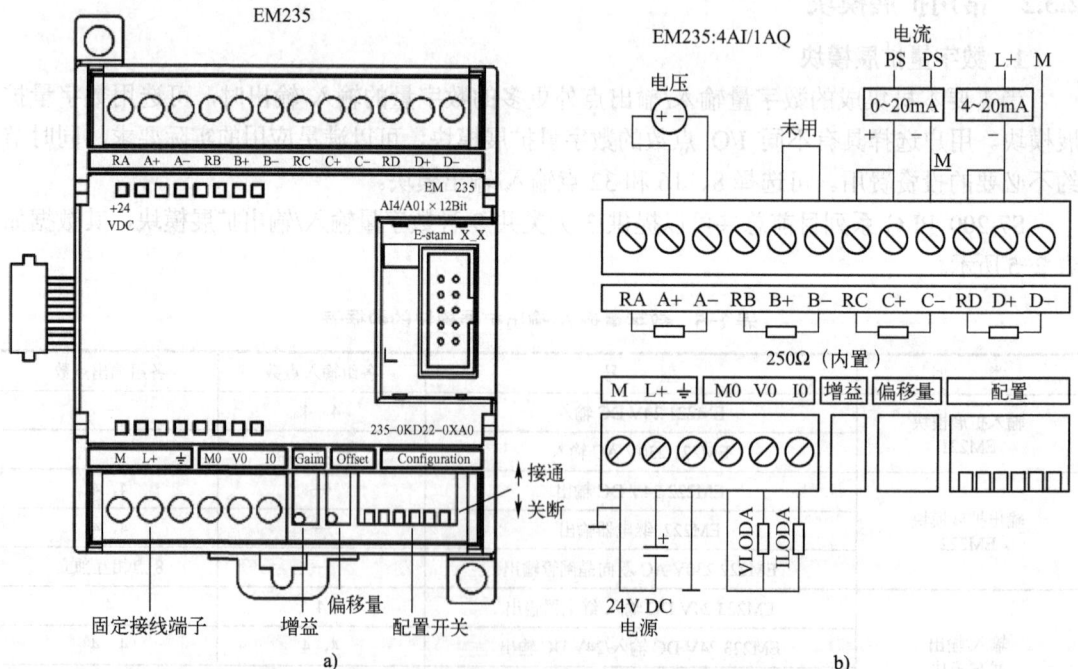

图 2-9 EM235 模块的面板及接线图

a) 面板 b) 接线图

短接。对于未使用的输入通道应短接（见图 2-9 中的 B+、B-）。EM235 模拟量输出端子为 M0、V0、I0，电压输出时，"V0" 为电压正端、"M0" 为电压负端；电流输出时，"I0" 为电流的流入端，"M0" 为电流的流出端。在模块下部左端 M、L+ 两端，应接入 DC24V 电源，M 为 DC24V 电源负极端，L+ 为电源正极端。

EM235 配置设定开关 SW1～SW6 设置如表 2-7 所示。

表 2-7   EM235 配置设定开关 SW1～SW6 设置表

SW1	SW2	SW3	SW4	SW5	SW6	输入类型及范围
1	0	0	1	0	1	0～50mV
0	1	0	1	0	1	0～100mV
1	0	0	0	1	1	0～500mV
0	1	0	0	1	1	0～1V
1	0	0	0	0	1	0～5V
1	0	0	0	0	1	0～20mA
0	1	0	0	0	1	0～10V
1	0	0	1	0	0	±25mV
0	1	0	1	0	0	±50mV
0	0	1	1	0	0	±100mV
1	0	0	0	1	0	±250mV
0	1	0	0	1	0	±500mV
0	0	1	0	1	0	±1V
1	0	0	0	0	0	±2.5V
0	1	0	0	0	0	±5V
0	0	1	0	0	0	±10V

3．热电偶、热电阻扩展模块

EM231 热电偶、热电阻扩展模块是为 S7-200 CPU222、CPU224、CPU226、CPU226XM 设计的模拟量扩展模块。EM231 热电偶模块具有特殊的冷端补偿电路，该电路测量模块连接器上的温度，并适当改变测量值，以补偿参考温度与模块温度之间的温度差，如果在 EM231 热电偶模块安装区域的环境温度迅速地变化，就会产生额外的误差，要想达到最大的精度和重复性，热电阻和热电偶模块应被安装在稳定的环境温度中。

EM231 热电偶模块用于 J、K、E、N、S、T 和 R 7 种热电偶类型。用户必须用 DIP 开关来选择热电偶的类型，连到同模块上的热电偶必须为相同类型。热电偶、热电阻扩展模块的外形如图 2-10 所示。

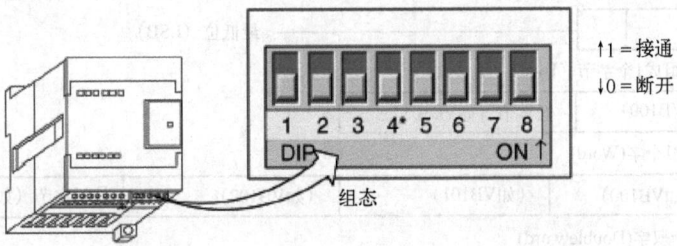

图 2-10   热电偶、热电阻扩展模块的外形图

4. PROFIBUS-DP 通信模块

通过 EM277 PROFIBUS-DP 扩展从站模块，可将 S7-200CPU 连接到 PROFIBUS-DP 网络，如图 2-11 所示。EM277 经过串行 I/O 总线连接到 S7-200 CPU，PROFIBUS 网络经过其 DP 通信端口，连接到 EM277 PROFIBUS-DP 模块。可将 EM277 PROFIBUS-DP 模块的 DP 端口连接到网络上的一个 DP 主站上，但它仍能作为一个 MPI 从站，与同一网络上（如 SIMATIC 编程器或 S7-300/S7-400 CPU 等）其他主站进行通信。

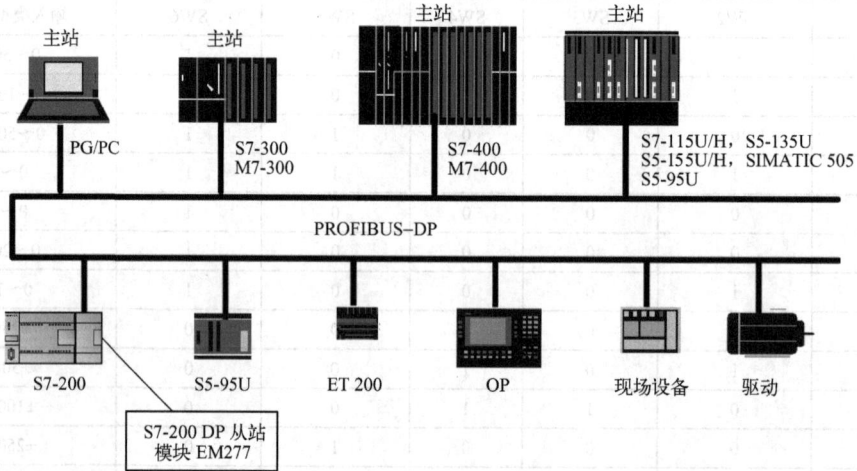

图 2-11　通过 EM 277 PROFIBUS-DP 扩展从站模块将 S7-200CPU 连接到 ROFIBUS-DP 网络

2.4　S7-200 系列 PLC 数据存储类型、编址和寻址方式、元器件功能及地址分配

2.4.1　数据存储类型

1. 数据的长度

在计算机中使用的都是二进制数，其最基本的存储单位是位（bit），8 位二进制数组成 1 个字节（Byte），其中的第 0 位为最低位（LSB），第 7 位为最高位（MSB）。两个字节（16 位）组成 1 个字（Word），两个字（32 位）组成 1 个双字（Double word）。位、字节、字和双字如图 2-12 所示。把位、字节、字和双字占用的连续位数称为长度。

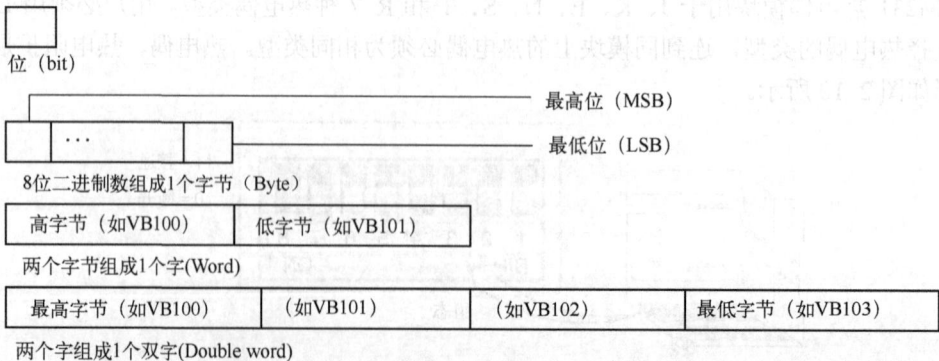

图 2-12　位、字节、字和双字

22

二进制数的"位"只有 0 和 1 两种取值。开关量（或数字量）也只有两种不同的状态，如触点的断开和接通，线圈的失电和得电等。在 S7-200 梯形图中，可用"位"描述它们，如果该位为 1，则表示对应的线圈为得电状态，触点为转换状态（常开触点闭合、常闭触点断开）；如果该位为 0，则表示对应线圈、触点的状态与前者相反。

在数据长度为字或双字时，起始字节均放在高位上。

2. 数据类型及数据范围

S7-200 系列 PLC 的数据类型可以是字符串、布尔型（0 或 1）、整数型和实数型（浮点数）。布尔型数据指字节型无符号整数；整数型数据包括 16 位符号整数（INT）和 32 位符号整数（DINT）。实数型数据采用 32 位单精度数来表示。数据类型、长度及数据范围如表 2-8 所示。

表 2-8　数据类型、长度及数据范围表

数据的长度、类型	无符号整数范围		符号整数范围	
	十 进 制	十 六 进 制	十 进 制	十 六 进 制
字节 B（8 位）	0～255	0～FF	−128～127	80～7F
字 W（16 位）	0～65 535	0～FFFF	−32 768～32 767	8000～7FFF
双字 D（32 位）	0～4 294 967 295	0～FFFFFFFF	−2 147 483 648～2 147 483 647	80000000～7FFFFFFF
位（BOOL）	0、1			
实数	$−10^{38}～10^{38}$			
字符串	每个字符串以字节形式存储，最大长度为 255 个字节，第一个字节中定义该字符串的长度			

3. 常数

S7-200 的许多指令中常会使用常数。常数的数据长度可以是字节、字和双字。CPU 以二进制的形式存储常数，书写常数可以用二进制、十进制、十六进制、ASCII 码或实数等多种形式。书写格式如下。

十进制常数：1234；十六进制常数：16#3AC6；二进制常数：2#1010 0001 1110 0000；ASCII 码："Show"；实数（浮点数）：+1.175495E-38（正数），-1.175495E-38（负数）。

2.4.2　编址方式

可编程序控制器的编址就是对 PLC 内部的元器件进行编码，以便程序执行时可以唯一地识别每个元器件。PLC 内部在数据存储区为每一种元器件分配一个存储区域，并用字母作为区域标志符，同时表示元器件的类型。如：数字量输入写入输入映像寄存器（区标志符为 I），数字量输出写入输出映像寄存器（区标志符为 Q），模拟量输入写入模拟量输入映像寄存器（区标志符为 AI），模拟量输出写入模拟量输出映像寄存器（区标志符为 AQ）。PLC 除了输入输出外，还有其他元器件，V 表示变量存储器，M 表示内部标志位存储器，SM 表示特殊标志位存储器，L 表示局部存储器，T 表示定时器，C 表示计数器，HC 表示高速计数器，S 表示顺序控制存储器，AC 表示累加器。PLC 内部元器件如图 2-13 所示。掌握各元器件的功能和使用方法是编程的基础。下面介绍元器件的编址方式。

存储器的单位可以是位（bit）、字节（Byte）、字（Word）、双字（Double Word），也可以将编址方式分为位、字节、字、双字编址。

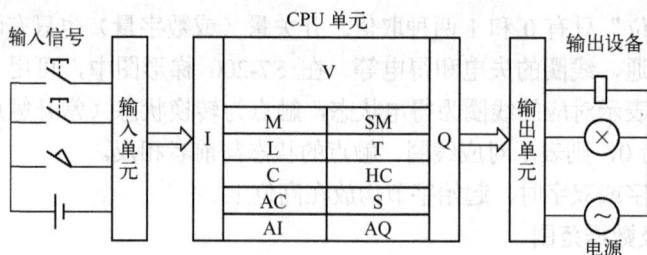

图 2-13　PLC 的内部元器件

1. 位编址

位编址的指定方式为（区域标志符）字节号·位号，如 I0.0；Q0.0；I1.2。

2. 字节编址

字节编址的指定方式为（区域标志符）B（字节号），如 IB0 表示由 I0.0～I0.7 这 8 位组成的字节。

3. 字编址

字编址的指定方式为（区域标志符）W（起始字节号），且最高有效字节为起始字节。如 VW0 表示由 VB0 和 VB1 这 2 字节组成的字。

4. 双字编址

双字编址的指定方式为（区域标志符）D（起始字节号），且最高有效字节为起始字节。如 VD0 表示由 VB0 到 VB3 这 4 字节组成的双字。

2.4.3　寻址方式

1. 直接寻址

直接寻址是在指令中直接使用存储器或寄存器的元器件名称（区域标志）和地址编号，直接到指定的区域读取或写入数据。按位、字节、字和双字的寻址方式示意图如图 2-14 所示。

2. 间接寻址

间接寻址时操作数并不提供直接数据位置，而是通过使用地址指针来存取存储器中的数据。在 S7-200 中允许使用指针对 I、Q、M、V、S、T、C（仅当前值）存储区进行间接寻址。

1）使用间接寻址前，要先创建一指向该位置的指针。指针为双字（32 位），存放的是另一存储器的地址，只能用 V、L 或累加器 AC 作指针。生成指针时，要使用双字传送指令（MOVD），将数据所在单元的内存地址送入指针，双字传送指令的输入操作数开始处加&符号，表示某存储器的地址，而不是存储器内部的值。指令输出操作数是指针地址。例如，MOVD　&VB200，AC1 指令就是将 VB200 的地址送入累加器 AC1 中。

2）指针建立好后，利用指针存取数据。在使用地址指针存取数据的指令中，操作数前加"*"号表示该操作数为地址指针。例如，MOVW　*AC1　AC0　　//MOVW 表示字传送指令，指令将 AC1 中的内容为起始地址的一个字长的数据（即 VB200，VB201 内部数据）送入 AC0 中。间接寻址示意图如图 2-15 所示。

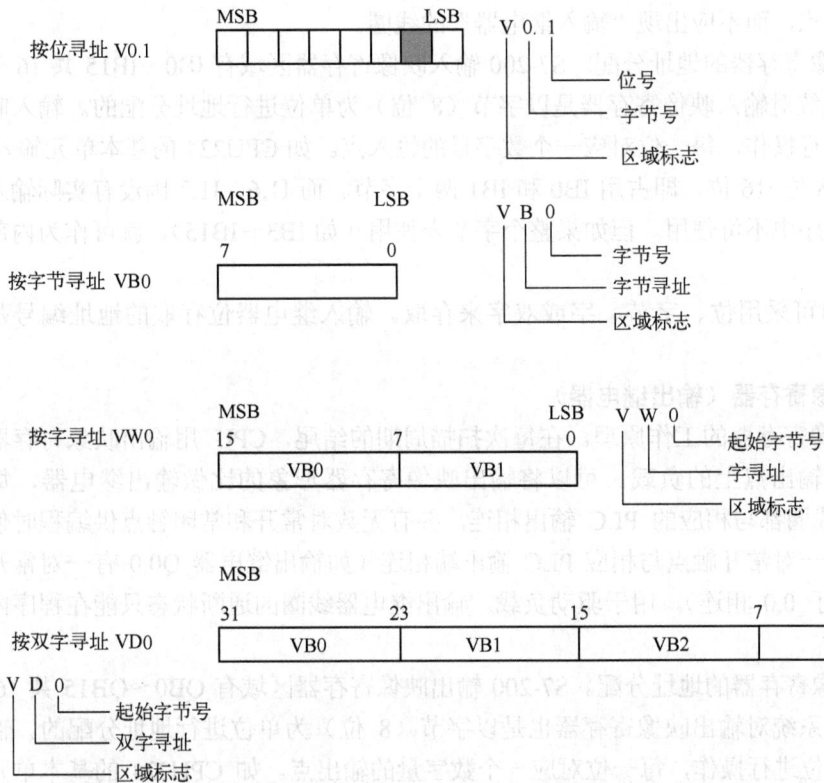

图 2-14 按位、字节、字、双字的寻址方式示意图

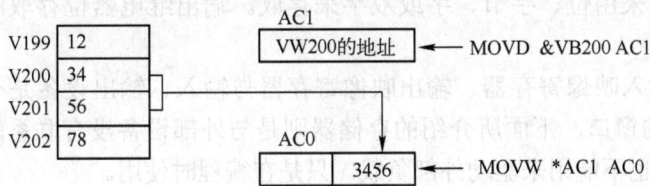

图 2-15 间接寻址示意图

2.4.4 元器件功能及地址分配

1. 输入映像寄存器（输入继电器）

1）输入映像寄存器的工作原理。在每次扫描周期的开始，CPU 对 PLC 的实际输入端进行采样，并将采样值写入输入映象寄存器中。可以形象的将输入映像寄存器比做输入继电器，每一个"输入继电器"线圈都与相应的 PLC 输入端相连（如"输入继电器"I0.0 的线圈与 PLC 的输入端子 0.0 相连），当外部开关信号闭合时，则"输入继电器的线圈"得电，将"1"写入对应的输入映像寄存器的位中，在程序中其对应的常开触点闭合，常闭触点断开。由于存储单元可以无限次的读取，所以有无数对常开、常闭触点供编程时使用。编程时应注意，"输入继电器"的线圈只能由外部信号来驱动，即输入映像寄存器的值只能由外部的输入信号来改写，不能在程序内部用指令来驱动，因此，在用户编制的梯形图中只应出现"输

25

入继电器"的触点，而不应出现"输入继电器"的线圈。

2）输入映像寄存器的地址分配。S7-200 输入映像寄存器区域有 IB0～IB15 共 16 个字节的存储单元。系统对输入映像寄存器是以字节（8 位）为单位进行地址分配的。输入映像寄存器可以按位进行操作，每一位对应一个数字量的输入点。如 CPU224 的基本单元输入为 14 点，需占用 2×8 位=16 位，即占用 IB0 和 IB1 两个字节。而 I1.6、I1.7 因没有实际输入而未使用，在用户程序中不可使用。但如果整个字节未使用（如 IB3～IB15），就可作为内部标志位（M）使用。

输入继电器可采用位、字节、字或双字来存取。输入继电器位存取的地址编号范围为 I0.0～I15.7。

2．输出映像寄存器（输出继电器）

1）输出映像寄存器的工作原理。在每次扫描周期的结尾，CPU 用输出映象寄存器中的数值驱动 PLC 输出点上的负载。可以将输出映像寄存器形象的比做输出继电器，每一个"输出继电器"线圈都与相应的 PLC 输出相连，并有无数对常开和常闭触点供编程时使用。除此之外，还有一对常开触点与相应 PLC 输出端相连（如输出继电器 Q0.0 有一对常开触点与 PLC 输出端子 0.0 相连），用于驱动负载。输出继电器线圈的通断状态只能在程序内部用指令驱动。

2）输出映像寄存器的地址分配。S7-200 输出映像寄存器区域有 QB0～QB15 共 16 个字节的存储单元。系统对输出映像寄存器也是以字节（8 位）为单位进行地址分配的。输出映像寄存器可以按位进行操作，每一位对应一个数字量的输出点。如 CPU224 的基本单元输出为 10 点，需占用 2×8=16 位，即占用 QB0 和 QB1 两个字节。但未使用的位和字节均可在用户程序中作为内部标志位使用。

输出继电器可采用位、字节、字或双字来存取。输出继电器位存取的地址编号范围为 Q0.0～Q15.7。

以上介绍的输入映像寄存器、输出映像寄存器与输入、输出设备是有联系的，因而是 PLC 与外部联系的窗口。下面所介绍的存储器则是与外部设备没有联系的。它们既不能用来接收输入信号，也不能用来驱动外部负载，只是在编程时使用。

3．变量存储器 V

变量存储器主要用于存储变量。可以存放数据运算的中间运算结果或设置参数，在进行数据处理时，变量存储器会被经常使用。变量存储器可以是位寻址，也可按字节、字、双字为单位寻址，其位存取的编号范围根据 CPU 的型号有所不同，CPU221/222 为 V0.0～V2047.7 共 2KB 存储容量，CPU224/226 为 V0.0～V5119.7，共 5KB 存储容量。

4．内部标志位存储器（中间继电器）M

内部标志位存储器，用来保存控制继电器的中间操作状态，其作用相当于继电器控制中的中间继电器。内部标志位存储器在 PLC 中没有输入/输出端与之对应，其线圈的通断状态只能在程序内部用指令驱动，其触点不能直接驱动外部负载，只能在程序内部驱动输出继电器的线圈，再用输出继电器的触点去驱动外部负载。

内部标志位存储器可采用位、字节、字或双字来存取。其位存取的地址编号范围为 M0.0～M31.7，共 32 个字节。

5. 特殊标志位存储器 SM

PLC 中还有若干特殊标志位存储器，其位提供大量的状态和控制功能，用来在 CPU 和用户程序之间交换信息，它能以位、字节、字或双字来存取，CPU224 的 SM 的位地址编号范围为 SM0.0～SM179.7，共 180 个字节。其中 SM0.0～SM29.7 的 30 个字节为只读型区域。

常用的特殊存储器的用途如下。

SM0.0：运行监视。SM0.0 始终为 1 状态。当 PLC 运行时，可以利用其触点驱动输出继电器，在外部显示程序是否处于运行状态。

SM0.1：初始化脉冲。每当 PLC 的程序开始运行时，SM0.1 线圈接通一个扫描周期，因此 SM0.1 的触点常用于调用初始化程序等。

SM0.3：开机进入 RUN 时，接通一个扫描周期，可用在启动操作之前，给设备提前预热。

SM0.4、SM0.5：占空比为 50% 的时钟脉冲。当 PLC 处于运行状态时，SM0.4 产生周期为 1min 的时钟脉冲，SM0.5 产生周期为 1s 的时钟脉冲。若将时钟脉冲信号送入计数器作为计数信号，可起到定时器的作用。

SM0.6：扫描时钟，一个扫描周期闭合，另一个为 OFF，循环交替。

SM0.7：工作方式开关位置指示。开关放置在 RUN 位置时为 1。

SM1.0：零标志位。运算结果等于 0 时，该位置 1。

SM1.1：溢出标志位。结果溢出或非法值时，该位置 1。

SM1.2：负数标志位。运算结果为负数时，该位置 1。

SM1.3：被 0 除标志位。

其他特殊存储器的用途可查阅相关手册。

6. 局部变量存储器 L

局部变量存储器 L 用来存放局部变量，它和变量存储器 V 十分相似，主要区别在于全局变量是全局有效，即同一个变量可以被任何程序（主程序、子程序和中断程序）访问；而局部变量只是局部有效，即变量只和特定的程序相关联。

S7-200 有 64 个字节的局部变量存储器，其中 60 个字节可以作为暂时存储器，或给子程序传递参数。后 4 个字节作为系统的保留字节。PLC 在运行时，根据需要动态地分配局部变量存储器，在执行主程序时，64 个字节的局部变量存储器分配给主程序，当调用子程序或出现中断时，局部变量存储器分配给子程序或中断程序。

局部存储器可以按位、字节、字和双字直接寻址，其位存取的地址编号范围为 L0.0～L63.7。

L 可以作为地址指针。

7. 定时器 T

PLC 所提供的定时器，其作用相当于继电器控制系统中的时间继电器。每个定时器可提供无数对常开和常闭触点供编程使用。其设定时间由程序设置。

每个定时器有一个 16 位的当前值寄存器，用于存储定时器累计的时基增量值（1～32767），另有一个状态位表示定时器的状态。若当前值寄存器累计的时基增量值大于等于设定值时，定时器的状态位被置"1"，该定时器的常开触点闭合。

定时器的定时精度分别为 1ms、10ms 和 100ms 三种，CPU222、CPU224 及 CPU226 的定时器地址编号范围为 T0～T255，它们的分辨率和定时范围并不相同，用户应根据所用 CPU 型号及时基，正确选用定时器的编号。

8．计数器 C

计数器用于累计计数输入端接收到的由断开到接通的脉冲个数。计数器可提供无数对常开和常闭触点供编程使用，其设定值由程序赋予。

计数器的结构与定时器基本相同，每个计数器有一个 16 位的当前值寄存器用于存储计数器累计的脉冲数，另有一个状态位表示计数器的状态，若当前值寄存器累计的脉冲数大于等于设定值时，计数器的状态位被置"1"，该计数器的常开触点闭合。计数器的地址编号范围为 C0～C255。

9．高速计数器 HC

一般计数器的计数频率受扫描周期的影响，不能太高。而高速计数器可用来累计比 CPU 的扫描速度更快的事件。高速计数器的当前值是一个双字长（32 位）的整数，且为只读值。

高速计数器的地址编号范围根据 CPU 的型号有所不同，CPU221/222 各有 4 个高速计数器，CPU224/226 各有 6 个高速计数器，编号为 HC0～HC5。

10．累加器 AC

累加器是用来暂存数据的寄存器，它可以用来存放运算数据、中间数据和结果。CPU 提供了 4 个 32 位的累加器，其地址编号为 AC0～AC3。累加器的可用长度为 32 位，可采用字节、字、双字的存取方式，按字节、字只能存取累加器的低 8 位或低 16 位，双字可以存取累加器全部的 32 位。

11．顺序控制继电器 S（状态元器件）

顺序控制继电器是使用步进顺序控制指令编程时的重要状态元器件，通常与步进指令一起使用，以实现顺序功能流程图的编程。

顺序控制继电器的地址编号范围为 S0.0～S31.7。

12．模拟量输入/输出映像寄存器（AI/AQ）

S7-200 的模拟量输入电路是将外部输入的模拟量信号转换成一个字长的数字量存入模拟量输入映像寄存器区域，区域标志符为 AI。

模拟量输出电路是将模拟量输出映像寄存器区域的一个字长（16 位）数值转换为模拟电流或电压输出，区域标志符为 AQ。

在 PLC 内的数字量字长为 16 位，即两个字节，故其地址均以偶数表示，如 AIW0、AIW2…；AQW0、AQW2…。

对模拟量输入/输出是以 2 个字（W）为单位分配地址，每路模拟量输入/输出占用一个字（2 个字节）。如有 3 路模拟量输入，需分配 4 个字（AIW0、AIW2、AIW4、AIW6），其中没有被使用的字 AIW6，不可被占用或分配给后续模块。如果有 1 路模拟量输出，就需分配 2 个字（AQW0、AQW2），其中没有被使用的字 AQW2，不可被占用或分配给后续模块。

模拟量输入/输出的地址编号范围根据 CPU 的型号的不同有所不同，CPU222 为 AIW0～AIW30/AQW0～AQW30；CPU224/226 为 AIW0～AIW62/AQW0～AQW62。

【例】 给表 2-9 所示的硬件组态配置 I/O 地址。

表 2-9　硬件组态及 I/O 地址

基本 I/O		扩展 I/O							
主机 CPU224		EM223 4DI/4DQ		EM221 8DI	EM235 4AI/1AQ		EM222 8DQ	EM235 4AI/1AQ	
I0.0	Q0.0	I2.0	Q2.0	I3.0	AIW0	AQW0	Q3.0	AIW8	AQW4
I0.1	Q0.1	I2.1	Q2.1	I3.1	AIW2		Q3.1	AIW10	
I0.2	Q0.2	I2.2	Q2.2	I3.2	AIW4		Q3.2	AIW12	
I0.3	Q0.3	I2.3	Q2.3	I3.3	AIW6		Q3.3	AIW14	
I0.4	Q0.4			I3.4			Q3.4		
I0.5	Q0.5			I3.5			Q3.5		
I0.5	Q0.6			I3.6			Q3.6		
I0.7	Q0.7			I3.7			Q3.7		
I1.0	Q1.0								
I1.1	Q1.1								
I1.2									
I1.3									
I1.4									
I1.5									

2.5　习题

1．S7-200 系列 PLC 有哪些编址方式？
2．S7-200 系列 CPU224 PLC 有哪些寻址方式？
3．S7-200 系列 PLC 的结构是什么？
4．CPU224 PLC 有哪几种工作方式？改变工作方式的方法有几种？
5．CPU224 PLC 有哪些元器件，它们的作用是什么？
6．CPU224 PLC 的累加器有几个？其长度是多少？
7．S7-200 系列 PLC 的数据类型有几种？各类型的数据长度是多少？
8．SM0.0、SM0.1、SM0.4 和 SM0.5 各有何作用？
9．常见的扩展模块有几类？扩展模块的具体作用是什么？
10．PLC 外部供电电源有几种？
11．给表 2-10 所示的硬件组态配置 I/O 地址。

表 2-10　题 11 表

基本 I/O		扩展 I/O					
主机 CPU224	EM221 8DI	EM223 8DI/8DQ	EM235 4AI/1AQ	EM223 4DI/4DQ	EM222 8DQ	EM235 4AI/1AQ	EM232 2AI

第3章 STEP7 V4.0 编程软件

本章要点

- STEP7-Micro/Win V4.0 SP9 编程软件的通信设置及窗口组件
- STEP7 编程软件的主要编程功能
- 程序的调试与监控

3.1 STEP7 V4.0 编程软件概述

S7-200 可编程序控制器使用 STEP7-Micro/Win V4.0 编程软件进行编程。STEP7-Micro/Win 编程软件是基于 Windows 的应用软件，功能强大，主要用于开发程序，也可用于适时监控用户程序的执行状态。可在全汉化的界面下进行操作。

按下列操作将英文操作界面转换成中文操作界面。打开 STEP7-Micro/Win 编程软件，在菜单栏中选中"Tools"→"Options"→"General"命令，在语言选择栏中选择"Chinese"，单击"确定"按钮，关闭软件，然后重新打开后系统即为中文界面。对于 CN 的 S7-200 PLC，STEP7 编程软件必须设置为中文界面，才能下载 PLC 程序。

3.1.1 通信设置

1. 建立 S7-200 CPU 的通信

可以采用 PC/PPI 电缆建立 PC 与 PLC 之间的通信。这是典型的单主机与 PC 的连接，不需要其他的硬件设备。PLC 与计算机的连接如图 3-1 所示。PC/PPI 电缆的两端分别为 RS-232 和 RS-485 接口。RS-232 端连接到个人计算机 RS-232 通信口的 COM1 或 COM2 接口上；RS-485 端接到 S7-200 PLC 的 CPU 通信口上。PC/PPI 电缆中间有通信模块，模块外部设有波特率设置开关，有 5 种支持 PPI 协议的波特率可以选择，分别为 1.2kbit/s，2.4kbit/s，9.6kbit/s，19.2kbit/s，38.4kbit/s。系统的默认值为 9.6kbit/s。PC/PPI 电缆波特率设置开关（DIP 开关）的位置应与软件系统设置的通信波特率相一致。DIP

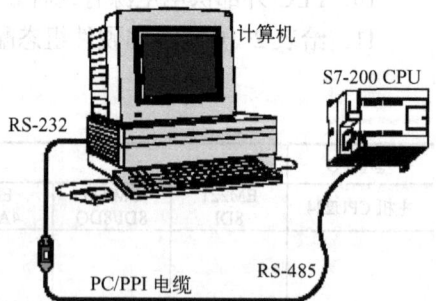

图 3-1 PLC 与计算机的连接

开关的设置如图 3-2 所示，DIP 开关上有 5 个扳键，1、2、3 号键用于设置波特率，4 号和 5 号键用于设置通信方式。通信速率的默认值为 9 600bit/s。1、2、3 号键设置为 010，未使用调制解调器时，4、5 号键均应设置为 0。

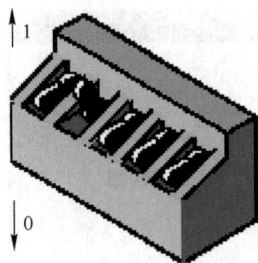

図 3-2 DIP 开关的设置

a) DIP 开关设置（下=0，上=1） b) 面板

2. 通信参数的设置

硬件设置好后，按下面的步骤设置通信参数。

1）在 STEP7-Micro/Win 运行时，单击"设置 PG/PC 接口"图标，会出现"设置 PG/PC 接口"对话框，如图 3-3 所示。

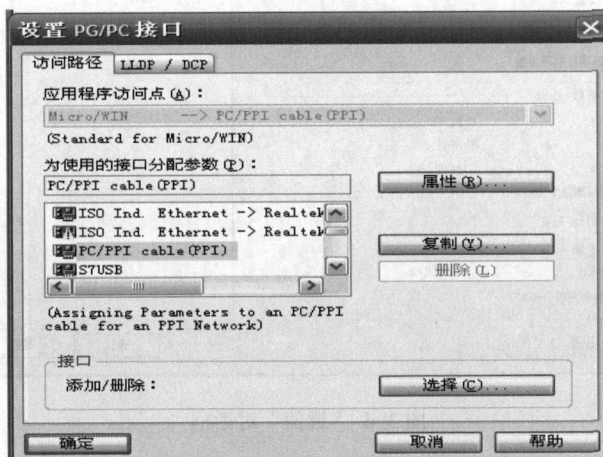

图 3-3 "设置 PG/PC 接口"对话框

2）在"为使用的接口分配参数"中选择"PC/PPI cable（PPI）"，然后单击"属性"按钮，出现图 3-4 所示"属性"PPI 选项卡对话框。在"传输速率"中选择 9.6kbit/s（默认值）。然后单击"本地连接"选项卡，出现图 3-5 所示的"属性"本地连接选项卡对话框，如果使用的是 USB 接口的 PC/PPI 电缆，就选择连接到 USB；如果使用的是 COM 接口的 PC/PPI 电缆，就选择连接到 COM1。然后单击"确定"按钮回到初始界面。

3. 建立在线连接

在前几步顺利完成后，可以建立与 S7-200 CPU 的在线联系，步骤如下。

在 STEP7-Micro/Win 运行时单击"通信"图标，出现一个"通信"对话框，如图 3-6 所示。选中"搜索所有波特率"，双击对话框中的"双击刷新"图标，STEP7-Micro/Win 编程软件将检查所连接的所有 S7-200 CPU 站。在对话框中显示已建立起连接的每个站的 CPU 图标、CPU 型号和站地址。PC 与 PLC 的通信连接成功对话框如图 3-7 所示。能够刷新到 PLC 的地址，说明 PC 与 PLC 的通信连接成功。

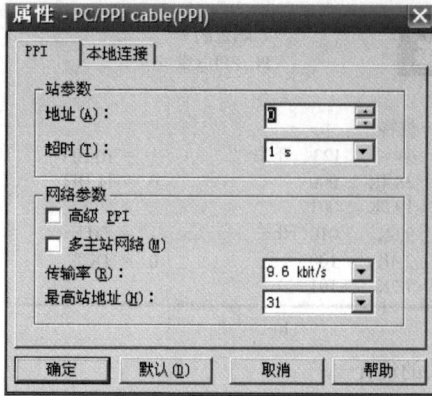

图 3-4 "属性" PPI 选项卡对话框

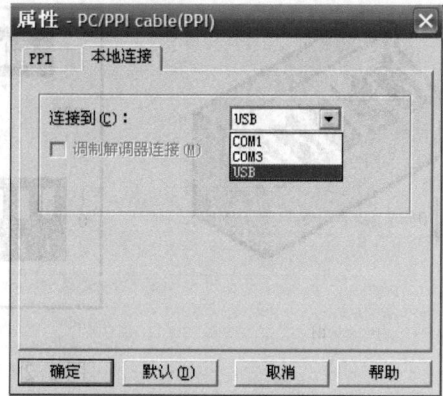

图 3-5 "属性" 本地连接选项卡对话框

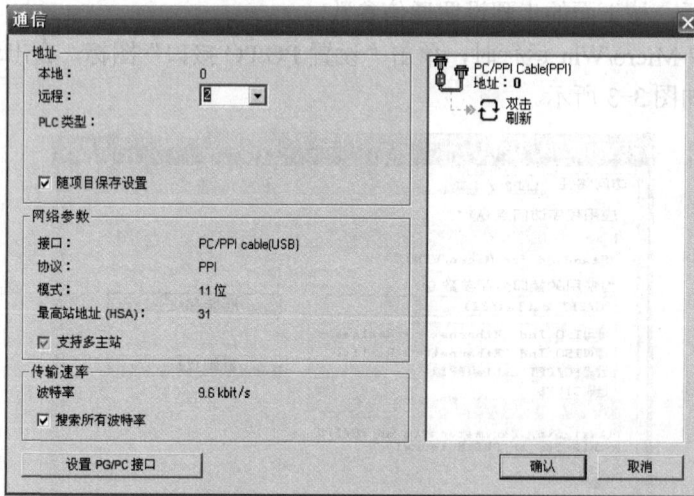

图 3-6 "通信" 对话框

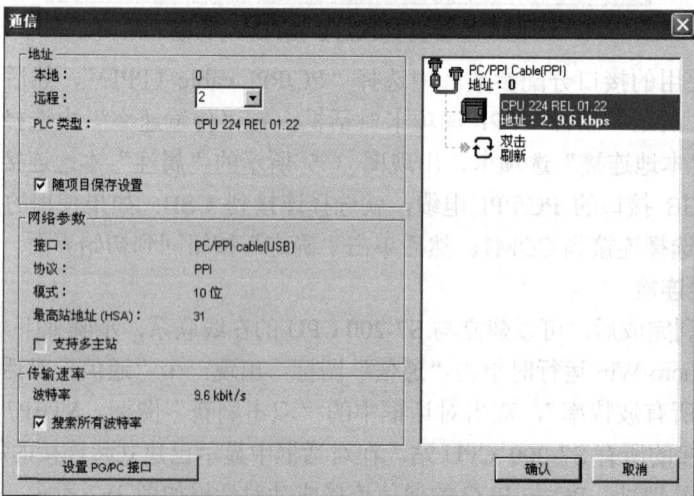

图 3-7 PC 与 PLC 的通信连接成功对话框

4．修改 PLC 的通信参数

计算机与可编程序控制器建立起在线连接后，即可以利用软件检查、设置和修改 PLC 的通信参数。步骤如下。

1）单击浏览条中的系统块图标，将出现"系统块"对话框，如图 3-8 所示。

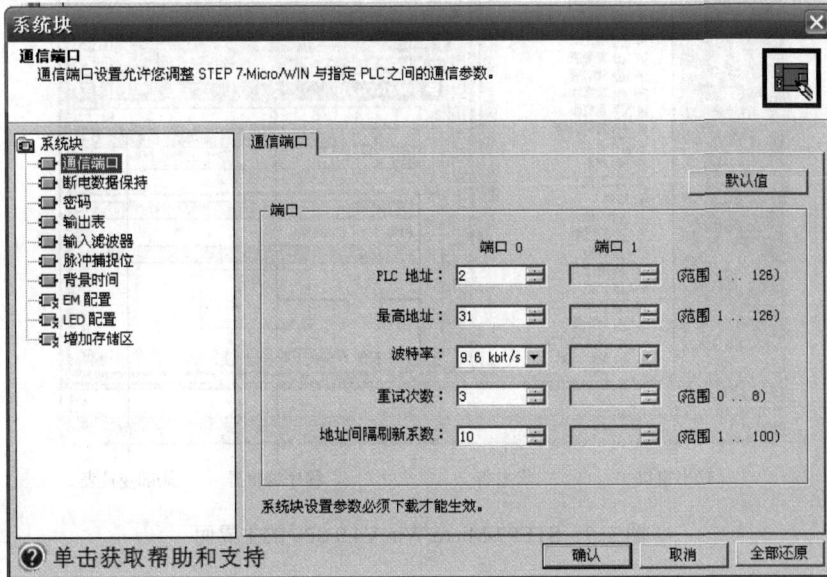

图 3-8 "系统块"对话框

2）单击"通信口"选项卡，检查各参数，确认无误后单击"确定"按钮。若需修改某些参数，可以先进行有关修改，再单击"确认"按钮。

3）单击工具条的下载按钮 ，将修改后的参数下载到可编程序控制器中，设置的参数才会起作用。

5．可编程序控制器信息的读取

选择菜单命令"PLC"，找"信息"，将显示出可编程序控制器 RUN/STOP 的状态、扫描速率、CPU 的型号错误的情况和各模块的信息。

3.1.2 STEP7–Micro/Win V4.0 SP9 窗口组件

STEP7-Micro/Win V4.0 SP9 的主界面如图 3-9 所示。主界面一般可以分为以下几个部分：菜单条、工具条、浏览条、指令树、用户窗口、输出窗口和状态条。除菜单条外，用户还可以根据需要通过查看菜单和窗口菜单决定其他窗口的取舍和样式的设置。

1．主菜单

主菜单包括文件、编辑、查看、PLC、调试、工具、窗口和帮助 8 个主菜单项。各主菜单项的功能如下。

1）文件（File）。文件的操作有新建（New）、打开（Open）、关闭（Close）、保存（Save）、另存（Save As）、导入（Import）、导出（Export）、上载（Upload）、下载（Download）、页面设置（Page Setup）、打印（Print）、预览、最近使用文件和退出。

图 3-9　STEP7-Micro/Win V4.0 SP9 的主界面

① 导入。若从 STEP 7-Micro/Win 32 编辑器之外导入程序，可使用"导入"命令导入 ASCII 文本文件。

② 导出。使用"导出"命令创建程序的 ASCII 文本文件，并导出至 STEP7-Micro/Win32 外部的编辑器。

③ 上载。在运行 STEP7-Micro/Win 32 的个人计算机与 PLC 之间建立通信后，从 PLC 将程序上载至运行 STEP 7-Micro/Win 32 的个人计算机。

④ 下载。在运行 STEP 7-Micro/Win32 的个人计算机与 PLC 之间建立通信后，将程序下载至该 PLC 中。下载之前，PLC 应位于"停止"模式。

2）编辑（Edit）。编辑菜单提供程序的编辑工具有撤销（Undo）、剪切（Cut）、复制（Copy）、粘贴（Paste）、全选（Select All）、插入（Insert）、删除（Delete）、查找（Find）、替换（Replace）和转至（Go To）等项目。

3）查看（View）。

① 通过查看菜单可以选择不同的程序编辑器，即 LAD（梯形图），STL（语句表），FBD（功能块）。

② 通过查看菜单可以进行项目组件的设置，如数据块（Data Block）、符号表（Symbol Table）、状态表（Chart Status）、系统块（System Block）、交叉引用（Cross Reference）和通信（Communications）参数的设置。

③ 通过查看菜单可以选择注解、网络注解（POU Comments）显示与否等。

④ 通过查看菜单的框架栏区可以选择浏览栏（Navigation Bar）、指令树（Instruction Tree）及输出视窗（Output Window）的显示与否。

⑤ 通过查看菜单的工具栏区可以选择标准、调试、公用和指令等快捷工具显示与否。

⑥ 通过查看菜单可以对程序块的属性进行设置。

4）PLC。PLC 菜单用于与 PLC 联机时的操作。如用软件改变 PLC 的运行方式（运行、停止），对用户程序进行编译，清除 PLC 程序、上电复位、查看 PLC 的信息、时钟、存储卡的操作、程序比较和 PLC 类型选择等操作。其中，对用户程序进行编译可以离线进行。

联机方式（在线方式）：有编程软件的计算机与 PLC 连接，两者之间可以直接通信。

离线方式：有编程软件的计算机与 PLC 断开连接。此时可进行编程、编译。

PLC 有两种操作模式：STOP（停止）和 RUN（运行）模式。在 STOP（停止）模式中可以建立/编辑程序，在 RUN（运行）模式中监控程序操作和数据，进行动态调试。

若使用 STEP 7-Micro/Win 软件控制 RUN/STOP（运行/停止）模式，则在 STEP 7-Micro/Win 和 PLC 之间必须建立通信。另外，PLC 硬件模式开关必须设为 TERM（终端）或 RUN（运行）。

编译（Compile）。用来检查用户程序语法错误。用户程序编辑完成后，通过编译在显示器下方的输出窗口显示编译结果，明确指出错误的网络段，可以根据错误提示对程序进行修改，然后再编译，直至无错误。

全部编译（Compile All）。编译全部项目元件（程序块、数据块和系统块）。

信息（Information）。可以查看 PLC 信息，例如，PLC 型号和版本号码、操作模式、扫描速率、I/O 模块配置以及 CPU 和 I/O 模块错误等。

上电复位（Power-Up Reset）。从 PLC 清除严重错误，并返回 RUN（运行）模式。如果操作 PLC 存在严重错误，SF（系统错误）指示灯就亮，程序停止执行。必须将 PLC 模式重设为 STOP（停止），然后再设置为 RUN（运行），才能清除错误，或使用"PLC"→"上电复位"。

5）调试（Debug）。调试菜单用于联机时的动态调试，有首次扫描（First Scan）、多次扫描（Multiple Scans）、开始程序状态监控（Start Program Status）、暂停程序状态监控（Pause Program Status）、状态表监控（Start Chart Status）、暂停趋势图监控（Pause Trend Chart）、用程序状态模拟运行条件（读取、强制、取消强制和全部取消强制）等功能。

调试时，可以指定 PLC 对程序执行有限次数扫描（1～65 535 次扫描）。通过选择 PLC 运行的扫描次数，可以在程序改变过程变量时对其进行监控。第一次扫描时，SM0.1 数值为 1（打开）。

首次扫描：可编程序控制器从 STOP 方式进入 RUN 方式，执行一次扫描后，回到 STOP 方式，可以观察到首次扫描后的状态。

PLC 必须位于 STOP（停止）模式，通过菜单"调试"→"单次扫描"命令进行操作。

多次扫描：调试时可以指定 PLC 对程序执行有限次数扫描（从 1 次扫描到 65 535 次扫描）。通过选择 PLC 运行的扫描次数，可以在程序过程变量改变时对其进行监控。

PLC 必须位于 STOP（停止）模式，通过菜单"调试"→"多次扫描"设置扫描次数。

6）工具。

① 工具菜单提供复杂指令向导（PID、HSC、NETR/NETW 指令），简化复杂指令编程的工作。

② 工具菜单提供文本显示器 TD200 设置向导。

③ 工具菜单的定制子菜单可以更改 STEP 7-Micro/Win 32 工具条的外观或内容，以及在

"工具"菜单中增加常用工具。

④ 工具菜单的选项子菜单可以设置 3 种编辑器的风格，如字体、指令盒的大小等样式。

7）窗口。窗口菜单可以设置窗口的排放形式，如层叠、水平、垂直。

8）帮助。帮助菜单可以提供 S7-200 的指令系统及编程软件的所有信息，并提供在线帮助、网上查询、访问等功能。

2．工具条

1）标准工具条如图 3-10 所示。各快捷按钮从左到右分别为：新建项目、打开现有项目、保存当前项目、打印、打印预览、剪切选项并复制至剪贴板、将选项复制至剪贴板、在光标位置粘贴剪贴板内容、撤销最后一个条目、编译程序块或数据块（任意一个现用窗口）、全部编译（程序块、数据块和系统块）、将项目从 PLC 上载至 STEP 7-Micro/Win、从 STEP 7-Micro/Win 下载至 PLC、符号表名称列按照 A～Z 从小至大排序、符号表名称列按照 Z～A 从大至小排序、选项（配置程序编辑器窗口）。

图 3-10　标准工具条

2）调试工具条如图 3-11 所示。各快捷按钮从左到右分别是，将 PLC 设为运行模式、将 PLC 设为停止模式、在程序状态打开/关闭之间切换 、在触发暂停打开/停止之间切换（只用于语句表）、在状态表监控打开/关闭之间切换、状态表表单次读取、状态表表全部写入、强制 PLC 数据、取消强制 PLC 数据、状态表全部取消强制、状态表全部读取强制数值、趋势图。

图 3-11　调试工具条

3）公用工具条如图 3-12 所示。公用工具条各快捷按钮从左到右的含义分别为：

① 插入网络。单击该按钮，在 LAD 或 FBD 程序中插入一个空网络。

② 删除网络。单击该按钮，删除 LAD 或 FBD 程序中的整个网络。

③ 程序注解。单击该按钮在程序注解打开（可视）或关闭（隐藏）之间切换。可视时，始终位于第一个网络之前显示。POU 注解如图 3-13 所示。

④ 网络注解。单击该按钮，在光标所在的网络标号下方出现灰色方框中，输入网络注解。再单击该按钮，网络注解关闭。网络注解如图 3-14 所示。

图 3-12　公用工具条

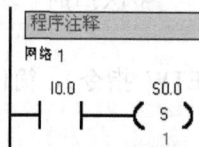

图 3-13　POU 注解

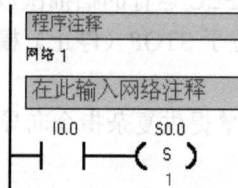

图 3-14　网络注解

⑤ 查看/隐藏每个网络的符号信息表。单击该按钮，在符号信息表打开和关闭之间切换。网络的符号信息表如图 3-15 所示。

⑥ 切换书签。设置或移除书签。网络设置书签如图 3-16 所示。

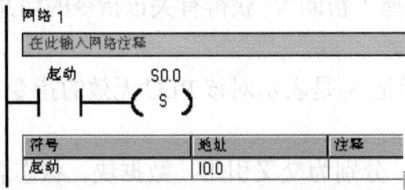

图 3-15　网络的符号信息表　　　　　　　　　图 3-16　网络设置书签

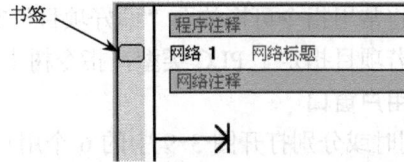

⑦ 下一个书签。单击该按钮，向下移至程序的下一个带书签的网络。

⑧ 前一个书签。单击该按钮，向上移至程序的前一个带书签的网络。

⑨ 清除全部书签。单击该按钮，移除程序中的所有当前书签。

在项目中应用所有的符号。单击该按钮，用所有新、旧和修改的符号名更新项目，并在符号信息表打开和关闭之间切换。

建立表格未定义符号。单击该按钮，从程序编辑器将不带指定地址的符号名传输至指定地址的新符号表标记。

常量说明符。在 SIMATIC 类型说明符打开 / 关闭之间切换，单击"常量描述符" 按钮，使常量描述符可视或隐藏。对许多指令参数可直接输入常量。仅被指定为 100 的常量具有不确定的大小，因为常量 100 可以表示为字节、字或双字大小。当输入常量参数时，程序编辑器根据每条指令的要求指定或更改常量描述符。

4）LAD 指令工具条如图 3-17 所示。从左到右分别是，插入向下直线，插入向上直线，插入左行，插入右行，插入接点，插入线圈，插入指令盒。

图 3-17　LAD 指令工具条

3. 浏览条（Navigation Bar）

浏览条为编程提供按钮控制，可以实现窗口的快速切换，即对编程工具执行直接按钮存取，包括程序块（Program Block）、符号表（Symbol Table）、状态表表（Status Chart）、数据块（Data Block）、系统块（System Block）、交叉引用（Cross Reference）、通信（Communication）和设置 PG/PC 接口。单击上述任意按钮，则主窗口切换成此按钮对应的窗口。

4. 指令树（Instuction Tree）

指令树提供编程时用到的所有快捷操作命令和 PLC 指令。可分为项目分支和指令分支。

1）项目分支用于组织程序项目。

① 用鼠标右键单击"程序块"文件夹，插入新子程序和中断程序。

② 打开"程序块"文件夹，并用鼠标右键单击 POU 图标，可以打开 POU、编辑 POU 属性、用密码保护 POU 或为子程序和中断程序重新命名。

③ 用鼠标右键单击"状态图"或"符号表"文件夹，插入新图或表。

④ 打开"状态图"或"符号表"文件夹，在指令树中用鼠标右键单击图或表图标，或

双击适当的 POU 标记，执行打开、重新命名或删除操作。

2）指令分支用于输入程序，打开指令文件夹并选择指令。

① 拖放或双击指令，可在程序中插入指令。

② 用鼠标右键单击指令，并从弹出菜单中选择"帮助"，获得有关该指令的信息。

③ 将常用指令可拖放至"偏好项目"文件夹。

④ 若项目指定了 PLC 类型，指令树中红色标记 x 是表示对该 PLC 无效的指令。

5．用户窗口

可同时或分别打开图 3-9 中的 6 个用户窗口，分别为交叉引用、数据块、状态表、符号表、程序编辑器和局部变量表。

1）交叉引用（Cross Reference）。在程序编译成功后，才能打开交叉引用表。如图 3-18 所示，"交叉引用"表列出在程序中使用的各操作数所在的位置以及每次使用各操作数的指令。通过交叉引用表，还可以查看哪些内存区域已经被使用，作为位还是作为字节使用。交叉引用表不下载到可编程序控制器，在交叉引用表中双击某操作数，可以显示出包含该操作数的那一部分程序。

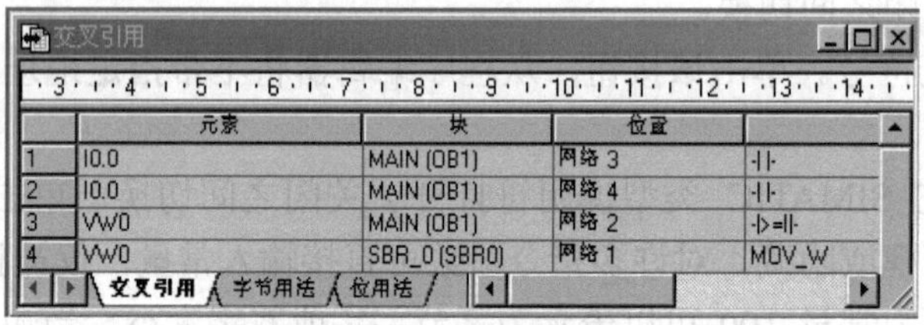

	元素	块	位置	
1	I0.0	MAIN (OB1)	网络 3	┤├
2	I0.0	MAIN (OB1)	网络 4	┤├
3	VW0	MAIN (OB1)	网络 2	┤>=├
4	VW0	SBR_0 (SBR0)	网络 1	MOV_W

图 3-18　交叉引用表

2）数据块。"数据块"窗口可以设置和修改变量存储器的初始值和常数值，并加注必要的注释说明。单击浏览条上的"数据块"按钮 ▤，可打开"数据块"窗口。

3）状态表（Status Chart）。将程序下载至 PLC 之后，可以建立一个或多个状态表，在联机调试时，打开状态表，监视各变量的值和状态。状态表并不被下载到可编程序控制器中，它只是监视用户程序运行的一种工具。单击浏览条上的"状态表"按钮 ▤，可打开状态表。

若在项目中有一个以上的状态表，使用位于"状态表"窗口底部的 ◀▶ CHT1 CHT2 CHT3 "表"标签在状态表之间移动。可在状态表的地址列输入需监视的程序变量地址。在 PLC 运行时，打开状态表窗口，在程序扫描执行时，连续、自动地更新状态表的数值。

4）符号表（Symbol Table）。用有实际含义的自定义符号名作为编程元件的操作数，这样可使程序更容易理解。符号表则建立了自定义符号名与直接地址编号之间的关系。单击浏览条中的"符号表"按钮 ▤，可打开符号表。

5）程序编辑器。用菜单命令"文件"→"新建""文件"→"打开"或"文件"→"导入"命令，可打开一个项目。然后单击浏览条中的"程序块"按钮 ▤，打开"程序编辑器"窗口，建立或修改程序。可用菜单命令"查看"→STL、LAD、FBD，更改编辑器类型。

6）局部变量表。每个程序块都有自己的局部变量表。局部变量只在建立该局部变量的程序块中才有效。在带参数的子程序调用中，参数的传递是通过局部变量表传递的。

6．输出窗口

输出窗口用来显示程序编译的结果，如编译结果有无错误、错误编码和位置等。

7．状态条

状态条提供有关在 STEP 7-Micro/Win 中操作的信息。

3.1.3 编程准备

1．指令集和编辑器的选择

写程序之前，用户必须选择指令集和编辑器。

S7-200 系列 PLC 支持的指令集有 SIMATIC 和 IEC1131-3 两种。SIMATIC 是专为 S7-200PLC 设计的，专用性强，采用 SIMATIC 指令编写的程序执行时间短，可以使用 LAD、STL、FBD 3 种程序编辑器。IEC1131-3 指令集是按国际电工委员会（IEC）PLC 编程标准提供的指令系统，作为不同 PLC 厂商的指令标准，集中指令较少。有些 SIMATIC 所包含的指令，在 IEC 1131-3 中不是标准指令。IEC1131-3 标准指令集适用于不同厂家 PLC，可以使用 LAD 和 FBD 两种编辑器。本书主要用 SIMATIC 编程模式。

菜单命令"工具"→"选项"→"常规"选项卡→"编程模式"→选 SIMATIC。

对 LAD、STL、FBD 这 3 种程序编辑器的比较在下一章介绍。本书主要介绍 LAD 和 STL。选择编辑器的方法如下：① 用菜单命令"查看"→梯形图或 STL；② 菜单命令"工具"→"选项"→"常规"选项卡→"梯形图编辑器"。

2．根据 PLC 类型进行参数检查

在 PLC 和运行 STEP7-Micro/Win 的 PC 连线后，应根据 PLC 的类型进行范围检查。必须保证 STEP7-Micro/Win 中 PLC 类型选择与实际 PLC 类型相符。具体方法如下：菜单命令"PLC"→"类型"→"读取 PLC"。"PLC 类型|"对话框如图 3-19 所示。

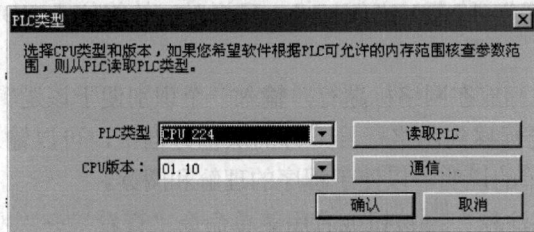

图 3-19 "PLC 类型"对话框

3.2 STEP7-Micro/Win 主要编程功能

3.2.1 梯形图程序的输入

1．建立项目

1）打开已有的项目文件。用菜单命令"文件"→"打开"，在"打开文件"对话框中，选择项目的路径及名称，单击"确定"按钮，打开现有项目。

2）创建新项目。菜单命令"文件"→"新建"；或者单击浏览条中的程序块图标，新建一个项目。

2．输入程序

打开项目后就可以进行编程，本书主要介绍梯形图的相关操作。

1）输入指令。梯形图的元素主要有触点、线圈和指令盒，对梯形图的每个网络，必须从接点开始，以线圈或没有 ENO 输出的指令盒结束。不允许线圈串联使用。

要输入梯形图指令首先要进入梯形图编辑器，方法如下。

① "查看" → 单击 "梯形图" 选项。接着在梯形图编辑器中输入指令。输入指令可以通过指令树、工具条按钮、快捷键等方法。

② 在指令树中选择需要的指令，拖放到需要的位置上。

③ 将光标放在需要的位置，在指令树中双击需要的指令。

④ 将光标放到需要的位置，单击工具栏指令按钮，打开一个通用指令窗口，选择需要的指令。

⑤ 使用功能键。F4（接点）、F6（线圈）、F9（指令盒），打开一个通用指令窗口，选择需要的指令。

在编程元件图形出现在指定位置后，再单击编程元件符号的 "???"，输入操作数。红色字样显示语法出错，当把不合法的地址或符号改变为合法值时，红色消失。若数值下面出现红色的波浪线，则表示输入的操作数超出范围或与指令的类型不匹配。

2）上下线的操作。将光标移到要合并的接点处，单击工具栏中向上连线┛或向下连线┓按钮。

3）输入程序注释。LAD 编辑器中共有 4 个注释级别：项目组件（POU）注释、网络标题、网络注释、项目组件属性。

① 项目组件（POU）注释。在 "网络 1" 上方的灰色方框中单击，输入 POU 注释。单击 "切换 POU 注释" 按钮▣或者用菜单命令 "查看" → "POU 注释" 选项，在 POU 注释 "打开"（可视）或 "关闭"（隐藏）之间切换。可视时，始终位于 POU 顶端，并在第一个网络之前显示。

② 网络标题。将光标放在网络标题行，输入一个识别便于该逻辑网络的标题。

③ 网络注释。将光标移到网络标号下方的灰色方框中，可以输入网络注释。网络注释可对网络的内容进行简单的说明，以便于程序的理解和阅读。

④ 单击 "切换网络注释"▦按钮或者用菜单命令 "查看" → "网络注释"，可在网络注释 "打开"（可视）和 "关闭"（隐藏）之间切换。

4）程序的编辑。

① 剪切、复制、粘贴或删除多个网络。通过按〈Shift〉键+鼠标单击，可以选择多个相邻的网络，进行剪切、复制、粘贴或删除等操作。注意：不能选择部分网络，只能选择整个网络。

② 编辑单元格、指令、地址和网络。用光标选中需要进行编辑的单元，单击右键，弹出快捷菜单，可以进行插入或删除行、列、垂直线或水平线的操作。删除垂直线时把方框放在垂直线左边单元上，删除时选 "行"，或按〈Del〉键。进行插入编辑时，先将方框移至欲插入的位置，然后选 "列"。

5）程序的编译。程序经过编译后，方可下载到 PLC 中。编译的方法如下：

① 单击 "编译" 按钮▣ 或选择菜单命令 "PLC" → "编译"（Compile），编译当前被

激活的窗口中的程序块或数据块。

② 单击"全部编译"按钮 或选择菜单命令"PLC"→"全部编译"（Compile All），编译全部项目元件（程序块、数据块和系统块）。使用"全部编译"，与哪一个窗口是活动窗口无关。

编译结束后，输出窗口显示编译结果。

3.2.2 数据块的编辑

数据块窗口（如图 3-20 所示）用来对变量存储器 V 赋初值，可用字节、字或双字赋值。注解（前面带双斜线）是可选项目。编写的数据块被编译后，可下载到可编程序控制器中，注释被忽略。

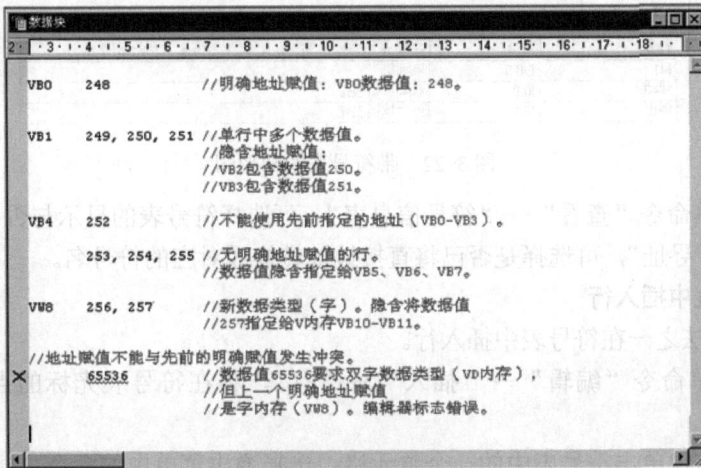

图 3-20   数据块窗口

数据块的第一行必须包含一个明确地址，以后的行可包含明确或隐含地址。在单地址后键入多个数据值或键入仅包含数据值的行时，由编辑器指定隐含地址。编辑器根据以前的地址分配及数据长度（字节、字或双字）指定适当的 V 内存数量。

键入的地址和数据之间留有空格。键入一行后，按〈Enter〉键，数据块编辑器格式化行（对齐地址列、数据、注解；捕获 V 内存地址）并重新显示。

数据块需要下载至 PLC 后才起作用。

3.2.3 符号表操作

1. 在符号表中符号赋值的方法

1）建立符号表。单击浏览条中的"符号表"按钮 。符号表见图 3-21。

			符号	地址	注释
1			起动	I0.0	起动按钮SB2
2			停止	I0.1	停止按钮SB1
3			M1	Q0.0	电动机
4					
5					

图 3-21   符号表

2）在"符号"列键入符号名称（如，启动）。注意：在给符号指定地址之前，该符号下有绿色波浪下划线；在给符号指定地址后，绿色波浪下划线自动消失。

3）在"地址"列中键入地址（例如：I0.0）。

4）键入注解（此为可选项）。

5）符号表建立后，使用菜单命令"查看"→选中"符号寻址"，直接地址将转换成符号表中对应的符号名，并且可通过菜单命令"工具"→"选项"→"程序编辑器"选项卡→"符号寻址"选项，来选择操作数显示的形式。如选择"显示符号和地址"，则对应的带符号表的梯形图如图 3-22 所示。

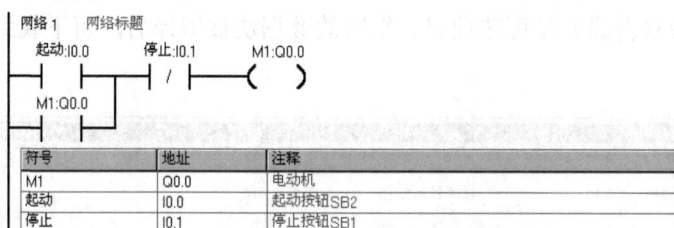

网络1　网络标题

起动:I0.0　停止:I0.1　M1:Q0.0

M1:Q0.0

符号	地址	注释
M1	Q0.0	电动机
起动	I0.0	起动按钮SB2
停止	I0.1	停止按钮SB1

图 3-22　带符号表的梯形图

6）使用菜单命令"查看"→"符号信息表"，可选择符号表的显示与否；使用菜单命令"查看"→"符号寻址"，可选择是否已将直接地址转换成对应的符号名。

2．在符号表中插入行

使用下列方法之一在符号表中插入行。

1）选择菜单命令"编辑"→"插入"→"行"，将在符号表光标的当前位置上方插入新行。

2）用鼠标右键单击符号表中的一个单元格，选择弹出菜单中的命令"插入"→"行"，将在光标的当前位置上方插入新行。

3）若在符号表底部插入新行，将光标放在最后一行的任意一个单元格中，按〈↓〉键即可。

3．建立多个符号表

默认情况下，符号表窗口显示一个符号名称（USR1）的选项卡。可用下列方法建立多个符号表。

1）从"指令树"用鼠标右键单击"符号表"文件夹，在弹出菜单命令中选择"插入符号表"。

2）打开符号表窗口，使用"编辑"菜单或用鼠标右键单击，在弹出菜单命令中选择"插入"→"表格"。

插入新符号表后，新的符号表标签会出现在符号表窗口的底部。在打开符号表时，要选择正确的标签。双击或用鼠标右键单击标签，可为标签重新命名。

3.3　程序的下载和上载

1．下载

如果已经成功地在运行 STEP 7-Micro/Win 的个人计算机和 PLC 之间建立了通信，就可以将编译好的程序下载至该 PLC 中。如果 PLC 中已经有内容，就将被覆盖。下载步骤如下：

1）下载之前，PLC 必须位于"停止"的工作方式。检查 PLC 上的工作方式指示灯，如果 PLC 没有在"停止"，那么单击工具条中的"停止"按钮，将 PLC 至于停止方式。

2）单击工具条中的"下载"按钮，或用菜单命令"文件"→"下载"。出现"下载"对话框。

3）根据默认值，在初次发出下载命令时，"程序块"、"数据块"和"系统块"复选框都被选中。如果不需要下载某个块，就可以清除该复选框。

4）单击"确定"按钮，开始下载程序。如果下载成功，就将出现一个确认框显示"下载成功"。

5）如果 STEP 7-Micro/Win 中的 CPU 类型与实际的 PLC 不匹配，就会显示以下警告信息："为项目所选的 PLC 类型与远程 PLC 类型不匹配。继续下载吗？"

6）此时应纠正 PLC 类型选项，选择"否"，终止下载程序。

7）用菜单命令"PLC"→"类型"，调出"PLC 类型"对话框。单击"读取 PLC"按钮，由 STEP 7-Micro/Win 自动读取正确的数值。单击"确定"按钮，确认 PLC 类型。

8）单击工具条中的"下载"按钮，重新开始下载程序，或用菜单命令"文件"→"下载"。

下载成功后，单击工具条中的"运行"按钮，或"PLC"→"运行"，PLC 将进入 RUN（运行）工作方式。

2．上载

用下面的方法从 PLC 将项目元器件上载到 STEP 7-Micro/Win 程序编辑器中。

1）单击"上载"按钮。

2）选择菜单命令"文件"→"上载"。

3）按〈Ctrl+U〉组合键。

4）执行的步骤与下载基本相同，选择所需的上载块（程序块、数据块或系统块），单击"上载"按钮，上载的程序将从 PLC 复制到当前打开的项目中，随后即可保存上载的程序。

3.4 程序的调试与监控

在运行 STEP 7-Micro/Win 编程设备和 PLC 之间建立通信并向 PLC 下载程序后，便可运行程序，进行监控和调试程序。

3.4.1 选择工作方式

PLC 有运行和停止两种工作方式。在不同的工作方式下，PLC 进行调试的操作方法不同。单击工具栏中的"运行"按钮 或"停止"按钮 可以进入相应的工作方式。

1．选择 STOP 工作方式

在 STOP（停止）工作方式中，可以创建和编辑程序，使 PLC 处于半空闲状态：停止用户程序执行；执行输入更新；用户中断条件被禁用。PLC 操作系统继续监控 PLC，将状态数据传递给 STEP 7-Micro/Win。并执行所有的"强制"或"取消强制"命令。当 PLC 位于

STOP（停止）工作方式时，可以进行下列操作。

1）使用"状态表监控"或"程序状态监控"查看操作数的当前值。因为程序未执行，所以这个步骤等同于执行"单次读取"。

2）可以使用"状态表监控"或"程序状态监控"强制数值。使用"状态表监控"写入数值。

3）写入或强制输出。

4）执行有限次扫描，并通过"状态表监控"或"程序状态监控"观察结果。

2．选择运行工作方式

当 PLC 位于 RUN（运行）工作方式时，不能使用"首次扫描"或"多次扫描"功能。可以在"状态表"中写入和强制数值，或使用 LAD 或 FBD 程序编辑器强制数值，方法与在 STOP（停止）工作方式中强制数值相同。还可以执行下列操作（不能在 STOP 工作方式使用）。

1）使用"状态表监控"收集 PLC 数据值的连续更新。如果希望使用单次更新，"状态表监控"必须关闭，才能使用"单次读取"命令。

2）使用"程序状态监控"收集 PLC 数据值的连续更新。

3.4.2 显示程序状态

在程序下载至 PLC 后，可以用"程序状态监控"功能测试程序网络。

1．启动程序状态

1）在程序编辑器窗口，显示希望操作和测试的程序部分。

2）PLC 置于 RUN 工作方式，启动"程序状态监控"查看 PLC 数据值。方法如下：

单击"程序状态监控"按钮圆或用菜单命令"调试"→"程序状态监控"，在梯形图中显示出各元件的状态。在进入"程序状态监控"的梯形图中，用彩色块表示位操作数的线圈得电或接点闭合状态。如：⊣■⊢表示接点闭合状态；⊣■⊢表示位操作数的线圈得电。

运行中梯形图内各元件的状态将随程序执行过程连续更新变换。

2．用"程序状态监控"模拟进程条件（读取、强制、取消强制和全部取消强制）

在程序状态监控过程中，使用从程序编辑器向操作数写入或强制新数值的方法，可以模拟进程条件。

单击"程序状态监控"按钮圆，开始监控数据状态，并启用调试工具。

（1）写入操作数

直接单击操作数（不要单击指令），然后用鼠标右键直接单击操作数，并从弹出菜单选择"写入"命令。

（2）强制单个操作数

直接单击操作数（不是指令），然后从"调试"工具条中单击"强制"图标🔒。

直接用鼠标右键单击操作数（不是指令），并从弹出菜单选择"强制"命令。

（3）单个操作数取消强制

直接单击操作数（不是指令），然后从"调试"工具条中单击"取消强制"图标🔓。

直接用鼠标右键单击操作数（不是指令），并从弹出菜单选择"取消强制"命令。

（4）全部强制数值取消强制

从"调试"工具条中单击"全部取消强制"图标![图标]。

注意：强制功能是调试程序的辅助工具，切勿为了弥补处理装置的故障而执行强制。仅限合格人员使用强制功能。在不带负载的情况下调试程序时，可以使用强制功能。

3．识别强制图标

被强制的数据处将显示一个图标。

1）黄色锁定图标![图标]表示显示强制。即该数值已经被直接强制为当前正在显示的数值。

2）灰色隐去锁定图标![图标]表示隐式。该数值已经被"隐含"强制，即不对地址进行直接强制，但内存区落入另一个被明确强制的较大区域中。例如，如果 VW0 被显示强制，则 VB0 和 VB1 被隐含强制，因为它们包含在 VW0 中。

3）半块图标![图标]表示部分强制。例如，VB1 被明确强制，则 VW0 被部分强制，因为其中的一个字节 VB1 被强制。

3.4.3 显示状态表

可以建立一个或多个状态表，用来监管和调试程序操作。

1．打开状态表

打开状态表。单击浏览条上的"状态表"按钮![图标]。如果在项目中有多个状态表，使用"状态表"窗口底部的"表"标签，可在状态表之间移动。

2．状态表的创建和编辑

1）建立状态表。如果打开一个空状态表，可以输入地址或定义符号名。按以下步骤定义状态表，如图 3-23 所示。

	地址	格式	当前值	新数值
1	I0.0	位		
2	VW0	带符号		
3	M0.0	位		
4	SMW70	带符号 ▼		

图 3-23 状态表举例

① 在"地址"列输入存储器的地址（或符号名）。

② 在"格式"列选择数值的显示方式。如果操作数是位（例如，I、Q 或 M），格式中被设为位；如果操作数是字节、字或双字，浏览有效格式并选择适当的格式。定时器或计数器数值可以显示为位或字；如果将定时器或计数器地址格式设置为位，则会显示输出状态（输出打开或关闭）；如果将定时器或计数器地址格式设置为字，则使用当前值。

还可以按下面的方法更快地建立状态表。选中程序代码建立状态表如图 3-24 所示。

选中程序代码的一部分，单击鼠标右键，从弹出菜单命令中选择"创建状态表"。新状态表包含选中程序中每个操作数的一个条目。

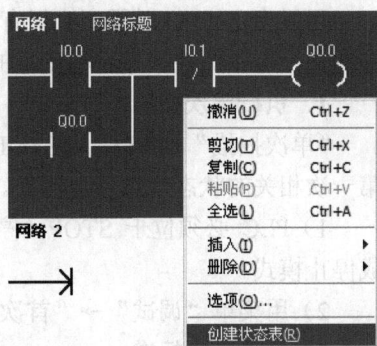

图 3-24 选中程序代码建立状态表

2）编辑状态表。在状态表修改过程中，可采用下列方法。

① 插入新行。使用"编辑"菜单或用鼠标右键单击状态表中的一个单元格，从弹出菜单中选择"插入"→"行"命令。

② 删除一个单元格或行。选中单元格或行，用鼠标右键单击，从弹出菜单命令中选择"删除"→"选项"。

3）建立多个状态表。用下面方法可以建立一个新状态表。

① 从指令树中，用鼠标右键单击"状态表"文件夹→弹出菜单命令→"插入"→"状态表"。

② 打开状态表窗口，使用"编辑"菜单或用鼠标右键单击，在弹出菜单中选择"插入"→"状态表"命令。

3．状态表的启动与监视

1）状态表启动和关闭。用菜单命令"调试"→"开始状态表监控"或使用工具条中的"状态表监控"按钮▨；再操作一次可关闭状态表。状态表启动后，便不能再编辑状态表。

2）单次读取与连续状态表监控。状态表被关闭时（未启动），可以使用"单次读取"功能，方法如下。

① 用菜单命令"调试"→"单次读取"或使用工具条中的"单次读取"按钮▨。单次读取可以从可编程序控制器收集当前的数据，并在表中当前值列显示出来，且在执行用户程序时并不对其更新。

状态表被启动后，使用"状态表监控"功能，将连续收集状态表信息。

② 用菜单命令"调试"→"状态表监控"或使用"状态表监控"工具条中的按钮▨。

3）写入与强制数值。

① 全部写入。对状态表内的新数值改动完成后，可利用全部写入将所有改动传送至可编程序控制器中。物理输入点不能用此功能改动。

② 强制。在状态表的地址列中选中一个操作数，在新数值列写入模拟实际条件的数值，然后单击工具条中的"强制"按钮。一旦使用 "强制"，每次扫描就都会将强制数值应用于该地址，直至对该地址"取消强制"为止。

③ 取消强制。与"程序状态"的操作方法相同。

3.4.4 执行有限次扫描

可以指定 PLC 对程序执行有限次数扫描（1~65 535 次扫描），通过指定 PLC 运行的扫描次数，可以监控程序过程变量的改变。在进行第一次扫描时，SM0.1 数值为 1。

1．执行单次扫描

"单次扫描"使 PLC 从 STOP 转变成 RUN，执行单次扫描，然后再转回 STOP，因此与第一次相关的状态信息不会消失。操作步骤如下。

1）PLC 必须位于 STOP（停止）模式。如果不在 STOP（停止）模式，就将 PLC 转换成停止模式。

2）用菜单"调试"→"首次扫描"命令。

2．执行多次扫描

步骤如下。

1) PLC 须位于 STOP（停止）模式。如果不在 STOP（停止）模式，就将 PLC 转换成停止模式。

2) 用菜单命令"调试"→"多次扫描"→出现"执行扫描"对话框，如图 3-25 所示。

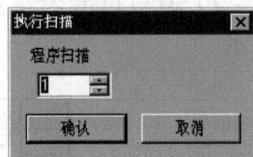

3) 输入所需的扫描次数数值，单击"确定"按钮。

图 3-25 "执行扫描"对话框

3.5 编程软件实训

1. 实训目的

1) 认识 S7-200 系列可编程序控制器及其与 PC 的通信。

2) 练习使用 STEP 7-Micro/Win V4.0 编程软件。

3) 学会程序的输入和编辑方法。

4) 初步了解程序调试的方法。

2. 实训内容及指导

1) PLC 认识。记录所使用 PLC 的型号、输入/输出点数，观察主机面板的结构以及 PLC 和 PC 之间的连接。

2) 开机（打开 PC 和 PLC）并新建一个项目。用菜单命令"文件"→"新建"或用新建项目快捷按钮。

3) 检查 PLC 和运行 STEP7-Micro/Win 的 PC 连线后，设置与读取 PLC 的型号。菜单命令"PLC"→"类型"→"读取 PLC"或者在指令树→"项目"名称→"类型"→"读取 PLC"。

4) 选择指令集和编辑器。

① 菜单命令"工具"→"选项"→"常规"选项卡→"编程模式"→SIMATIC；"助记符集"→"国际"。

② 用菜单命令"查看"→"LAD"。或者用菜单命令"工具"→"选项"→"一般"选项卡→"梯形图编辑器"。

5) 输入、编辑图 3-26 所示的梯形图，并将其转换成语句表指令。

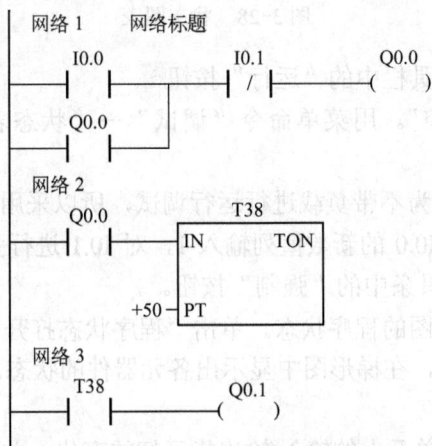

图 3-26　梯形图

47

6）给梯形图加程序注释、网络标题、网络注释。

7）编写符号表，如图 3-27 所示。并选择操作数显示形式为：符号和地址同时显示。

	符号	地址	注释
1	启动按钮	I0.0	
2	停止按钮	I0.1	
3	灯1	Q0.0	
4	灯2	Q0.1	
5			

图 3-27　符号表

① 建立符号表。单击浏览条中的"符号表"按钮■。

② 符号和地址同时显示。"工具"→"选项"→"程序编辑器"。

8）编译程序。并观察编译结果，若提示错误，则修改，直到编译成功。

"PLC"→"编译"、"全部编译"或用快捷按钮 ■ ■ 。

9）将程序下载到 PLC。下载之前，PLC 必须位于"停止"的工作方式。如果 PLC 没有在"停止"，就单击工具条中的"停止"按钮，将 PLC 至于停止方式。

单击工具条中的"下载"按钮，或用菜单命令"文件"→"下载"，出现"下载"对话框。可选择是否下载"程序块"、"数据块"和"系统块"，单击"确定"按钮，开始下载程序。

10）建立状态表表监视各元器件的状态，状态图表如图 3-28 所示。选中程序代码的一部分，单击鼠标右键→弹出菜单→"建立状态表"。

	地址	格式	当前值	新数值
1	I0.0	位		
2	I0.1	位		
3	Q0.0	位		
4	Q0.1	位		
5	T38	位		

图 3-28　状态图表

11）运行程序。单击工具栏中的"运行"按钮 ▶ 。

12）启动"状态表监控"。用菜单命令"调试"→"状态表监控"或使用"状态表监控"工具条按钮 ■ 。

13）输入强制操作。因为不带负载进行运行调试，所以采用强制功能模拟物理条件。对 I0.0 进行强制 ON，在对应 I0.0 的新数值列输入 1，对 I0.1 进行强制 OFF，在对应 I0.1 的新数值列输入 0。然后单击工具条中的"强制"按钮。

14）在运行中显示梯形图的程序状态。单击"程序状态打开 / 关闭"按钮 ■ 或用菜单命令"调试"→"程序状态"，在梯形图中显示出各元器件的状态。

3．记录结果

1）认真观察 PLC 基本单元上的输入/输出指示灯的变化，并记录结果。

2）总结梯形图输入及修改的操作过程。

3）写出梯形图添加注释的过程。

3.6 习题

1. 如何建立项目？
2. 如何在 LAD 中输入程序注解？
3. 如何下载程序？
4. 如何在程序编辑器中显示程序状态？
5. 如何建立状态表？
6. 如何执行有限次数扫描？

第4章 S7-200系列PLC基本指令及实训

本章要点

- 梯形图、语句表、顺序功能流程图和功能块图等常用设计语言的简介
- 基本位操作指令的介绍、应用及实训
- 定时器指令、计数器指令的介绍、应用及实训
- 比较指令的介绍及应用
- 程序控制类指令的介绍、应用及实训

4.1 可编程序控制器程序设计语言

在可编程控制器中有多种程序设计语言，它们是梯形图、语句表、顺序功能流程图、功能块图等。

供 S7-200 系列 PLC 使用的 STEP 7-Micro/Win 编程软件支持 SIMATIC 和 IEC1131-3 两种基本类型的指令集，SIMATIC 是 PLC 专用的指令集，执行速度快，可使用梯形图、语句表、功能块图编程语言。IEC1131-3 是可编程控制器编程语言标准，IEC1131-3 指令集中指令较少，只能使用梯形图和功能块图两种编程语言。SIMATIC 指令集的某些指令不是 IEC1131-3 中的标准指令。SIMATIC 指令和 IEC1131-3 中的标准指令系统并不兼容。我们将重点介绍 SIMATIC 指令。

1. 梯形图（Ladder Diagram）程序设计语言

梯形图程序设计语言是最常用的一种程序设计语言。它来源于继电器逻辑控制系统的描述。在工业过程控制领域，电气技术人员对继电器逻辑控制技术较为熟悉，因此，由这种逻辑控制技术发展而来的梯形图受到了欢迎，并得到了广泛的应用。梯形图与操作原理图相对应，具有直观性和对应性。与原有的继电器逻辑控制技术的不同点是，梯形图中的能流不是实际意义的电流，内部的继电器也不是实际存在的继电器，因此，应用时，需与原有继电器逻辑控制技术的有关概念区别对待。LAD 图形指令有触点、线圈和指令盒 3 个基本形式。

1) 触点。其基本符号如图 4-1 所示。图中的问号代表需要指定的操作数的存储器地址。触点代表输入条件（如外部开关、按钮及内部条件等）。触点有常开触点和常闭触点。当 CPU 运行扫描到触点符号时，到触点操作数指定的存储器位访问（即 CPU 对存储器的读操作）。当该位数据（状态）为 1 时，其对应的常开触点接通，其对应的常闭触点断开。可见，常开触点和存储器位的状态一致，常闭触点表示对存储器位的状态取反。计算机读操作的次数不受限制，用户程序中，常开触点和常闭触点可以使用无数次。

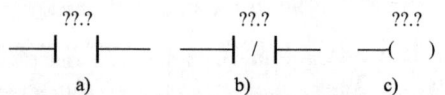

2) 线圈。其基本符号如图 4-1c 所示。线圈表示

图 4-1 触点和线圈的基本符号

a) 常开触点 b) 常闭触点 c) 线圈

50

输出结果，即 CPU 对存储器的赋值操作。当由线圈左侧接点组成的逻辑运算结果为 1 时，"能流" 可以达到线圈，使线圈得电动作，CPU 将线圈操作数指定的存储器的位置 1；逻辑运算结果为 0，线圈不通电，存储器的位置 0，即线圈代表 CPU 对存储器的写操作。PLC 采用循环扫描的工作方式，所以在用户程序中，每个线圈只能使用一次。

3）指令盒。指令盒代表一些较复杂的功能，如定时器，计数器或数学运算指令等。当 "能流" 通过指令盒时，执行指令盒所代表的功能。

梯形图按照逻辑关系可分成网络段，分段只是为了阅读和调试方便。在本书部分举例中，将网络段标记省去。图 4-2 是梯形图示例。

2. 语句表（Statement List）程序设计语言

语句表程序设计语言是由助记符和操作数构成的。采用助记符来表示操作功能，操作数是指定的存储器的地址。用编程软件可以将语句表与梯形图可以相互转换。若在梯形图编辑器下录入的梯形图程序，则打开 "查看" 菜单→选择 "ＳＴＬ"，就可将梯形图转换成语句表；反之，也可将语句表转化成梯形图。

【例 4-1】 图 4-2 中的梯形图转换为语句表的程序如下。

网络 1
LD   I0.0
O   Q0.0
AN   T37
=   Q0.0
TON   T37, +50
网络 2
LD   I0.2
=   Q0.1

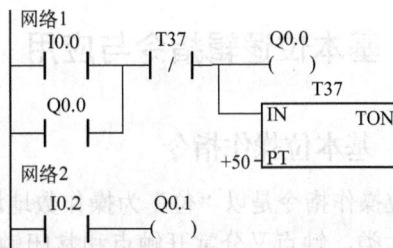

图 4-2　例 4-1 梯形图

3. 顺序功能流程图（Sequential Function Chart）程序设计

顺序功能流程图程序设计是近年来发展起来的一种程序设计。采用顺序功能流程图的描述，控制系统被分为若干个子系统，从功能入手，使系统的操作具有明确的含义，便于设计人员和操作人员设计思想的沟通，便于程序的分工设计和检查调试。顺序功能流程图的主要元素是步、转移、转移条件和动作，如图 4-3 所示。顺序功能流程图程序设计的特点是：

1）以功能为主线，条理清楚，便于对程序操作的理解和沟通。

2）对大型的程序，可分工设计，采用较为灵活的程序结构，可节省程序设计时间和调试时间。

3）常用于系统的规模较大、程序关系较复杂的场合。

4）只有在活动步的命令和操作被执行后，才对活动步后的转换进行扫描，因此，整个程序的扫描时间被大大缩短。

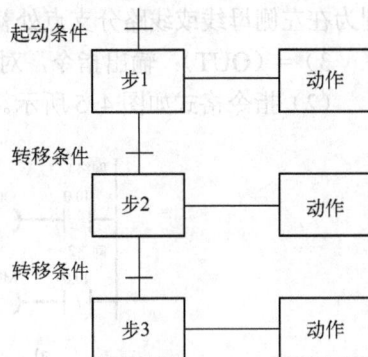

图 4-3　顺序功能流程图

4．功能块图（Function Block Diagram）程序设计语言

功能块图程序设计语言是采用逻辑门电路的编程语言，有数字电路基础的人很容易掌握。功能块图指令由输入、输出段及逻辑关系函数组成。用 STEP7-Micro/Win32 编程软件将图 4-1 所示的梯形图转换为功能块图程序，如图 4-4 所示。方框的左侧为逻辑运算的输入变量，右侧为输出变量，输入输出端的小圆圈表示"非"运算，信号自左向右流动。

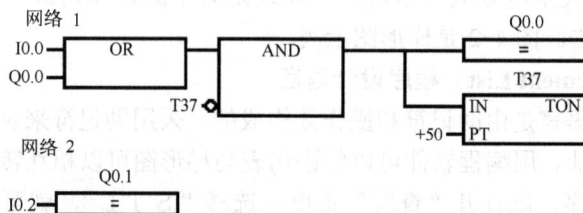

图 4-4　功能块图程序

4.2　基本位逻辑指令与应用

4.2.1　基本位操作指令

位操作指令是以"位"为操作数地址的 PLC 常用的基本指令。梯形图指令有触点和线圈两大类，触点又分常开触点和常闭触点两种形式；语句表指令有与、或和输出等逻辑关系，位操作指令能够实现基本的位逻辑运算和控制。

1．逻辑取（装载）及线圈驱动指令：LD/LDN

（1）指令功能

1）LD（Load）：常开触点逻辑运算的开始。对应梯形图则为在左侧母线或线路分支点处初始装载一个常开触点。

2）LDN（Load not）：常闭触点逻辑运算的开始（即对操作数的状态取反），对应梯形图则为在左侧母线或线路分支点处初始装载一个常闭触点。

3）=（OUT）：输出指令，对应梯形图则为线圈驱动。对同一元器件只能使用一次。

（2）指令格式如图 4-5 所示。

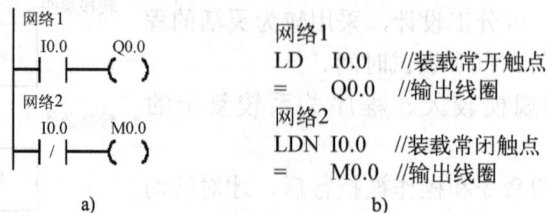

图 4-5　LD/LDN、OUT 指令格式

a）梯形图　b）语句表

说明如下。

1）触点代表 CPU 对存储器的读操作，常开触点和存储器的位状态一致，常闭触点和存储器的位状态相反。用户程序中的同一触点可使用无数次。

如：存储器 I0.0 的状态为 1，则对应的常开触点 I0.0 接通，表示能流可以通过，而对应的常闭触点 I0.0 断开，表示能流不能通过；存储器 I0.0 的状态为 0，则对应的常开触点 I0.0 断开，表示能流不能通过，而对应的常闭触点 I0.0 接通，表示能流可以通过。

2）线圈代表 CPU 对存储器的写操作。若线圈左侧的逻辑运算结果为 1，表示能流能够达到线圈，CPU 将该线圈所对应的存储器位置 1；若线圈左侧的逻辑运算结果为 0，表示能流不能够达到线圈，CPU 将该线圈所对应的存储器的位写入"0"用户程序中，同一线圈只能使用一次。

（3）LD/LDN 和 "=" 指令使用说明

1）LD/LDN 指令用于与输入公共母线（输入母线）相联的接点，也可与 OLD、ALD 指令配合使用于分支回路的开头。

2）"=" 指令用于 Q、M、SM、T、C、V、S，但不能用于输入映像寄存器 I。当输出端不带负载时，控制线圈应尽量使用 M 或其他，而不用 Q。

3）"=" 可以并联使用任意次，但不能串联。输出指令可以并联使用，如图 4-6 所示。

4）LD/LDN 的操作数为 I、Q、M、SM、T、C、V、S。"="（OUT）的操作数为 Q、M、SM、T、C、V、S。

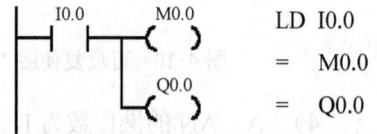

```
         I0.0      M0.0       LD  I0.0
        ─┤ ├──────( )         =   M0.0
                   Q0.0        =   Q0.0
                  ─( )
```

图 4-6 输出指令可以并联使用

2. 触点串联指令：A/AN

（1）指令功能

A（And）：与操作，在梯形图中表示串联连接单个常开触点。

AN（And not）：与非操作，在梯形图中表示串联连接单个常闭触点。

（2）指令格式（如图 4-7 所示）

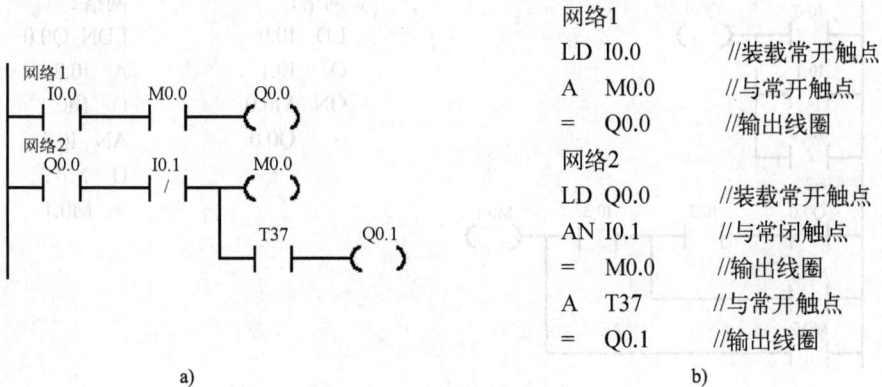

```
网络1
  I0.0    M0.0    Q0.0
 ─┤ ├────┤ ├────( )

网络2
  Q0.0    I0.1    M0.0
 ─┤ ├────┤/├─┬──( )
             │
             │ T37   Q0.1
             └┤ ├───( )
```

a)

网络1
LD I0.0   //装载常开触点
A   M0.0   //与常开触点
=   Q0.0   //输出线圈
网络2
LD Q0.0   //装载常开触点
AN I0.1   //与常闭触点
=   M0.0   //输出线圈
A   T37   //与常开触点
=   Q0.1   //输出线圈

b)

图 4-7 A/AN 指令格式
a) 梯形图 b) 语句表

（3）A/AN 指令使用说明

1）A/AN 是单个触点串联连接指令，可连续使用，如图 4-8 所示。

53

2）若要串联多个触点组合回路时，必须使用 ALD 指令，如图 4-9 所示。

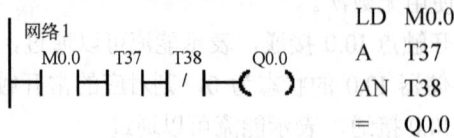

图 4-8 A/AN 指令格式

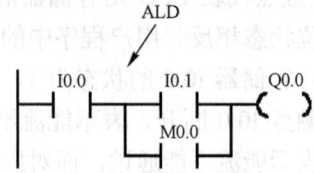

```
LD  M0.0
A   T37
AN  T38
=   Q0.0
```

图 4-9 ALD 指令格式

3）若按正确次序编程（即输入"左重右轻、上重下轻"；输出"上轻下重"），可反复使用"="指令，如图 4-10 所示。但若按图 4-11 所示的编程次序，就不能连续使用"="指令。

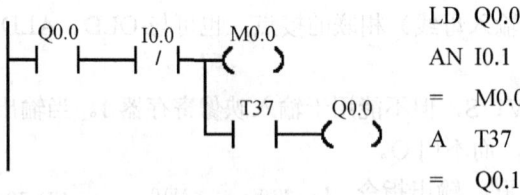

图 4-10 可反复使用"="指令

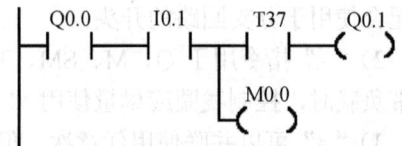

```
LD  Q0.0
AN  I0.1
=   M0.0
A   T37
=   Q0.1
```

图 4-11 不能连续使用"="指令

4） A、AN 的操作数为 I、Q、M、SM、T、C、V、S。

3. 触点并联指令：O/ON

（1）指令功能

O（Or）：或操作，在梯形图中表示并联连接一个常开触点。

ON（Or not）：或非操作，在梯形图中表示并联连接一个常闭触点。

（2）指令格式如图 4-12 所示

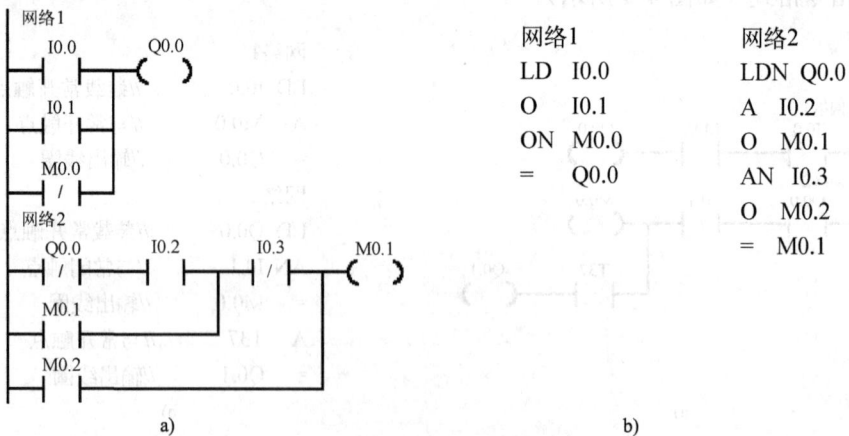

网络1
```
LD  I0.0
O   I0.1
ON  M0.0
=   Q0.0
```

网络2
```
LDN Q0.0
A   I0.2
O   M0.1
AN  I0.3
O   M0.2
=   M0.1
```

图 4-12 O/ON 指令格式

a) 梯形图   b) 语句表

（3）O/ON 指令使用说明

1） O/ON 指令可作为并联一个触点指令，紧接在 LD/LDN 指令之后用，即对其前面的

LD/LDN 指令所规定的触点并联一个触点，可以连续使用。

2）若要并联连接两个以上触点的串联回路时，须采用 OLD 指令。

3）ON 操作数为 I、Q、M、SM、V、S、T、C。

4．电路块的串联指令：ALD

（1）指令功能

ALD：块"与"操作，用于串联连接多个并联电路组成的电路块。

（2）指令格式如图 4-13 所示

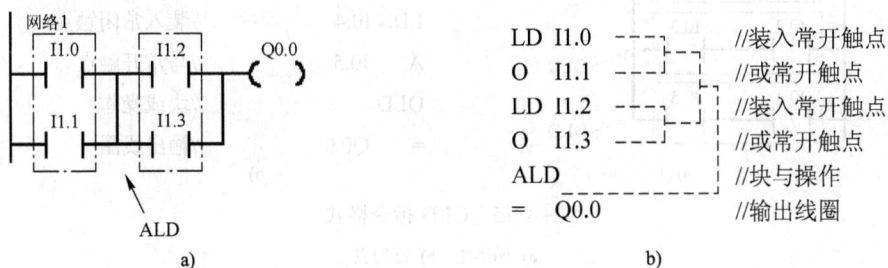

图 4-13 ALD 指令格式

a) 梯形图 b) 语句表

（3）ALD 指令使用说明

1）并联电路块与前面电路串联连接时，使用 ALD 指令。分支的起点用 LD/LDN 指令，并联电路结束后使用 ALD 指令与前面电路串联。

2）可以顺次使用 ALD 指令串联多个并联电路块，对支路数量没有限制。ALD 指令的使用如图 4-14 所示。

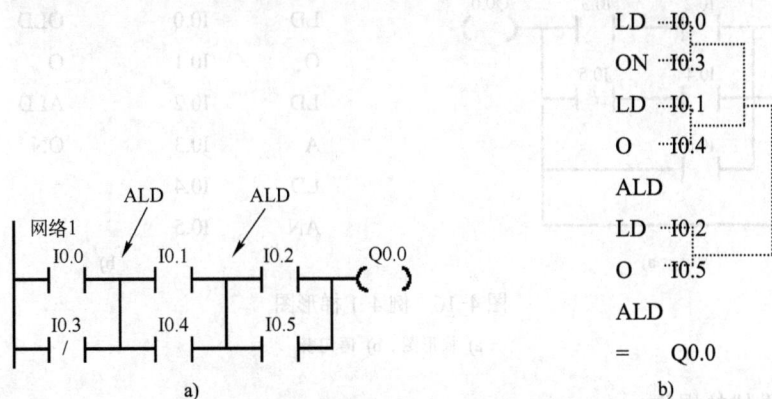

图 4-14 ALD 指令的使用

a) 梯形图 b) 语句表

3）ALD 指令无操作数。

5．电路块的并联指令：OLD

（1）指令功能

OLD：块"或"操作，用于并联连接多个串联电路组成的电路块。

（2）指令格式如图 4-15 所示

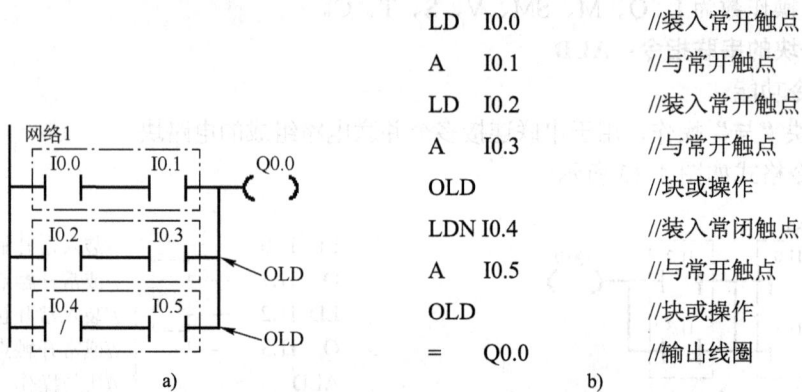

LD　I0.0	//装入常开触点
A　　I0.1	//与常开触点
LD　I0.2	//装入常开触点
A　　I0.3	//与常开触点
OLD	//块或操作
LDN I0.4	//装入常闭触点
A　　I0.5	//与常开触点
OLD	//块或操作
＝　　Q0.0	//输出线圈

图 4-15　OLD 指令格式

a) 梯形图　b) 语句表

（3）OLD 指令使用说明

1）当并联连接几个串联支路时，其支路的起点以 LD 、LDN 开始，并联结束后用 OLD。

2）可以顺次使用 OLD 指令并联多个串联电路块，对支路数量没有限制。

3）ALD 指令无操作数。

【例 4-2】 根据图 4-16 所示梯形图，写出对应的语句表。

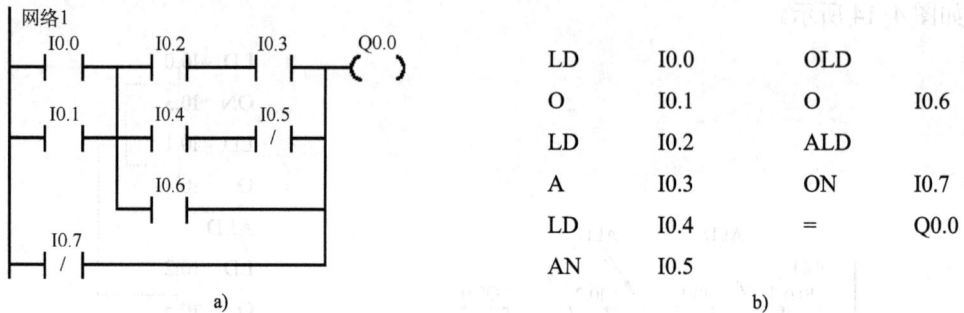

LD	I0.0	OLD	
O	I0.1	O	I0.6
LD	I0.2	ALD	
A	I0.3	ON	I0.7
LD	I0.4	＝	Q0.0
AN	I0.5		

图 4-16　例 4-1 梯形图

a) 梯形图　b) 语句表

6．逻辑堆栈的操作

S7-200 系列采用模拟栈的结构，用于保存逻辑运算结果及断点的地址，称为逻辑堆栈。S7-200 系列 PLC 中有一个 9 层的堆栈。在此介绍断点保护功能的堆栈操作。

（1）指令的功能

堆栈操作指令用于处理线路的分支点。在编制控制程序时，经常遇到多个分支电路同时受一个或一组触点控制的情况，如图 4-17 所示，采用前述指令不容易编写程序，用堆栈操作指令则可方便地将图 4-17 所示梯形图转换为语句表。

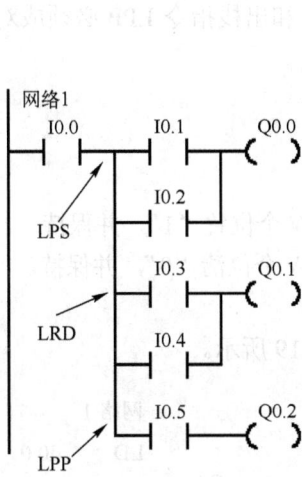

LD	I0.0	//装载常开触点
LPS		//压入堆栈
LD	I0.1	//装载常开触点
O	I0.2	//或常开触点
ALD		//块与操作
=	Q0.0	//输出线圈
LRD		//读栈
LD	I0.3	//装载常开触点
O	I0.4	//或常开触点
ALD		//块与操作
=	Q0.1	//输出线圈
LPP		//出栈
A	I0.5	//与常开触点
=	Q0.2	//输出线圈

图 4-17 堆栈指令的使用

1）LPS（入栈）指令。LPS 指令把栈顶值复制后压入堆栈，栈中原来数据依次下移一层，栈底值压出丢失。

2）LRD（读栈）指令。LRD 指令把逻辑堆栈第二层的值复制到栈顶，2～9 层数据不变，堆栈没有压入和弹出。但原栈顶的值丢失。

3）LPP（出栈）指令。LPP 指令把堆栈弹出一级，原第二级的值变为新的栈顶值，原栈顶数据从栈内丢失。

4）LPS、LRD、LPP 指令的堆栈操作过程示意图如图 4-18 所示。图中 Iv.x 为存储在栈区断点的地址。

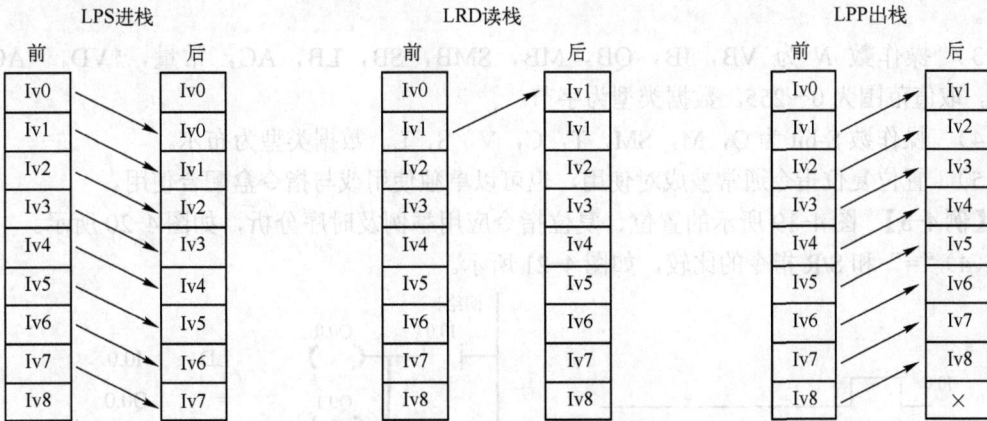

图 4-18 堆栈操作过程示意图

（2）指令格式如图 4-17 所示

（3）指令使用说明

1）逻辑堆栈指令可以嵌套使用，最多为 9 层。

57

2）为保证程序地址指针不发生错误，入栈指令 LPS 和出栈指令 LPP 必须成对使用，最后一次读栈操作应使用出栈指令 LPP。

3）堆栈指令没有操作数。

7. 置位/复位指令：S/R

（1）指令功能

置位指令 S：使能输入有效后从起始位 S-bit 开始的 N 个位置"1"，并保持。

复位指令 R：使能输入有效后从起始位 S-bit 开始的 N 个位清"0"，并保持。

（2）指令格式

S/R 指令格式如表 4-1 所示，S/R 指令的使用如图 4-19 所示。

表 4-1 S/R 指令格式

STL	LAD
S S-bit,N	S-bit —(S) N
R S-bit,N	S-bit —(R) N

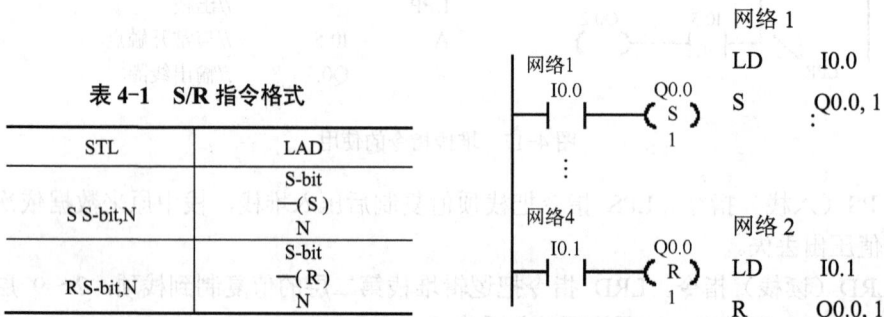

图 4-19 S/R 指令的使用

（3）指令使用说明

1）对同一元器件（同一寄存器的位）可以多次使用 S/R 指令（与"="指令不同）。

2）由于是扫描工作方式，所以当置位、复位指令同时有效时，写在后面的指令具有优先权。

3）操作数 N 为 VB，IB，QB，MB，SMB，SB，LB，AC，常量，*VD，*AC，*LD。取值范围为 0～255。数据类型为字节。

4）操作数 S-bit 为 Q，M，SM，T，C，V，S，L。数据类型为布尔。

5）置位复位指令通常被成对使用，也可以单独使用或与指令盒配合使用。

【例 4-3】 图 4-19 所示的置位、复位指令应用举例及时序分析，如图 4-20 所示。

（4）"="和 S/R 指令的比较，如图 4-21 所示。

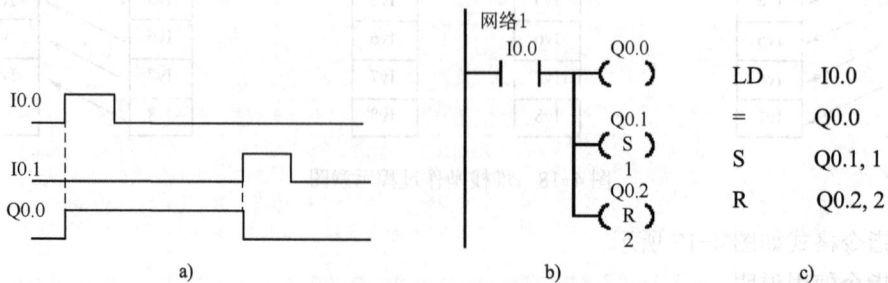

图 4-20 例 4-3 图

a）S/R 指令时序图 b）梯形图 c）"="和 S/R 指令比较

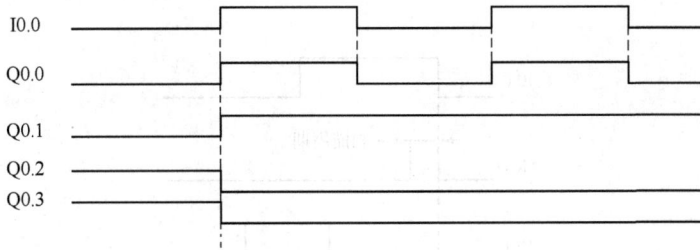

图 4-21 "="和 S/R 指令的比较 2

8. 脉冲生成指令：EU/ED

（1）指令功能

EU 指令：在 EU 指令前的逻辑运算结果有一个上升沿时（由 OFF→ON）产生一个宽度为一个扫描周期的脉冲，驱动后面的输出线圈。

ED 指令：在 ED 指令前有一个下降沿时产生一个宽度为一个扫描周期的脉冲，驱动其后线圈。

（2）指令格式

EV/ED 指令格式如表 4-2 所示。EV/ED 指令的使用如图 4-22 所示。

表 4-2　EU/ED 指令格式

STL	LAD	操 作 数
EU（Edge Up）	─┤ P ├─	无
ED（Edge Down）	─┤ N ├─	无

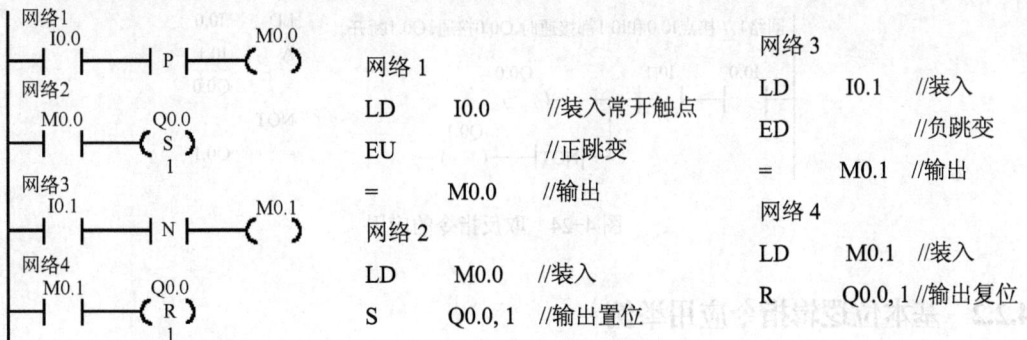

图 4-22　EU/ED 指令的使用

对程序及运行结果分析如下。

I0.0 的上升沿，经触点（EU）产生一个扫描周期的时钟脉冲，驱动输出线圈 M0.0 导通一个扫描周期，M0.0 的常开触点闭合一个扫描周期，使输出线圈 Q0.0 置位为 1，并保持。

I0.1 的下降沿，经触点（ED）产生一个扫描周期的时钟脉冲，驱动输出线圈 M0.1 导通一个扫描周期，M0.1 的常开触点闭合一个扫描周期，使输出线圈 Q0.0 复位为 0，并保持。

EV/ED 指令时序分析如图 4-23 所示。

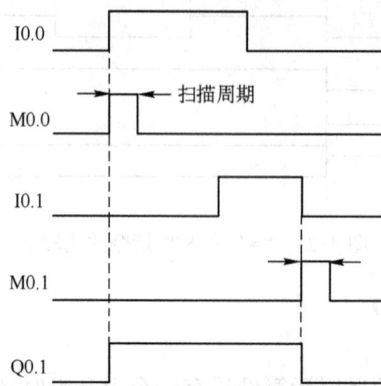

图 4-23　EU/ED 指令时序分析

（3）指令使用说明

1）EU/ED 指令只在输入信号变化时有效，其输出信号的脉冲宽度为一个机器扫描周期。

2）对开机时就为接通状态的输入条件，EU 指令不执行。

3）EU/ED 指令无操作数。

9. 取反指令 NOT

取反指令用于对逻辑运算结果的取反操作。其梯形图指令格式为 ⊣NOT⊢。其应用如图 4-24 所示。

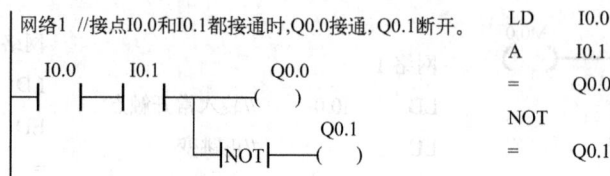

图 4-24　取反指令的应用

4.2.2　基本位逻辑指令应用举例

1. 起动、保持、停止电路

起动、保持和停止电路（简称为起保停电路），其对应 PLC 外部接线图和梯形图如图 4-25 所示。在外部接线图中，起动常开按钮 SB1 和 SB2 分别被接在输入端 I0.0 和 I0.1，负载被接在输出端 Q0.0。因此，输入映像寄存器 I0.0 的状态与起动按钮 SB1（常开按钮）的状态相对应，输入映像寄存器 I0.1 的状态与停止按钮 SB2（常开按钮）的状态相对应。而程序运行结果被写入输出映像寄存器 Q0.0 中，并通过输出电路控制负载。图中的起动信号 I0.0 和停止信号 I0.1 是由起动按钮和停止按钮提供的信号，持续 ON 的时间一般都很短，这种信号称为短信号。起保停电路最主要的特点是具有"记忆"功能，按下起动按钮，I0.0 的常开触点接通，如果这时未按停止按钮，I0.1 的常闭触点就接通，Q0.0 的线圈"通电"，它的常开触点同时被接通。松开起动按钮，I0.0 的常开触点被断开，"能流"经 Q0.0 的常开触点和 I0.1 的常闭触点流过 Q0.0 的线圈，Q0.0 仍为 ON，这就是所谓的"自锁"或"自保持"功能。按下停止按钮，I0.1 的常闭触点被断开，使 Q0.0 的线圈断电，其常开触点被断开，以后即使放开停止按钮，I0.1 的常闭触点也会恢复接通状态，Q0.0 的线圈仍然"断电"。

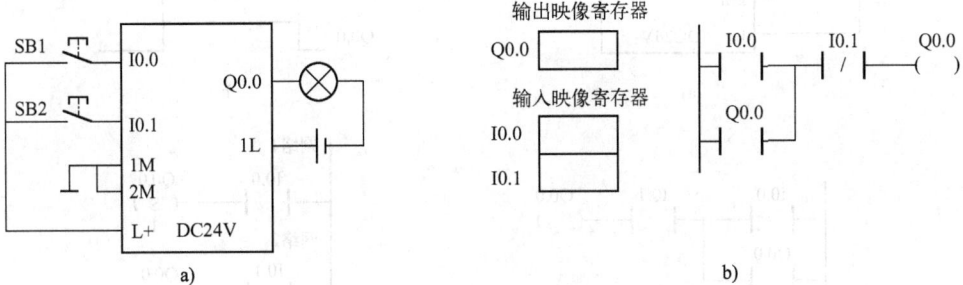

图 4-25　对应 PLC 外部接线图和梯形图

a) 外部电路接线图　b) "起保停"电路梯形图

时序分析如图 4-26 所示。时序图中 I0.0、I0.1、Q0.0 分别为对应的存储器状态。也可以用图 4-27 中的 S/R 指令实现"起保停"控制。在实际电路中，起动信号和停止信号可能由多个触点组成的串、并联电路提供。

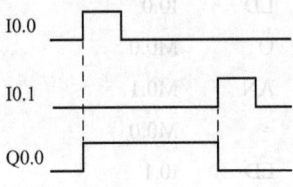

图 4-26　时序分析图

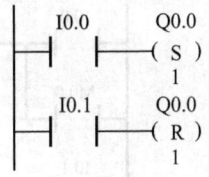

图 4-27　S/R 指令实现的"起保停"控制

小结：

1）每一个传感器或开关输入对应一个 PLC 确定的输入点，每一个负载对应 PLC 一个确定的输出点。

2）为了使梯形图和继电器接触器控制的电路图中的触点类型相同，外部按钮一般用常开按钮。

3）在工业现场，停止按钮、急停按钮、过载保护用的热继电器的辅助触点往往用常闭触点，这时应注意，常闭触点在没有任何操作时，给对应的输入映像寄存器写入"1"。如在起保停的控制中，若停止按钮改为常闭按钮，则对应的外部接线图、梯形图程序和对应存储器"位"状态的时序图如图 4-28 所示。

2. 互锁电路

图 4-29 所示的输入信号 I0.0 和输入信号 I0.1，若 I0.0 先被接通，M0.0 自保持，使 Q0.0 有输出，同时 M0.0 的常闭接点被断开，即使 I0.1 再被接通，也不能使 M0.1 动作，故 Q0.1 无输出。若 I0.1 先接通，则情形与前述相反。因此在控制环节中，该电路

可实现信号互锁。

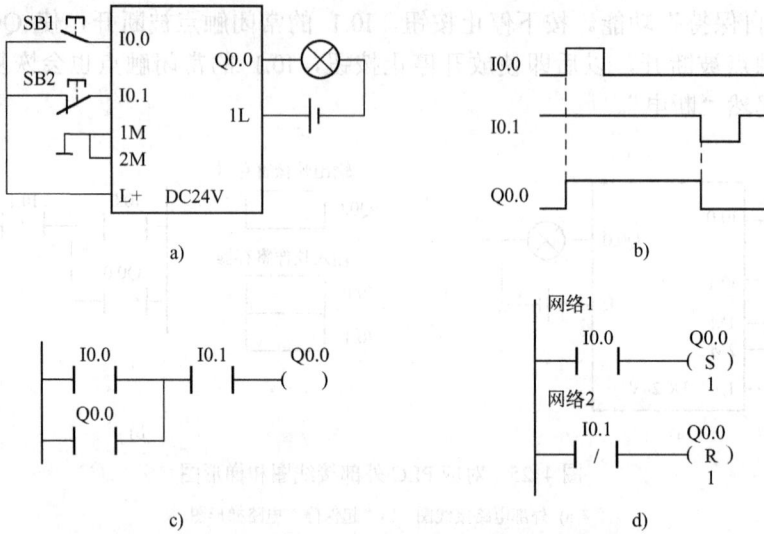

图4-28 停止按钮改为常闭按钮"起保停"的控制

a）外部电路接线图 b）时序分析图 c）"起保停"电路梯形图 d）S/R指令实现的"起保停"控制

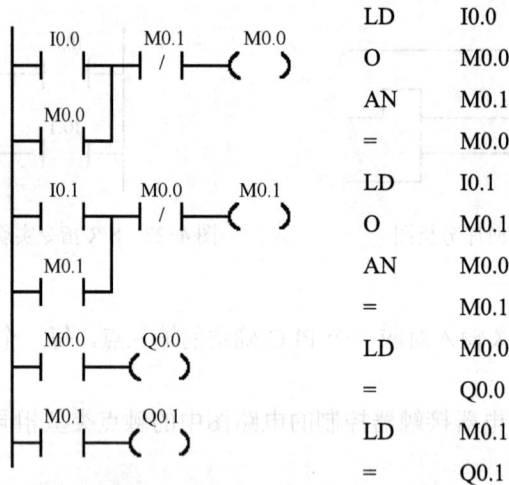

LD	I0.0
O	M0.0
AN	M0.1
=	M0.0
LD	I0.1
O	M0.1
AN	M0.0
=	M0.1
LD	M0.0
=	Q0.0
LD	M0.1
=	Q0.1

图4-29 互锁电路

3. 比较电路

比较电路如图 4-30 所示。该电路按预先设定的输出要求，根据对两个输入信号的比较，决定某一输出。若 I0.0、I0.1 同时被接通，Q0.0 有输出；I0.0、I0.1 均不被接通，Q0.1 有输出；若 I0.0 不被接通，I0.1 被接通，则 Q0.2 有输出；若 I0.0 被接通，I0.1 不被接通，则 Q0.3 有输出。

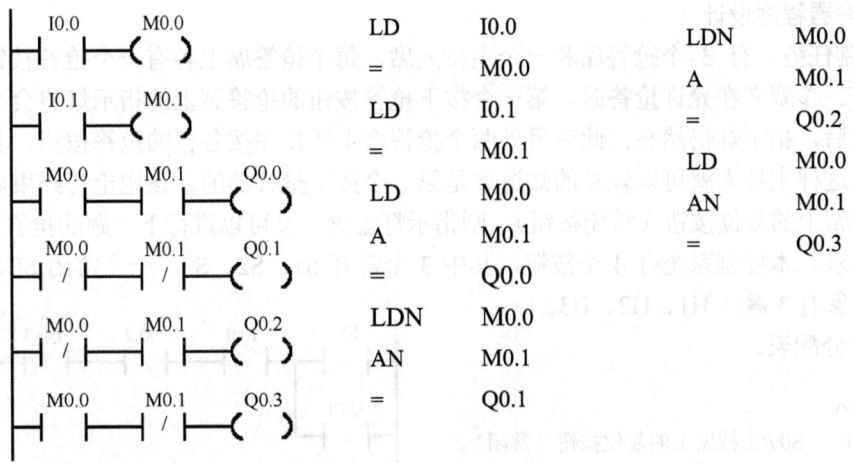

图 4-30　比较电路

4. 微分脉冲电路

1）上升沿微分脉冲电路如图 4-31 所示。PLC 是以循环扫描方式工作的，PLC 第一次扫描时，输入 I0.0 由 OFF→ON 时，M0.0、M0.1 线圈接通，Q0.0 线圈接通。在第一个扫描周期中，在第一行的 M0.1 的常闭接点保持接通，因为扫描该行时，M0.1 线圈的状态为断开。在一个扫描周期其状态只刷新一次。等到 PLC 第二次扫描时，M0.1 的线圈为接通状态，其对应的 M0.1 常闭接点断开，M0.0 线圈断开，Q0.0 线圈断开，所以 Q0.0 接通时间为一个扫描周期。

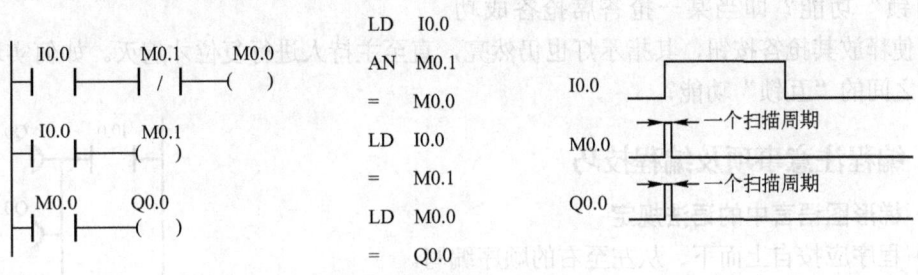

图 4-31　上升沿微分脉冲电路

2）下降沿微分脉冲电路如图 4-32 所示。PLC 第一次扫描时，输入 I0.0 由 ON→OFF，M0.0 接通一个扫描周期，Q0.0 输出一个脉冲。

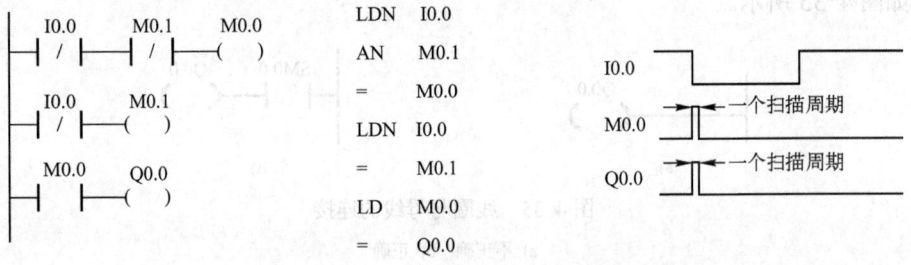

图 4-32　下降沿微分脉冲电路

5．抢答器程序设计

1）控制任务。有 3 个抢答席和一个主持人席，每个抢答席上各有一个抢答按钮和一盏抢答指示灯。参赛者在允许抢答时，第一个按下抢答按钮的抢答席上的指示灯将会亮，且释放抢答按钮后，指示灯仍然亮；此后另外两个抢答席上即使在按各自的抢答按钮，其指示灯也不会亮。这样主持人就可以轻易的知道谁是第一个按下抢答器的。该题抢答结束后，主持人按下主持席上的复位按钮（常闭按钮），则指示灯熄灭，又可以进行下一题的抢答比赛。

工艺要求。本控制系统有 4 个按钮，其中 3 个常开 S1、S2、S3，一个常闭 S0。另外，作为控制对象有 3 盏灯 H1、H2、H3。

2）I/O 分配表。

输入
I0.0   S0 //主持席上的复位按钮（常闭）
I0.1   S1 //抢答席 1 上的抢答按钮
I0.2   S2 //抢答席 2 上的抢答按钮
I0.3   S3 //抢答席 3 上的抢答按钮
输出
Q0.1   H1 //抢答席 1 上的指示灯
Q0.2   H2 //抢答席 2 上的指示灯
Q0.3   H3 //抢答席 3 上的指示灯

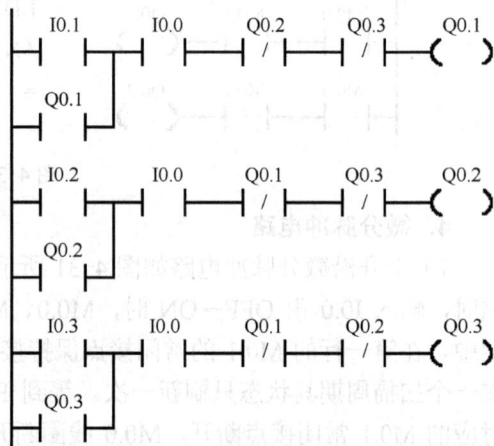

图 4-33　抢答器程序设计

3）程序设计。抢答器程序设计如图 4-33 所示。本例的要点是，如何实现抢答器指示灯的"自锁"功能？即当某一抢答席抢答成功后，即使释放其抢答按钮，其指示灯也仍然亮，直至主持人进行复位才熄灭。如何实现 3 个抢答席之间的"互锁"功能？

4.2.3　编程注意事项及编程技巧

1．梯形图语言中的语法规定

1）程序应按自上而下、从左至右的顺序编写。

2）同一操作数的输出线圈在一个程序中不能使用两次，不同操作数的输出线圈可以并行输出，如图 4-34 所示。

3）不能将线圈直接与左母线相连。如果需要，可以通过特殊内部标志位存储器 SM0.0（该位始终为 1）来连接。线圈与母线的连接如图 4-35 所示。

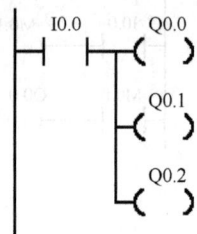

图 4-34　不同操作数的输出线圈可以被并行输出

图 4-35　线圈与母线的连接
a）不正确　b）正确

4）适当安排编程顺序，以减少程序的步数。

① 串联多的支路应尽量放在上部，如图 4-36 所示。

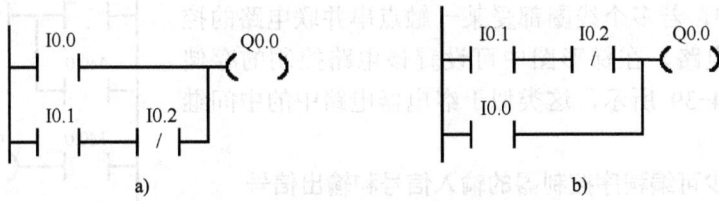

图 4-36　串联多的电路应尽量放在上部

a) 安排电路不当　b) 安排电路正确

② 并联多的支路应靠近左母线，如图 4-37 所示。

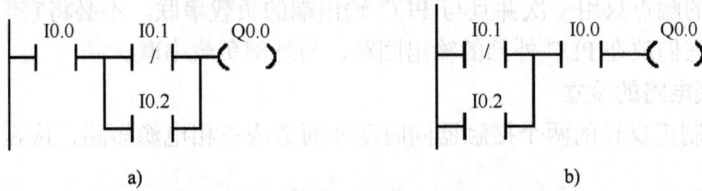

图 4-37　并联多的电路应靠近左侧母线

a) 安排电路不当　b) 安排电路正确

③ 触点不能放在线圈的右边。

④ 对复杂的电路，用 ALD、OLD 等指令难以编程，可重复使用一些触点画出其等效电路，然后再进行编程。复杂电路的编程技巧如图 4-38 所示。

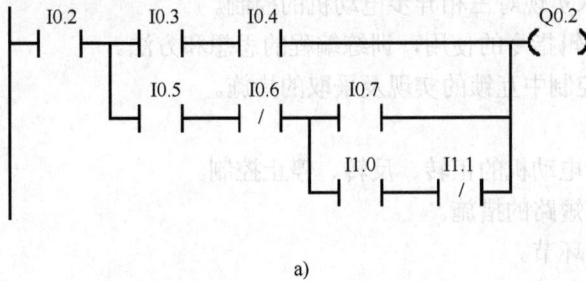

a)

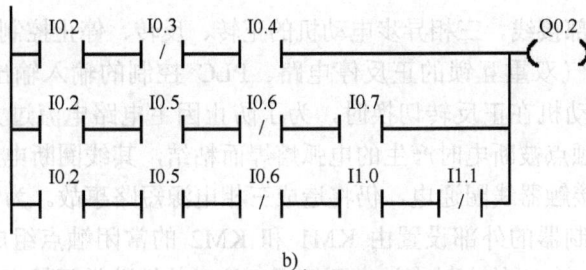

b)

图 4-38　复杂电路的编程技巧

a) 复杂电路　b) 等效电路

2．设置中间单元

在梯形图中，若多个线圈都受某一触点串并联电路的控制，为了简化电路，在梯形图中可设置该电路控制的存储器的位，如图 4-39 所示，这类似于继电器电路中的中间继电器。

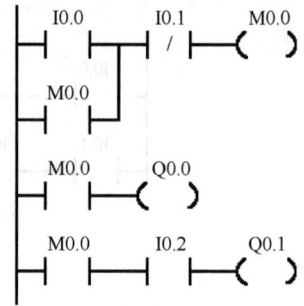

图 4-39　设置中间单元

3．尽量减少可编程序控制器的输入信号和输出信号

可编程序控制器的价格与 I/O 点数有关，因此减少 I/O 点数是降低硬件费用的主要措施。如果几个输入器件触点的串并联电路总是作为一个整体出现，可以将它们作为可编程序控制器的一个输入信号，只占可编程序控制器的一个输入点。如果某器件的触点只用一次并且与 PLC 输出端的负载串联，不必将它们作为 PLC 的输入信号，可以将它们放在 PLC 外部的输出回路，与外部负载串联。

4．外部联锁电路的设立

为了防止控制正反转的两个接触器同时动作而造成三相电源短路，应在 PLC 外部设置硬件联锁电路。

5．外部负载的额定电压

PLC 的继电器输出模块和双向晶闸管输出模块一般只能驱动额定电压 AC 220V 的负载。交流接触器的线圈应选用 220V 的。

4.2.4　电动机控制实训

1．实训目的

1）应用 PLC 技术实现对三相异步电动机的控制。
2）熟悉基本位逻辑指令的使用，训练编程的思想和方法。
3）掌握在 PLC 控制中互锁的实现及采取的措施。

2．控制要求

1）实现三相异步电动机的正转、反转、停止控制。
2）具有防止相间短路的措施。
3）具有过载保护环节。

3．实训内容及指导

1）I/O 分配及外部接线。三相异步电动机的正转、反转、停止控制的电路如图 4-40 所示。该图为按钮和电气双重互锁的正反停电路。PLC 控制的输入输出配置及外部接线图如图 4-41 所示。电动机在正反转切换时，为了防止因主电路电流过大，或接触器质量不好，某一接触器的主触点被断电时产生的电弧熔焊而粘结，其线圈断电后主触点仍然是接通的，这时，如果另一接触器线圈通电，仍将造成三相电源短路事故。为了防止这种情况的出现，应在可编程序控制器的外部设置由 KM1 和 KM2 的常闭触点组成的硬件互锁电路，如图 4-41 所示，假设 KM1 的主触点被电弧熔焊，这时其辅助常闭触点处于断开状态，因此 KM2 线圈不可能得电。

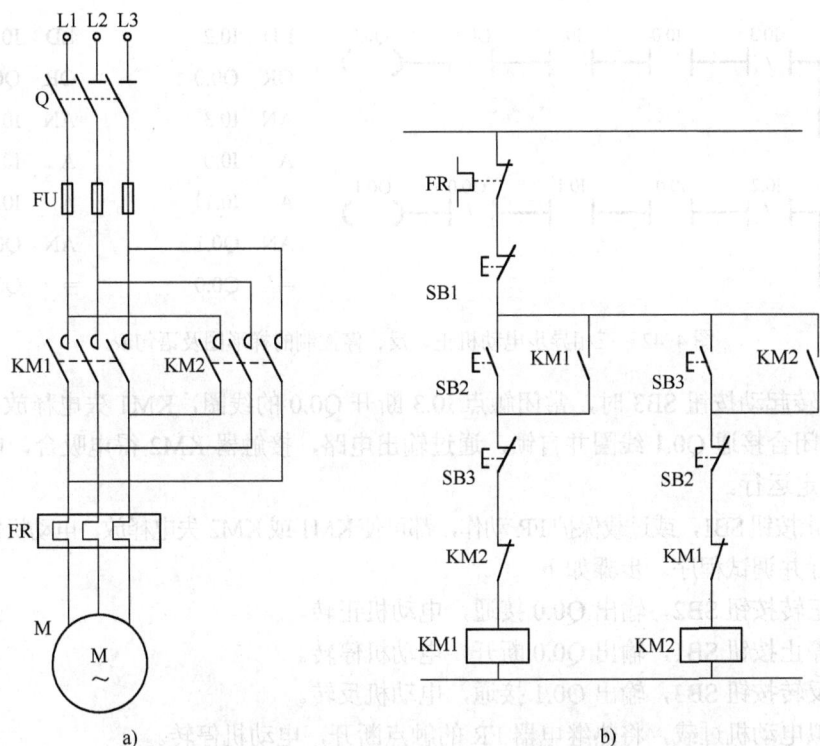

图 4-40 三相异步电动机正转、反转、停止控制的电路图

a) 主电路 b) 控制电路

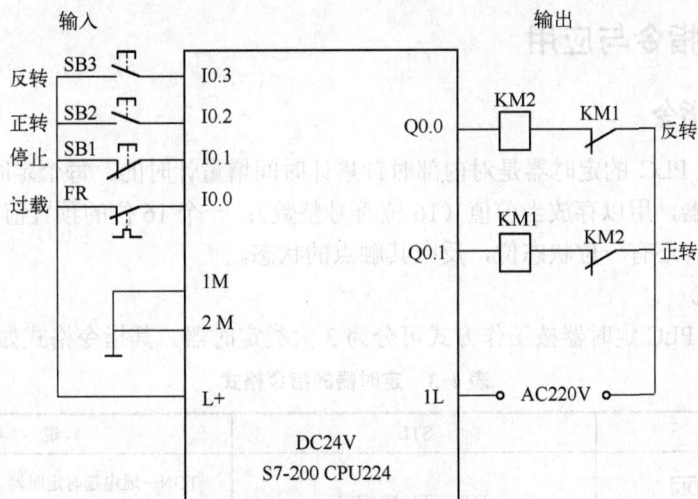

图 4-41 PLC 控制的输入输出配置及外部接线图

2）程序设计。三相异步电动机正、反、停控制的梯形图及语句表如图 4-42 所示。图中利用 PLC 输入映像寄存器的 I0.2 和 I0.3 的常闭接点，实现互锁，以防止正反转换接时的相间短路。

当按下正向起动按钮 SB2 时，常开触点 I0.2 闭合，驱动线圈 Q0.0 并自锁，通过输出电路，接触器 KM1 得电吸合，电动机正向起动并稳定运行。

```
 I0.2    I0.3   I0.0   I0.1   Q0.1   Q0.0        LD  I0.2        LD  I0.3
 ─┤├──┬──┤/├────┤├─────┤├─────┤/├────( )         OR  Q0.0        OR  Q0.1
      │                                          AN  I0.3        AN  I0.2
 Q0.0 │                                          A   I0.0        A   I0.0
 ─┤├──┘                                          A   I0.11       A   I0.1
                                                 AN  Q0.1        AN  Q0.0
 I0.3    I0.2   I0.0   I0.1   Q0.0   Q0.1        =   Q0.0        =   Q0.1
 ─┤├──┬──┤/├────┤├─────┤├─────┤/├────( )
      │
 Q0.1 │
 ─┤├──┘
```

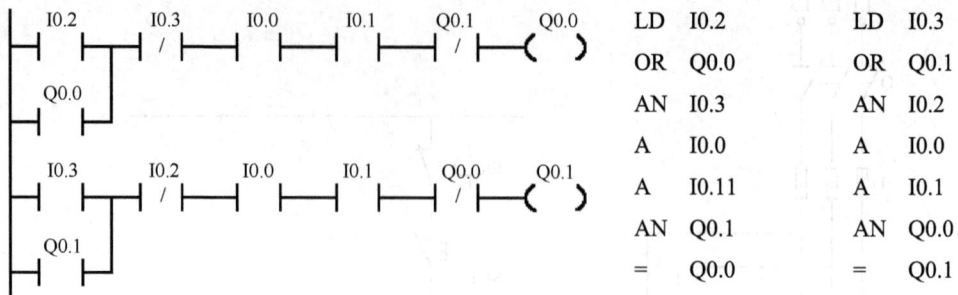

图 4-42　三相异步电动机正、反、停控制的梯形图及语句表

按下反转起动按钮 SB3 时，常闭触点 I0.3 断开 Q0.0 的线圈，KM1 失电释放，同时 I0.3 的常开触点闭合接通 Q0.1 线圈并自锁，通过输出电路，接触器 KM2 得电吸合，电动机反向起动，并稳定运行。

按下停止按钮 SB1，或过载保护 FR 动作，都可使 KM1 或 KM2 失电释放，电动机停止运行。

3）运行并调试程序。步骤如下。

① 按正转按钮 SB2，输出 Q0.0 接通，电动机正转。

② 按停止按钮 SB1，输出 Q0.0 断开，电动机停转。

③ 按反转按钮 SB3，输出 Q0.1 接通，电动机反转。

④ 模拟电动机过载，将热继电器 FR 的触点断开，电动机停转。

⑤ 将热继电器的 FR 触点复位，重复正反停的操作。

⑥ 在运行调试过程中，用状态图对元器件的动作进行监控，并记录。

4.3　定时器指令与应用

4.3.1　定时器指令

S7-200 系列 PLC 的定时器是对内部时钟累计时间增量计时的。每个定时器均有一个 16 位的当前值寄存器，用以存放当前值（16 位符号整数）；一个 16 位的预置值寄存器，用以存放时间的设定值；还有一位状态位，反应其触点的状态。

1．工作方式

S7-200 系列 PLC 定时器按工作方式可分为 3 大类定时器。其指令格式如表 4-3 所示。

表 4-3　定时器的指令格式

LAD	STL	说　　明
???? ─IN　TON ????─PT　??? ms	TON T××，PT	TON—通电延时定时器 TONR—记忆型通电延时定时器 TOF—断电延时型定时器 IN 是使能输入端，指令盒上方（????）输入定时器的编号（T××），范围为 T0~T255；在定时器的编号选定后，???ms 处将自动显示定时器的时基。PT 是预置值输入端，最大预置值为 32 767；PT 的数据类型为 INT；PT 操作数有 IW，QW，MW，SMW，T，C，VW，SW，AC，常数
???? ─IN　TONR ????─PT　??? ms	TONR T××，PT	
???? ─IN　TOF ????─PT　??? ms	TOF T××，PT	

2．时基

按时基脉冲分，则有 1ms、10ms、100ms 三种定时器。不同的时基标准，对应不同的定时精度、定时范围和定时器刷新的方式。在梯形图中录入定时器指令后，将鼠标指针在定时器指令盒上停留一会儿，软件将自动提示不同时基所对应的定时器的编号，在选择定时器的编号后，将自动显示该定时器的时基。定时器指令编号的选择如图 4-43 所示。

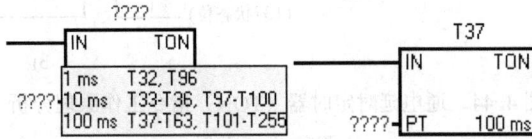

图 4-43　定时器指令编号的选择

1）定时精度和定时范围。定时器的工作原理是，使能输入有效后，当前值 PT 对 PLC 内部的时基脉冲增 1 计数，当计数值大于或等于定时器的预置值后，状态位置 1。其中，最小计时单位为时基脉冲的宽度，又为定时精度；从定时器输入有效到状态位输出有效，经过的时间为定时时间，即：定时时间=预置值×时基。当前值寄存器为 16bit，最大计数值为 32 767，由此可推算不同分辨率的定时器的设定时间范围。CPU 22X 系列 PLC 的 256 个定时器分属 TON （TOF）和 TONR 工作方式以及 3 种时基标准。定时器的类型如表 4-4 所示。可见时基越大，定时时间越长，但精度越差。

表 4-4　定时器的类型表

工 作 方 式	时基/ms	最大定时范围/s	定 时 器 号
TONR	1	32.767	T0，T64
	10	327.67	T1～T4，T65～T68
	100	3276.7	T5～T31，T69～T95
TON/TOF	1	32.767	T32，T96
	10	327.67	T33～T36，T97～T100
	100	3276.7	T37～T63，T101～T255

2）1ms、10ms、100ms 定时器的刷新方式不同。1ms 定时器每隔 1ms 刷新一次，与扫描周期和程序处理无关，即采用中断刷新方式。因此，当扫描周期较长时，在一个周期内可能被多次刷新，其当前值在一个扫描周期内不一定保持一致。

10ms 定时器则由系统在每个扫描周期开始自动刷新。由于每个扫描周期内只刷新一次，故每次程序处理期间，其当前值为常数。

100ms 定时器则在该定时器指令执行时刷新。下一条执行的指令，即可使用刷新后的结果，非常符合正常的思路，使用方便可靠。但应当注意，如果该定时器的指令不是每个周期都执行，定时器就不能及时刷新，可能导致出错。

3．定时器指令工作原理

下面，从原理和应用等方面分别介绍通电延时型、有记忆的通电延时型、断电延时型这 3 种定时器的使用方法。

1）通电延时定时器（TON）指令工作原理。其工作原理分析如图 4-44 所示。

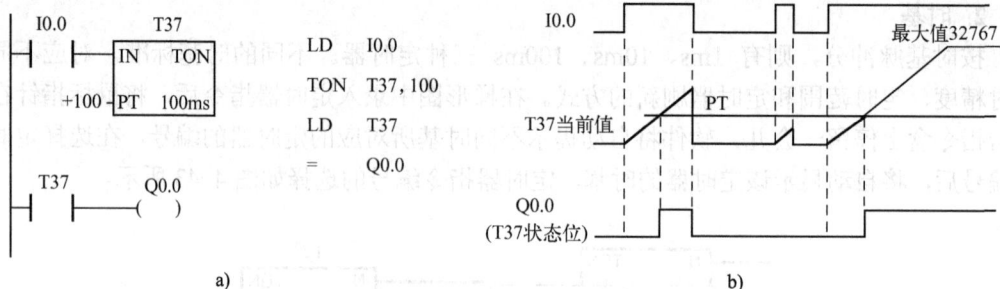

图 4-44 通电延时定时器（TON）指令工作原理分析

a) 程序　b) 时序图

当 I0.0 接通时，即使能端（IN）输入有效时，驱动 T37 开始计时，当前值从 0 开始递增，计时到设定值 PT 时，T37 状态位置 1，其常开触点 T37 接通，驱动 Q0.0 输出，其后当前值仍增加，但不影响状态位。当前值的最大值为 32 767。当 I0.0 分断时，使能端无效时，T37 复位，当前值清 0，状态位也清 0，即回复原始状态。若 I0.0 接通时间未到设定值就断开，T37 则立即复位，Q0.0 不会有输出。

2）记忆型通电延时定时器（TONR）指令工作原理。当使能端（IN）输入有效时（接通），定时器开始计时，当前值递增，当前值大于或等于预置值（PT）时，输出状态位置 1；当使能端输入无效（断开）时，当前值保持（记忆），使能端（IN）再次接通有效时，在原记忆值的基础上递增计时。

注意：TONR 记忆型通电延时型定时器采用线圈复位指令 R 进行复位操作，当复位线圈有效时，定时器当前位清零，输出状态位置 0。

TONR 记忆型通电延时型定时器工作原理分析如图 4-45 所示。如 T3，当输入 IN 为 1 时，定时器计时；当 IN 为 0 时，其当前值保持并不复位；当下次 IN 再为 1 时，T3 当前值从原保持值开始往上加，将当前值与设定值 PT 比较，当前值大于等于设定值时，T3 状态位置 1，驱动 Q0.0 有输出，以后即使 IN 再为 0，也不会使 T3 复位，要使 T3 复位，必须使用复位指令。

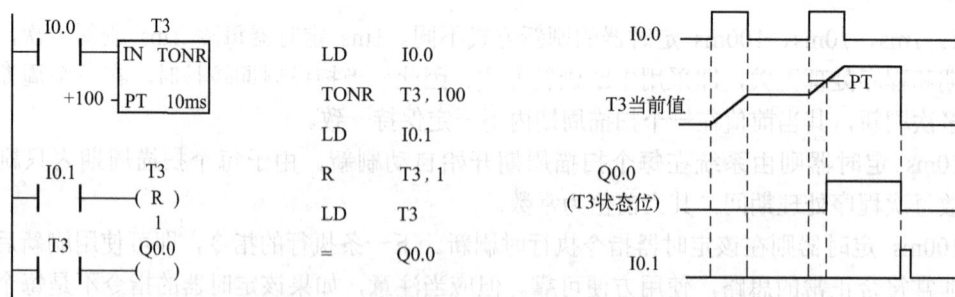

图 4-45　TONR 记忆型通电延时型定时器工作原理分析

3）断电延时型定时器（TOF）指令工作原理。断电延时型定时器用来在输入断开，延时一段时间后再断开输出。当使能端（IN）输入有效时，定时器输出状态位立即置 1，当前值复位为 0；当使能端（IN）断开时，定时器开始计时，当前值从 0 递增，当前值达到预置值时，定时器状态位复位为 0，并停止计时，保持当前值。

如果输入断开的时间小于预定时间，定时器就仍保持接通。当 IN 再接通时，定时器当前值仍被设为 0。断电延时定时器的应用程序及时序分析如图 4-46 所示。

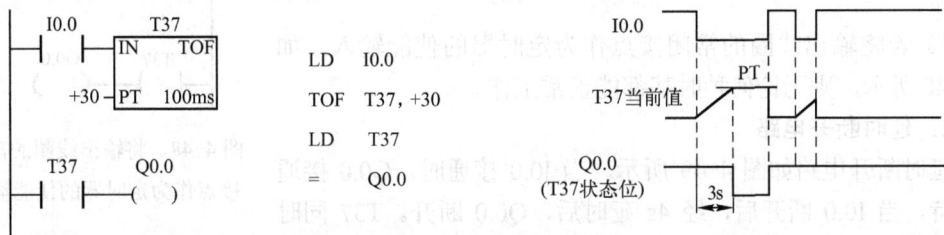

图 4-46　断电延时定时器的应用程序及时序分析

小结：

1）以上介绍的 3 种定时器具有不同的功能。接通延时定时器（TON）用于单一间隔的定时；有记忆接通延时定时器（TONR）用于累计时间间隔的定时；断开延时定时器（TOF）用于故障事件发生后的时间延时。

2）TOF 和 TON 共享同一组定时器，不能重复使用，即不能把一个定时器同时用做 TOF 和 TON。例如，不能既有 TON　T32，又有 TOF　T32。

4.3.2　定时器指令应用举例

1．一个机器扫描周期的时钟脉冲发生器

用定时器本身的常闭触点作定时器的使能输入的梯形图程序如图 4-47 所示。定时器的状态位置 1 时，依靠本身的常闭触点的断开使定时器复位，并重新开始定时，进行循环工作。采用不同时基标准的定时器时，会有不同的运行结果，具体分析如下。

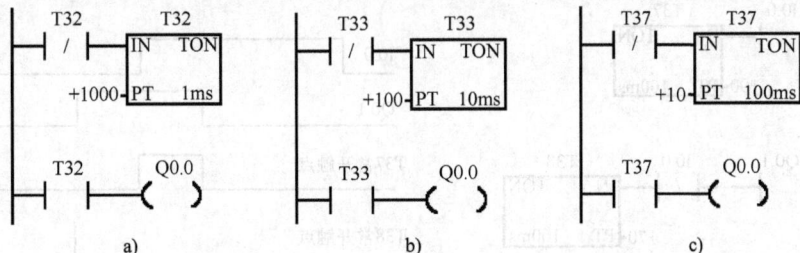

图 4-47　用定时器本身的常闭触点作为其使能输入的梯形图程序

1）T32 为 1ms 时基定时器，每隔 1ms 定时器刷新一次当前值，CPU 当前值若恰好在处理常闭触点和常开触点之间被刷新，Q0.0 可以接通一个扫描周期，但这种情况出现的几率很小，一般情况下，不会正好在这时刷新。在执行其他指令时，定时时间到，1ms 的定时刷新，使定时器输出状态位置位，常闭触点打开，当前值复位，定时器输出状态位立即复位，所以输出线圈 Q0.0 一般不会通电。

2）若将图中 4-47 的定时器 T32 换成 T33，时基变为 10ms，当前值在每个扫描周期开始刷新，计时时间到时，扫描周期开始时，定时器输出状态位置位，常闭触点断开，立即将定时器当前值清零，定时器输出状态位复位（为 0）。这样输出线圈 Q0.0 永远不可能通电。

3）若用时基为 100ms 的定时器（如 T37），当前指令执行时刷新，Q0.0 在 T37 计时时间到时准确地接通一个扫描周期。可以输出一个断开为延时时间、接通为一个扫描周期的时钟脉冲。

4）若将输出线圈的常闭接点作为定时器的使能输入，如图 4-48 所示，则无论何种时基都能正常工作。

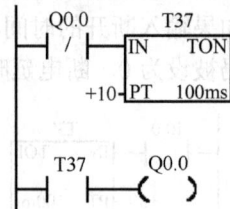

2. 延时断开电路

延时断开电路如图 4-49 所示。当 I0.0 接通时，Q0.0 接通并保持，当 I0.0 断开后，经 4s 延时后，Q0.0 断开。T37 同时被复位。

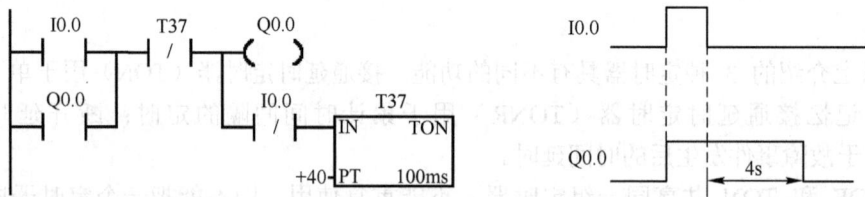

图 4-48　将输出线圈的常闭接点作为定时器的使能输入

图 4-49　延时断开电路

3. 延时接通和断开

延时接通和断开电路如图 4-50 所示。电路用 I0.0 控制 Q0.1，I0.0 的常开触点接通后，T37 开始定时，9s 后 T37 的常开触点接通，使 Q0.1 变为 ON，I0.0 为 ON 时其常闭触点断开，使 T38 复位。I0.0 变为 OFF 后 T38 开始定时，7s 后 T38 的常闭触点断开，使 Q0.1 变为 OFF，T38 亦被复位。

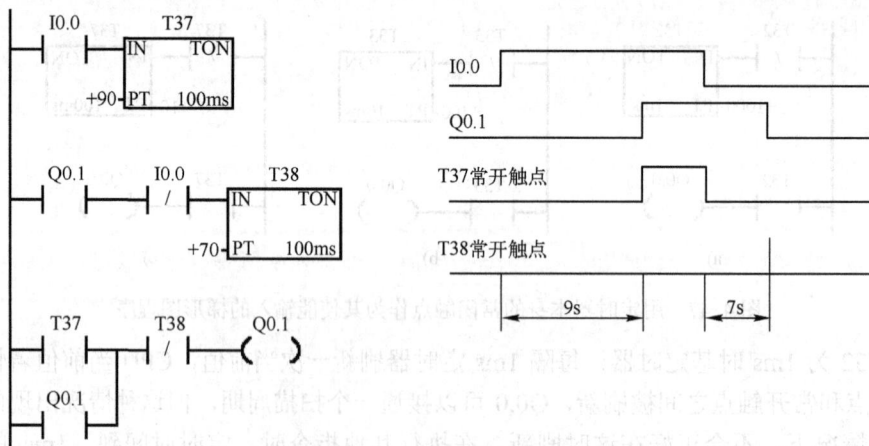

图 4-50　延时接通和断开电路

4. 闪烁电路

图 4-51 中 I0.0 的常开触点接通后，T37 的 IN 输入端为 1 状态，T37 开始定时。2s 后定时时间到，T37 的常开触点接通，使 Q0.0 变为 ON，同时 T38 开始计时。3s 后 T38 的定时

时间到，它的常闭触点断开，使 T37 的 IN 输入端变为 0 状态，T37 的常开触点断开，Q0.0 变为 OFF，同时使 T38 的 IN 输入端变为 0 状态，其常闭触点接通，T37 又开始定时，以后 Q0.0 的线圈将这样周期性地"通电"和"断电"，直到 I0.0 变为 OFF，Q0.0 线圈"通电"时间等于 T38 的设定值，"断电"时间等于 T37 的设定值。

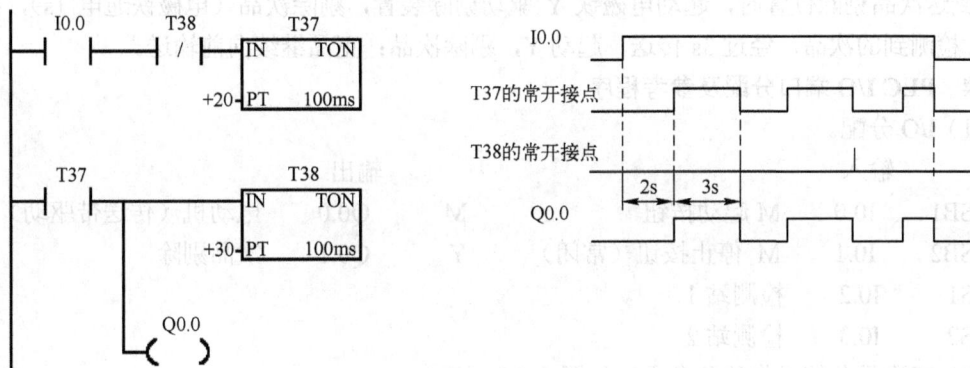

图 4-51　闪烁电路

【例 4-4】　用接在 I0.0 输入端的光电开关检测传送带上通过的产品，有产品通过时 I0.0 为 ON，如果在 10s 内没有产品通过，由 Q0.0 发出报警信号，用 I0.1 输入端外接的开关解除报警信号。对应的梯形图如图 4-52 所示。

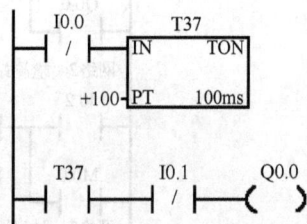

图 4-52　例 4-3 梯形图

4.3.3　正次品分拣机编程实训

1. 实训目的

1）加深对定时器的理解，掌握各类定时器的使用方法。

2）理解企业车间产品的分拣原理。

2. 实训器材

1）实训装置（含 S7-200 CPU224）一台 。

2）正次品分拣模板一块，其示意图如图 4-53 所示。

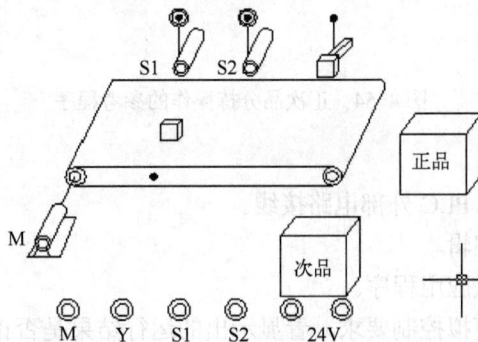

图 4-53　正次品分拣模板示意图

3）连接导线若干。

73

3. 控制要求

1）用起动和停止按钮控制电动机 M 运行和停止。在电动机运行时，被检测的产品（包括正次品）在皮带上运行。

2）产品（包括正、次品）在皮带上运行时，S1（检测器）检测到的次品，经过 5s 传送，到达次品剔除位置时，起动电磁铁 Y 驱动剔除装置，剔除次品（电磁铁通电 1s），检测器 S2 检测到的次品，经过 3s 传送，起动 Y，剔除次品；正品继续向前输送。

4. PLC I/O 端口分配及参考程序

1）I/O 分配。

输入			输出		
SB1	I0.0	M 起动按钮	M	Q0.0	电动机（传送带驱动）
SB2	I0.1	M 停止按钮（常闭）	Y	Q0.1	次品剔除
S1	I0.2	检测站 1			
S2	I0.3	检测站 2			

2）正次品分拣操作的参考程序如图 4-54 所示。

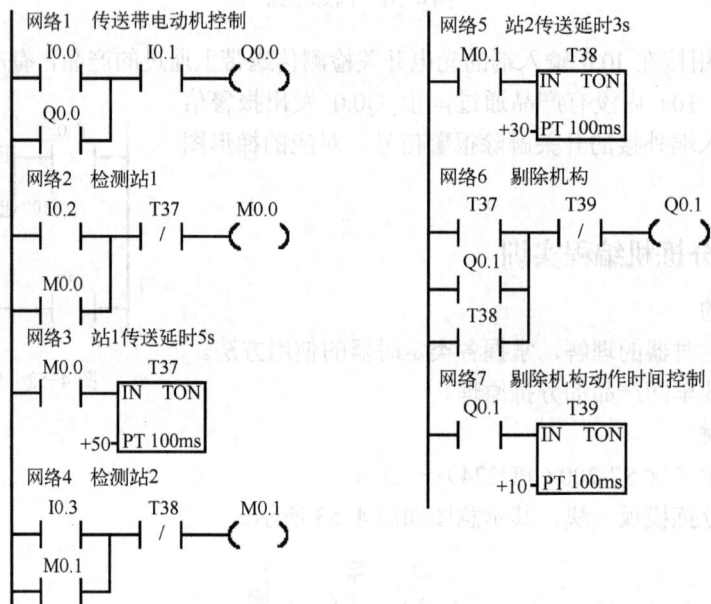

图 4-54　正次品分拣操作的参考程序

5. 实训内容及要求

1）按 I/O 分配表完成 PLC 外部电路接线。

2）输入参考程序并编辑。

3）编译、下载、调试应用程序。

4）根据实训模板和模拟控制要求，看显示出的运行结果是否正确。

6. 思考练习

1）分析各种定时器的使用方法及不同之处。

2）总结程序输入、调试的方法和经验。

3）程序要求：当增加皮带传送机构不工作时，检测机构不允许工作（剔除机构不动作），试编写梯形图控制程序。

4）若 SB2 按钮改成常开按钮，试修改梯形图。

4.3.4 用定时器指令编写循环类程序

1. 循环灯的控制

1）控制要求。按下起动按钮时，L1 亮 1s 后灭→L2 亮 1s 后灭→L3 亮 1s 后灭→L1 亮 1s 后灭，循环。按下停止按钮，3 只灯都熄灭。

2）I/O 分配。

输入：起动按钮，I0.0；停止按钮（常开按钮），I0.1。

输出：L1，Q0.0；L2，Q0.1；L3，Q0.2。

3）分析：3 只灯的循环周期为 3s，用 3 个定时器分别计时 1s，当第 3 个定时器计时完成时，定时器全部复位，一个周期结束。如此循环。

4）循环灯的控制参考程序如图 4-55 所示。

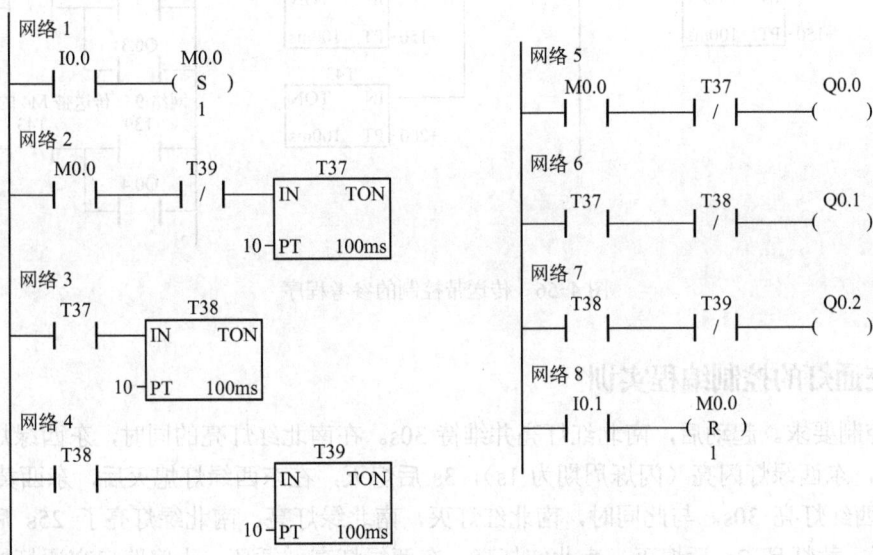

图 4-55 循环灯的控制参考程序

2. 传送带的控制

1）控制要求。落料漏斗 Y0 起动后，传送带 M1 立即起动，经 5s 后起动传送带 M2；传送带 M2 起动 5s 后应起动传送带 M3；传送带 M3 起动 5s 后起动传送带 M4；落料漏斗 Y0 停止后过 5s 停止 M1，M1 停止后，过 5s 停止 M2，M2 停止后过 5s 再停止 M3，M3 停止后过 5s 再停止 M4。

2）I/O 分配。

输入：起动按钮，I0.0；停止按钮（常开按钮），I0.1。

输出：落料 Y0，Q0.0；M1，Q0.1；M2，Q0.2；M3，Q0.3；M4，Q0.4。

3）分析。可将控制过程分为起动和停止两个过程，在程序中用 M0.0 控制起动过程，M0.1 控制停止过程。起动过程中有 3 个延时，用 3 个定时器完成；停止过程有 4 个延时，用 4 个定时器完成。最后分析各级传送带的起动和停止条件，集中写输出。

4）传送带控制的参考程序如图 4-56 所示。

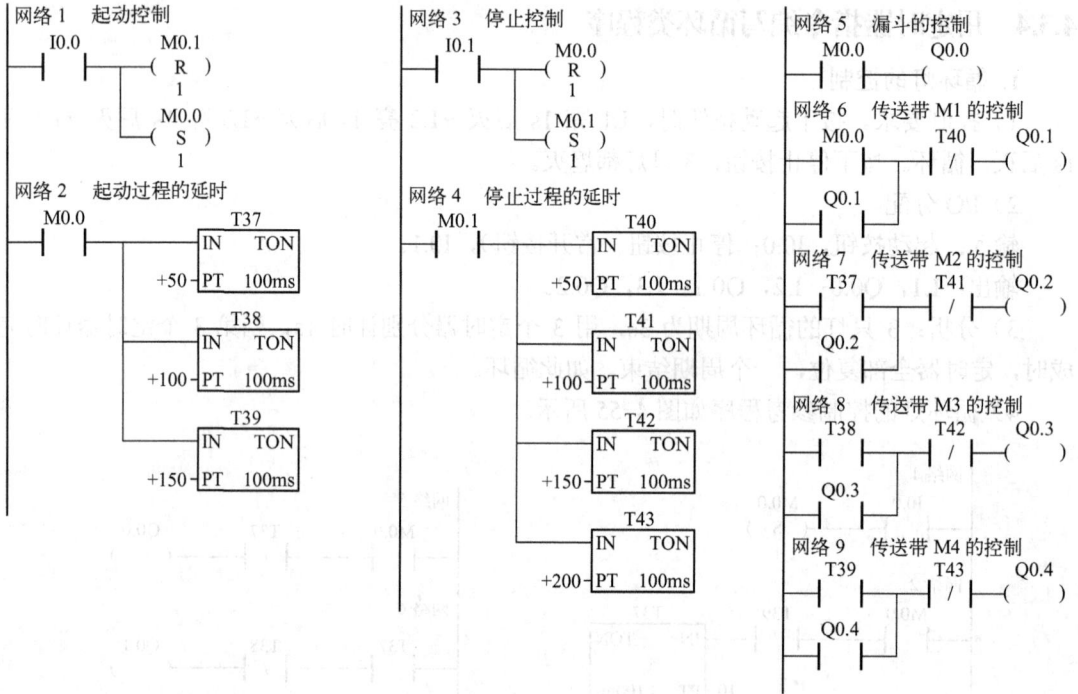

图 4-56　传送带控制的参考程序

4.3.5　交通灯的控制编程实训

1）控制要求。起动后，南北红灯亮并维持 30s。在南北红灯亮的同时，东西绿灯也亮，到 25s 时，东西绿灯闪亮（闪烁周期为 1s），3s 后熄灭，在东西绿灯熄灭后，东西黄灯亮 2s 后灭，东西红灯亮 30s。与此同时，南北红灯灭，南北绿灯亮。南北绿灯亮了 25s 后闪亮，3s 后熄灭，黄灯亮 2s 后熄灭，南北红灯亮，东西绿灯亮，循环。十字路口交通灯控制的时序图如图 4-57 所示。

2）I/O 分配。

输入：起动按钮，I0.0；停止按钮（常开按钮），I0.1。

输出：东西绿灯，Q0.0；东西黄灯，Q0.1；东西红灯，Q0.2；南北绿灯，Q0.3；南北黄灯，Q0.4；南北红灯，Q0.5。

3）分析。从时序图中可以看出，交通灯执行一个周期的时间是 60s。这一个周期可以分为 0~25s、25~28s、28~30s、30~55s、55~58s、58~60s 共 6 个时间段。这 6 个时间段分别用 T37（25s）、T38（3s）、T39(2s)、T40(25s)、T41（3s）、T42（2s）6 个定时器计时。绿灯闪烁可以编一个周期为 1s 的闪烁电路，也可以直接使用 SM0.5 串入绿灯的输出中。

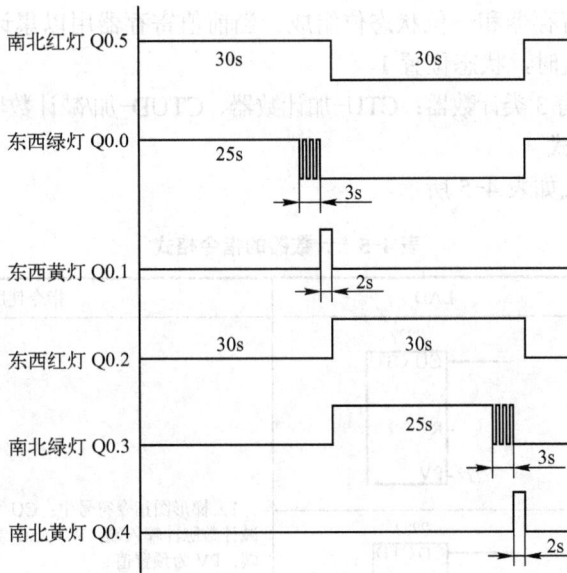

图 4-57 十字路口交通灯控制的时序图

4）交通灯控制的梯形图如图 4-58 所示。

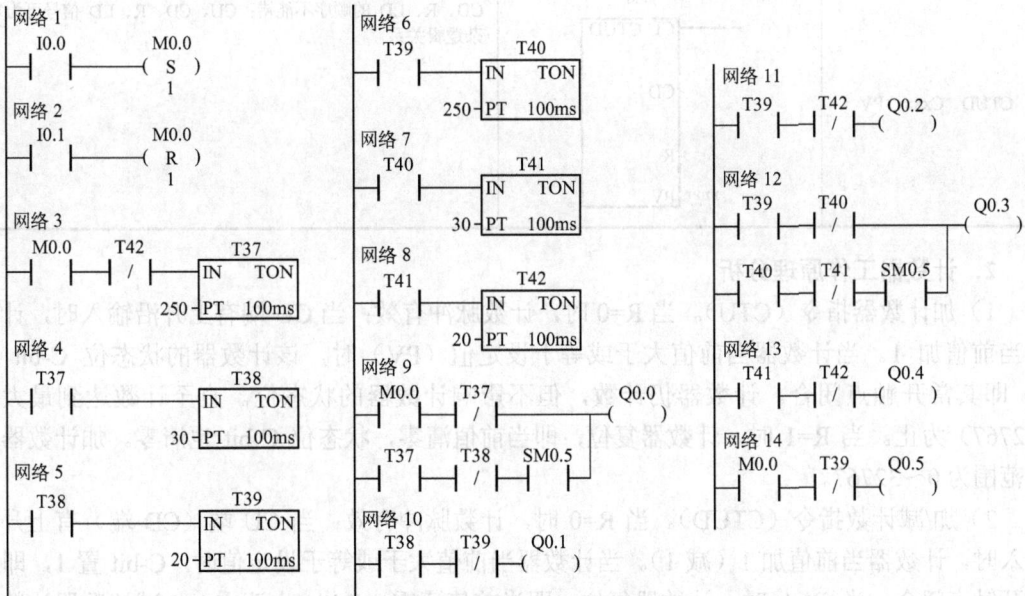

图 4-58 交通灯控制的梯形图

4.4 计数器指令与应用

4.4.1 计数器指令

计数器利用输入脉冲上升沿累计脉冲个数。其结构主要由一个 16 位的预置值寄存器、一个 16 位的当前值寄存器和一位状态位组成。当前值寄存器用以累计脉冲个数，计数器当前值大于或等于预置值时，状态位置 1。

S7-200 系列 PLC 有 3 类计数器：CTU-加计数器、CTUD-加/减计数器和 CTD-减计数。

1．计数器指令格式

计数器的指令格式如表 4-5 所示。

表 4-5　计数器的指令格式

STL	LAD	指令使用说明
CTU　Cxxx, PV	???? CU CTU R ???? PV	1）梯形图指令符号中：CU 为加计数脉冲输入端；CD 为减计数脉冲输入端；R 为加计数复位端；LD 为减计数复位端；PV 为预置值 2）Cxxx 为计数器的编号，范围为：C0～C255 3）PV 预置值最大范围：32767；　PV 的数据类型：INT；PV 操作数为：VW、T、C、IW、QW、MW、SMW、AC、AIW、K。 4）CTU/CTUD/CD 指令使用要点：STL 形式中 CU、CD、R、LD 的顺序不能错；CU、CD、R、LD 信号可为复杂逻辑关系
CTD　Cxxx, PV	???? CD CTD LD ???? PV	
CTUD　Cxxx, PV	???? CU CTUD CD R ???? PV	

2．计数器工作原理分析

1）加计数器指令（CTU）。当 R=0 时，计数脉冲有效；当 CU 端有上升沿输入时，计数器当前值加 1。当计数器当前值大于或等于设定值（PV）时，该计数器的状态位 C-bit 置 1，即其常开触点闭合。计数器仍计数，但不影响计数器的状态位。直至计数达到最大值（32767）为止。当 R=1 时，计数器复位，即当前值清零，状态位 C-bit 也清零。加计数器计数范围为 0～32767。

2）加/减计数指令（CTUD）。当 R=0 时，计数脉冲有效；当 CU 端（CD 端）有上升沿输入时，计数器当前值加 1（减 1）。当计数器当前值大于或等于设定值时，C-bit 置 1，即其常开触点闭合。当 R=1 时，计数器复位，即当前值清零，C-bit 也清零。加减计数器计数范围为 –32768～32767。

3）减计数指令（CTD）。当复位 LD 有效时，LD=1，计数器把设定值（PV）装入当前值存储器，计数器状态位复位（置 0）。当 LD=0，即计数脉冲有效时，开始计数，CD 端每来一个输入脉冲上升沿，减计数的当前值从设定值开始递减计数，当前值等于 0 时，计数器状态位置位（置 1），停止计数。

【例 4-5】 加减计数器指令应用示例，其程序及运行时序如图 4-59 所示。

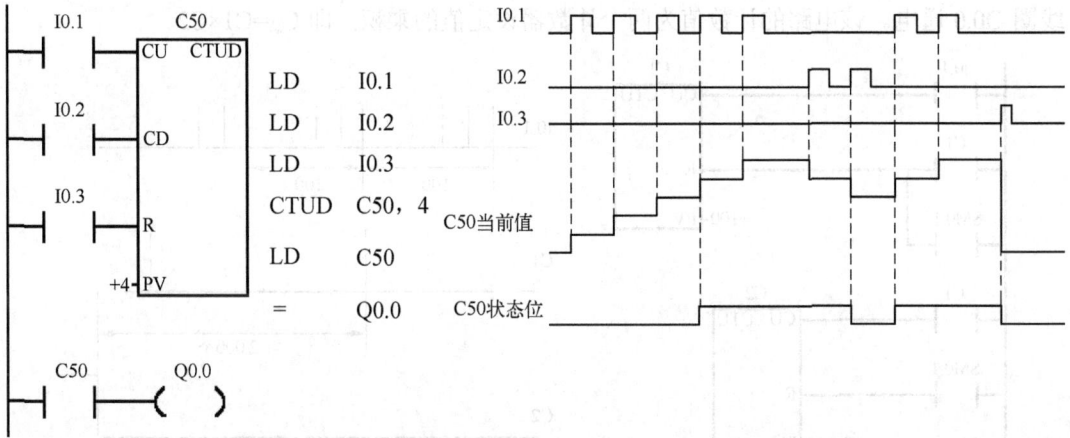

图 4-59　加减计数器指令应用示例

【例 4-6】 减计数器指令应用示例，程序及运行时序如图 4-60 所示。

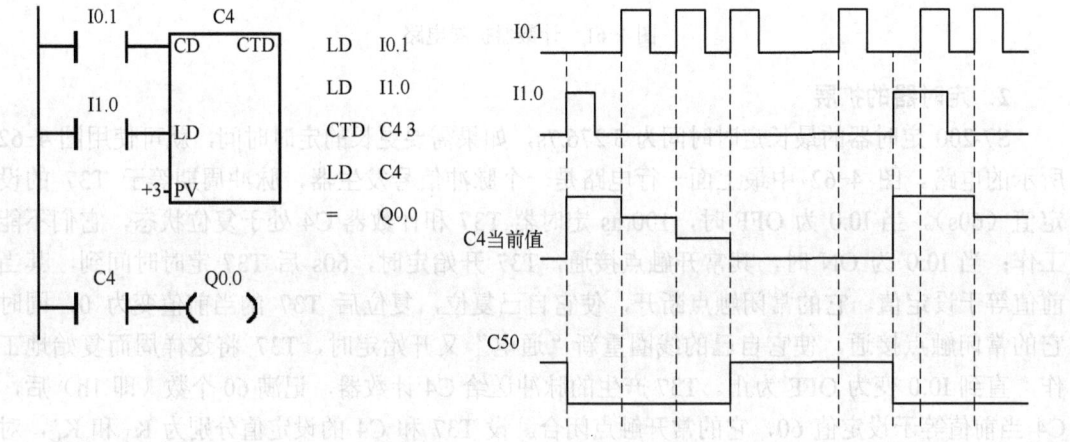

图 4-60　减计数器指令应用示例

在复位脉冲 I1.0 有效（即 I1.0=1）时，当前值等于预置值，计数器的状态位置 0；当复位脉冲 I1.0=0 时，计数器有效，在 CD 端每来一个脉冲的上升沿，当前值减 1 计数，当前值从预置值开始减至 0 时，计数器的状态位 C-bit=1，Q0.0=1。在复位脉冲 I1.0 有效时，即 I1.0=1 时，计数器 CD 端即使有脉冲上升沿，计数器也不减 1 计数。

4.4.2　计数器指令应用举例

1. 计数器的扩展

S7-200 系列 PLC 计数器最大的计数范围是 32 767，若需更大的计数范围，则需进行扩展。计数器扩展电路如图 4-61 所示，它是两个计数器的组合电路，C1 形成了一个设定值为 100 次自复位计数器。计数器 C1 对 I0.1 的接通次数进行计数，I0.1 的触点每闭合 100 次 C1 自复位重新开始计数。同时，连接到计数器 C2 的 CU 端的 C1 常开触点闭合，使 C2 计数一次，当 C2 计数到 2 000 次时，I0.1 共接通 100×2 000 次=200 000 次，C2 的常开触点闭合，线圈 Q0.0 通电。该电路的计数值为两个计数器设定值的乘积，即 $C_总=C1×C2$。

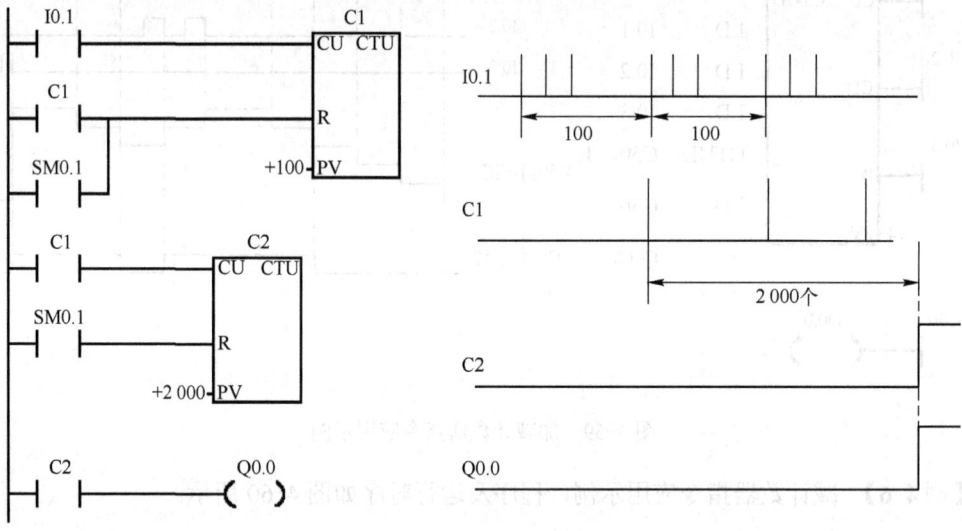

图 4-61　计数器扩展电路

2. 定时器的扩展

S7-200 定时器的最长定时时间为 3 276.7s，如果需要更长的定时时间，就可使用图 4-62 所示的电路。图 4-62 中最上面一行电路是一个脉冲信号发生器，脉冲周期等于 T37 的设定值（60s）。当 I0.0 为 OFF 时，100ms 定时器 T37 和计数器 C4 处于复位状态，它们不能工作；当 I0.0 为 ON 时，其常开触点接通，T37 开始定时，60s 后 T37 定时时间到，其当前值等于设定值，它的常闭触点断开，使它自己复位，复位后 T37 的当前值变为 0，同时它的常闭触点接通，使它自己的线圈重新"通电"又开始定时，T37 将这样周而复始地工作，直到 I0.0 变为 OFF 为止。T37 产生的脉冲送给 C4 计数器，记满 60 个数（即 1h）后，C4 当前值等于设定值 60，它的常开触点闭合。设 T37 和 C4 的设定值分别为 K_T 和 K_C，对于 100ms 定时器总的定时时间为 $T=0.1K_TK_C$（s）。

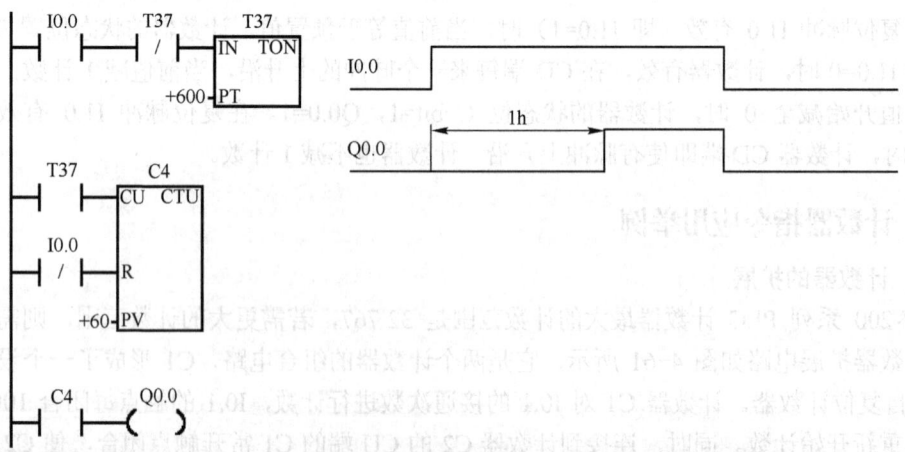

图 4-62　定时器的扩展电路

3. 自动声光报警操作程序

自动声光报警操作程序用于当电动单梁起重机加载到 1.1 倍额定负荷并反复运行 1h 后，发出声光信号并停止运行。其程序如图 4-63 所示。当系统处于自动工作方式时，I0.0 触点为闭合状态，定时器 T50 每 60s 发出一个脉冲信号作为计数器 C1 的计数输入信号，当计数值达 60，即 1h 后，C1 常开触点闭合，Q0.0、Q0.7 线圈同时得电，指示灯发光且电铃响；此时 C1 另一常开触点接通定时器 T51 线圈，10s 后 T51 常闭触点断开 Q0.7 线圈，电铃声消失，指示灯持续发光直至再一次重新开始运行。

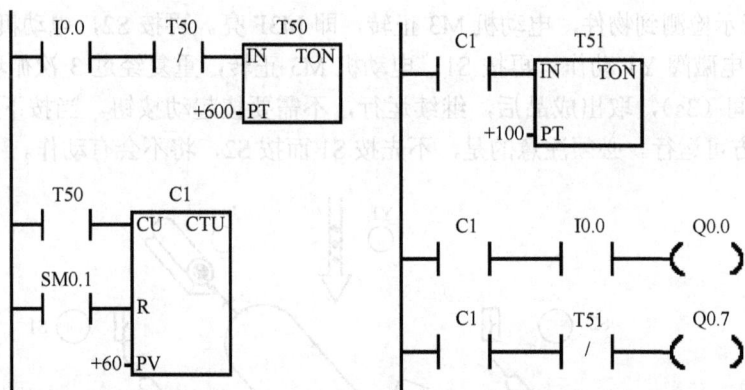

图 4-63　自动声光报警操作程序

4. 用一个按钮实现起、停的控制

用一个按钮控制一个灯，按一下按钮，灯 ON；再按一下按钮，灯 OFF。如此重复。用一个按钮实现起、停控制的程序如图 4-64 所示。

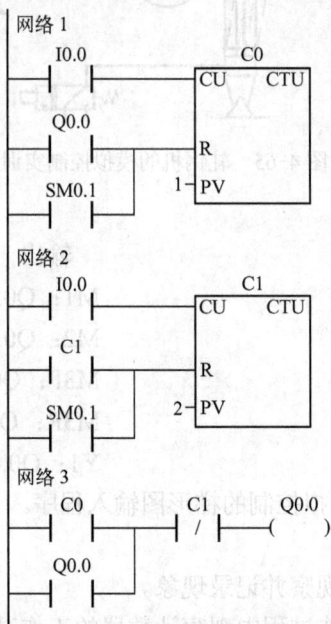

图 4-64　用一个按钮实现起、停控制的程序

4.4.3 轧钢机的控制实训

1．实训目的

1）熟悉计数器的使用。

2）用状态图监视计数器的计数过程。

3）用 PLC 构成轧钢机控制系统。

2．实训内容

1）控制要求。轧钢机的模拟控制实训如图 4-65 所示。按下起动按钮，电动机 M1、M2 运行，按 S1 表示检测到物件，电动机 M3 正转，即 M3F 亮。再按 S2，电动机 M3 反转，即 M3R 亮，同时电磁阀 Y1 动作。再按 S1，电动机 M3 正转，重复经过 3 次循环，再按 S2，则停机一段时间（3s），取出成品后，继续运行，不需要按起动按钮。当按下停止按钮时，必须按起动后方可运行。必须注意的是，不先按 S1 而按 S2，将不会有动作。

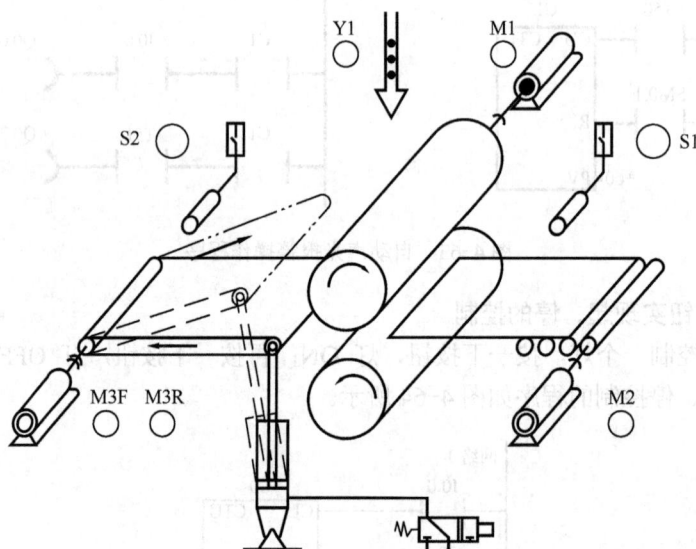

图 4-65　轧钢机的模拟控制实训

2）I/O 分配。

输入	输出
起动按钮：I0.0	M1：Q0.0
（常闭）停止按钮：I0.3	M2：Q0.1
S1 按钮：I0.1	M3F：Q0.2
S2 按钮：I0.2	M3R：Q0.3
	Y1：Q0.4

3）按图 4-66 所示轧钢机模拟控制的梯形图输入程序。

3．调试并运行程序

1）按控制要求进行操作，观察并记录现象。

2）通过程序状态图，在操作过程中观察计数器的工作过程。

3）改变计数器的预置值，设定 PV=3，再重新操作，观察轧钢机模拟实训板的现象。

网络1

```
I0.0    I0.3         M0.0
─┤├──┬──┤├──────────( )─
     │
T38  │
─┤├──┤
     │
M0.0 │
─┤├──┘
```

网络2

```
I0.0    I0.3    M0.0        Q0.0
─┤├──┬──┤├──────┤├──┬───────( )─
     │              │
Q0.0 │              │        Q0.1
─┤├──┤              └───────( )─
     │
T38  │
─┤├──┘
```

网络3

```
I0.1    I0.3    I0.2    M0.0        Q0.2
─┤├──┬──┤├──────┤/├─────┤├──┬───────( )─
     │                      │
Q0.2 │                      │       M0.1
─┤├──┘                      └───────( S )─
                                      1
```

网络4

```
I0.3         M0.1
─┤/├──┬──────( R )─
      │        1
C1    │
─┤├───┘
```

网络5

```
I0.2    I0.3    I0.1    M0.0    M0.1        Q0.3
─┤├──┬──┤├──────┤/├─────┤├──────┤├──────────( )─
     │                                       Q0.4
Q0.3 │                                      ( )─
─┤├──┘
```

网络6

```
Q0.3                        ┌──────────┐
─┤├─────────────────────────┤CU   CTU  │
                            │          │
T38                         │R         │
─┤├─────────────────────────┤          │
                         +4─┤PV        │
                            └──────────┘
```

网络7

```
C1                          ┌──────────┐      T38
─┤├──┬──────────────────────┤IN   TON  │
     │                      │          │
     │                  +30─┤PT        │
     │                      └──────────┘
     │                                      Q0.0
     └─────────────────────────────────────( R )─
                                              4
```

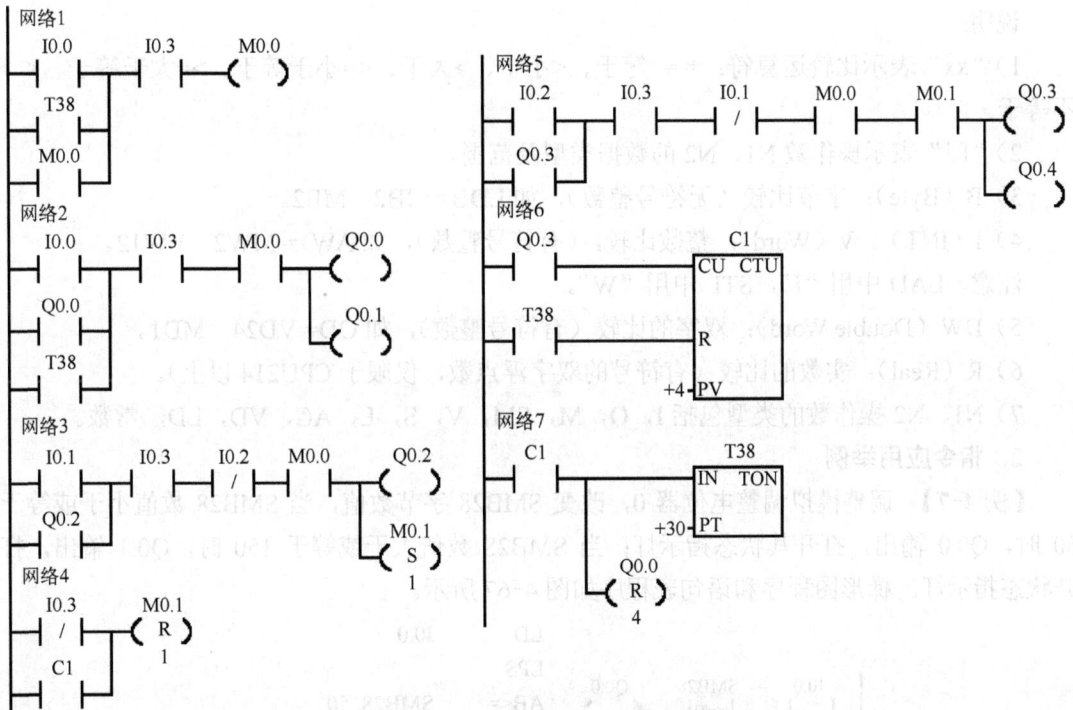

图 4-66 轧钢机模拟控制的梯形图

4.5 比较指令

比较指令是将两个操作数按指定的条件比较，操作数可以是整数，也可以是实数。在梯形图中，用带参数和运算符的触点表示比较指令，比较条件成立时，触点就闭合，否则断开。可以装入比较触点，也可以将其串、并联。比较指令为上、下限控制提供了极大的方便。

1. 指令格式

比较指令的格式如表 4-6 所示。

表 4-6 比较指令的格式

STL	LAD	说　　明
LD□xx IN1 IN 2	 ─┤ IN1 　xx□ 　IN2 ├─	比较触点接起始母线
LD N A□xxIN1 IN 2	─┤N├──┤ IN1 　　　　xx□ 　　　　IN2 ├─	比较触点的"与"
LD N O□xx IN1 IN 2	─┬─┤N├────── 　│ 　└─┤ IN1 　　　xx□ 　　　IN2 ├─	比较触点的"或"

说明：

1）"xx"表示比较运算符：＝＝ 等于、<小于、>大于、<=小于等于、>=大于等于、< >不等于。

2）"□"表示操作数 N1、N2 的数据类型及范围。

3）B（Byte）：字节比较（无符号整数），如 LDB＝＝IB2　MB2。

4）I（INT）/W（Word）：整数比较，（有符号整数），如 AW>＝MW2　VW12。

注意，LAD 中用"I"，STL 中用"W"。

5）DW（Double Word）：双字的比较（有符号整数），如 OD＝VD24　MD1。

6）R（Real）：实数的比较（有符号的双字浮点数，仅限于 CPU214 以上）。

7）N1、N2 操作数的类型包括 I，Q，M，SM，V，S，L，AC，VD，LD，常数。

2．指令应用举例

【**例 4-7**】 调整模拟调整电位器 0，改变 SMB28 字节数值，当 SMB28 数值小于或等于 50 时，Q0.0 输出，打开其状态指示灯；当 SMB28 数值大于或等于 150 时，Q0.1 输出，打开状态指示灯。梯形图程序和语句表程序如图 4-67 所示。

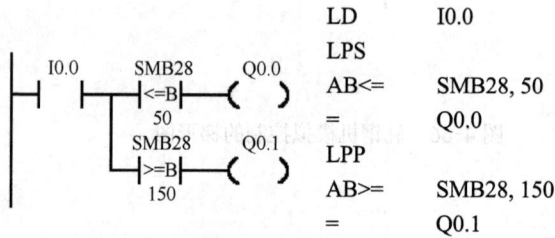

```
            LD      I0.0
            LPS
            AB<=    SMB28, 50
            =       Q0.0
            LPP
            AB>=    SMB28, 150
            =       Q0.1
```

图 4-67　例 4-7 图

【**例 4-8**】 整数字比较如图 4-68 所示。若 VW0 > +10000 为真，Q0.2 有输出。程序常被用于显示不同的数据类型，还可以比较存储在可编程内存中的两个数值（VW0 > VW100）。

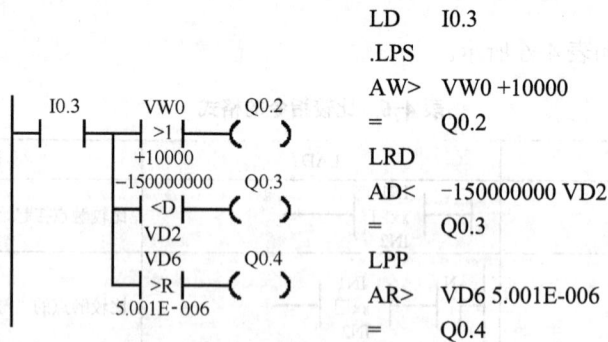

```
            LD      I0.3
            .LPS
            AW>     VW0 +10000
            =       Q0.2
            LRD
            AD<     −150000000 VD2
            =       Q0.3
            LPP
            AR>     VD6 5.001E-006
            =       Q0.4
```

图 4-68　例 4-8 图

【**例 4-9**】 用定时器和数据比较指令实现周期为 5s、占空比为 40% 的脉冲发生器，如图 4-69 所示。

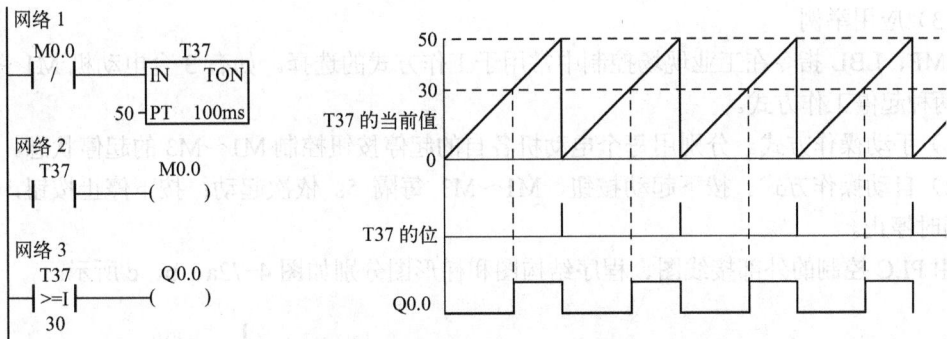

图 4-69 用定时器和数据比较指令实现的脉冲发生器

4.6 程序控制类指令

程序控制类指令用于程序运行状态的控制，主要包括系统控制、跳转、循环、子程序调用、顺序控制等指令。

4.6.1 跳转及标号指令

（1）指令格式

JMP：跳转指令，使能输入有效时，把程序的执行跳转到同一程序指定的标号（n）处执行。

LBL：指定跳转的目标标号。

操作数 n：0～255。

JMP/LBL 指令格式如图 4-70 所示。

必须强调的是，跳转指令及标号必须同在主程序内，或在同一子程序内，或在同一中断服务程序内，不可由主程序跳转到中断服务程序或子程序，也不可由中断服务程序或子程序跳转到主程序。

（2）跳转指令示例

跳转指令示例如图 4-71 所示。图中，当 JMP 条件满足（即 I0.0 为 ON）时，程序跳转执行 LBL 标号以后的指令，而在 JMP 和 LBL 之间的指令一概不执行，在这个过程中，即使 I0.1 接通也不会有 Q0.1 输出。当 JMP 条件不满足时，则当 I0.1 接通时 Q0.1 有输出。

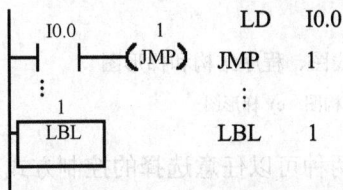

图 4-70 JMP/LBL 指令格式

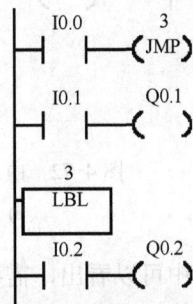

图 4-71 跳转指令示例

（3）应用举例

JMP、LBL 指令在工业现场控制中常用于工作方式的选择。如有 3 台电动机 M1~M3，具有两种起停工作方式。

1）手动操作方式。分别用每个电动机各自的起停按钮控制 M1~M3 的起停状态。

2）自动操作方式。按下起动按钮，M1~M3 每隔 5s 依次起动；按下停止按钮，M1~M3 同时停止。

由 PLC 控制的外部接线图、程序结构图和梯形图分别如图 4-72a、b、c 所示。

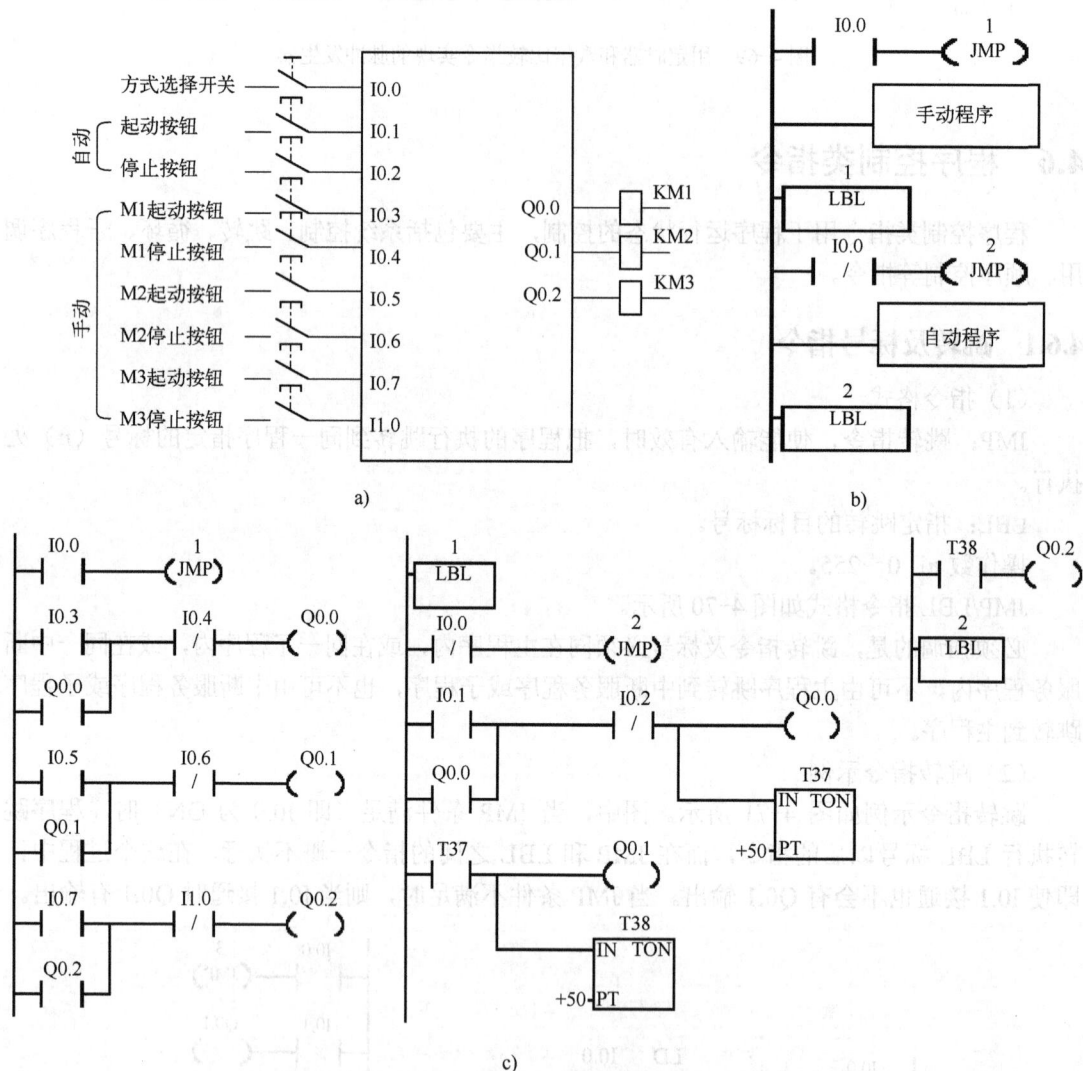

a)

b)

c)

图 4-72　由 PLC 控制的外部接线图、程序结构和梯形图

a) 外部接线图　b) 程序结构图　c) 梯形图

从控制要求中可以看出，需要在程序中体现两种可以任意选择的控制方式。所以运用跳转指令的程序结构可以满足控制要求。如图 4-72b 所示，当操作方式选择开关闭合时，I0.0 的常开触点闭合，跳过手动程序段不执行；I0.0 常闭触点断开，选择自动方式的程序段执

行。而操作方式选择开关断开时的情况与此相反，跳过自动方式程序段不执行，选择手动方式程序段执行。

4.6.2　子程序调用及子程序返回指令

通常将具有特定功能、并且多次使用的程序段作为子程序。主程序中用指令决定具体子程序的执行状况。当主程序调用子程序并执行时，子程序执行全部指令，直至结束。然后，系统将返回至调用子程序的主程序。子程序用于为程序分段和分块，使其成为较小的、更易于管理的块。在程序中调试和维护时，通过使用较小的程序块，对这些区域和整个程序简单地进行调试和排除故障。只在需要时才调用程序块，可以更有效地使用 PLC，因为所有的程序块可能无需执行每次扫描。

在程序中使用子程序，必须执行下列 3 项任务：建立子程序；在子程序局部变量表中定义参数（如果有）；从适当的 POU（从主程序或另一个子程序）调用子程序。

1．建立子程序

可采用下列一种方法建立子程序。

1）"编辑"菜单。选择插入（Insert）→子程序（Subroutine）。

2）"指令树"。用鼠标右键单击"程序块"图标，并从弹出的菜单中选择插入（Insert）→子程序（Subroutine）。

3）"程序编辑器"窗口。用鼠标右键单击，并从弹出的菜单中选择插入（Insert）→ 子程序（Subroutine）。

程序编辑器从先前的 POU 显示更改为新的子程序。程序编辑器底部会出现一个新标签，代表新的子程序。此时，可以对新的子程序编程。

用右键双击指令树中的子程序图标，在弹出的菜单中选择/重新命名，可修改子程序的名称。如果为子程序指定一个符号名，例如 USR_NAME，那么该符号名就会出现在指令树的"子例行程序"文件夹中。

2．在子程序局部变量表中定义参数

可以使用子程序的局部变量表为子程序定义参数。注意：程序中每个 POU 都有一个独立的局部变量表，必须在选择该子程序标签后出现的局部变量表中为该子程序定义局部变量。编辑局部变量表时，必须确保已选择适当的标签。每个子程序最多可以定义 16 个输入/输出参数。

3．子程序调用和子程序返回指令的指令格式

子程序有子程序调用和子程序返回两大类指令。子程序返回指令又分为条件返回和无条件返回指令。子程序调用和子程序返回的指令格式如图 4-73 所示。

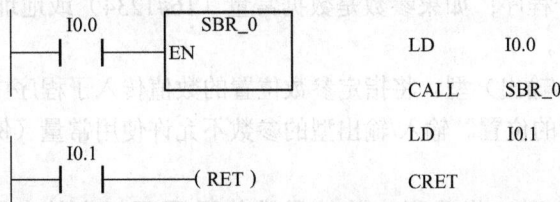

```
    I0.0        SBR_0            LD      I0.0
 ───┤ ├───────┤EN    │           CALL    SBR_0
            │        │
            └────────┘           LD      I0.1
    I0.1
 ───┤ ├──────────( RET )         CRET
```

图 4-73　子程序调用和子程序返回的指令格式

1）CALL SBRn：子程序调用指令。在梯形图中为指令盒的形式。子程序的编号 n 从 0 开始，随着子程序个数的增加自动生成。操作数 n：0～63。

2）CRET：子程序条件返回指令。条件成立时结束该子程序，返回原调用处的指令 CALL 的下一条指令。

3）RET：子程序无条件返回指令。子程序必须以本指令作结束。由编程软件自动生成。

需要说明的是：① 子程序可以多次被调用，也可以嵌套（最多 8 层），还可以自己调自己；② 子程序调用指令用在主程序和其他调用子程序的程序中，子程序的无条件返回指令在子程序的最后网络段，梯形图指令系统能够自动生成子程序的无条件返回指令，用户无需输入。

4. 带参数的子程序调用指令

（1）带参数的子程序的概念及用途

子程序可能有要传递的参数（变量和数据），这时可以在子程序调用指令中包含相应参数，它可以在子程序与调用程序之间传送。如果子程序仅用要传递的参数和局部变量，则为带参数的子程序（可移动子程序）。为了移动子程序，应避免使用任何全局变量/符号（I、Q、M、SM、AI、AQ、V、T、C、S、AC 内存中的绝对地址），这样可以导出子程序并将其导入另一个项目中。子程序中的参数必须有一个符号名（最多为 23 个字符）、一个变量类型和一个数据类型。子程序最多可传递 16 个参数。传递的参数在子程序局部变量表中定义。局部变量如表 4-7 所示。

表 4-7　局部变量表

	Name	Var Type	Data Type	Comment
	EN	IN	BOOL	
L0.0	IN1	IN	BOOL	
LB1	IN2	IN	BYTE	
L2.0	IN3	IN	BOOL	
LD3	IN4	IN	DWORD	
		IN		
LD7	INOUT	IN_OUT	REAL	
		IN_OUT		
LD11	OUT	OUT	REAL	
		OUT		

（2）变量的类型

局部变量表中的变量有 IN、OUT、IN/OUT 和 TEMP 4 种类型。

1）IN（输入）型。将指定位置的参数传入子程序。如果参数是直接寻址（例如 VB10），在指定位置的数值被传入子程序。如果参数是间接寻址（例如 *AC1），地址指针指定地址的数值被传入子程序；如果参数是数据常量（16#1234）或地址（&VB100），常量或地址数值被传入子程序。

2）IN/OUT（输入/输出）型。将指定参数位置的数值传入子程序中，并将子程序的执行结果的数值返回至相同的位置。输入/输出型的参数不允许使用常量（例如 16#1234）和地址（例如&VB100）。

3）OUT（输出）型。将子程序的结果数值返回至指定的参数位置。常量（例如 16#1234）和地址（例如 &VB100）不允许用做输出参数。

在子程序中，可以使用 IN、IN/OUT、OUT 类型的变量和调用子程序 POU 之间传递参数。

4）TEMP 型。TEMP 是局部存储变量，只能用于子程序内部暂时存储中间运算结果，不能用来传递参数。

（3）数据类型

局部变量表中的数据类型包括能流、布尔（位）、字节、字、双字、整数、双整数和实数型。

1）能流。能流仅用于位（布尔）输入。能流输入必须用在局部变量表中其他类型输入之前。只有输入参数允许使用。在梯形图中表达形式为用触点（位输入）将左侧母线和子程序的指令盒连接起来。带参数的子程序调用图 4-74 所示。图中使能输入（EN）和 IN1 输入均使用布尔逻辑。

2）布尔。该数据类型用于位输入和输出。图 4-74 中的 IN3 是布尔输入。

LAD主程序

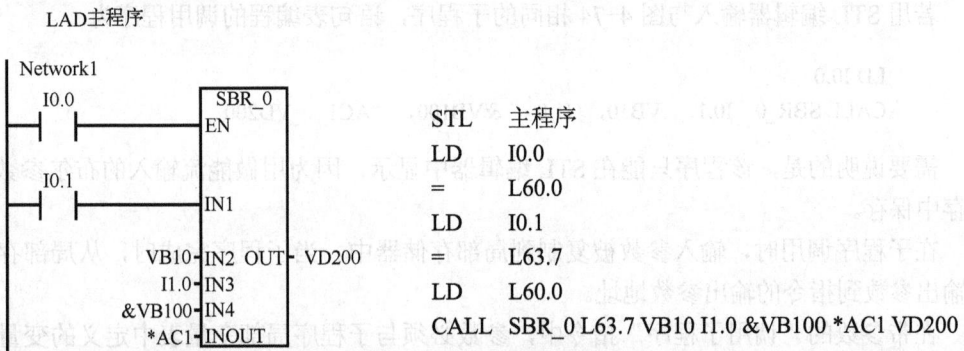

```
            Network1
            I0.0              SBR_0
            ┤├───────────────┤EN
            I0.1
            ┤├───────────────┤IN1

              VB10───┤IN2  OUT├─ VD200
              I1.0───┤IN3
            &VB100───┤IN4
             *AC1───┤INOUT
```

```
STL    主程序
LD     I0.0
=      L60.0
LD     I0.1
=      L63.7
LD     L60.0
CALL   SBR_0 L63.7 VB10 I1.0 &VB100 *AC1 VD200
```

图 4-74　带参数的子程序调用

3）字节、字、双字。这些数据类型分别用于 1、2 或 4 个字节不带符号的输入或输出参数。

4）整数、双整数。这些数据类型分别用于 2 或 4 个字节带符号的输入或输出参数。

5）实数。该数据类型用于单精度（4 个字节）IEEE 浮点数值。

（4）建立带参数子程序的局部变量表

局部变量表隐藏在程序显示区，将梯形图显示区向下拖动，可以露出局部变量表，在局部变量表中输入变量名称、变量类型、数据类型等参数以后，用鼠标双击指令树中子程序（或选择单击方框快捷按钮"F9"，在弹出的菜单中选择子程序项），在梯形图显示区显示出带参数的子程序调用指令盒。

局部变量表变量类型的修改方法是，用光标选中变量类型区，单击鼠标右键得到一个下拉菜单，单击选中的类型，在变量类型区光标所在处可以得到选中的类型。

子程序传递的参数放在子程序的局部存储器（L）中，局部变量表最左列是系统指定的每个被传递参数的局部存储器地址。

（5）带参数子程序调用指令格式

对于梯形图程序，在子程序局部变量表中为该子程序定义参数后（如表 4-7 所示），将生成客户化的调用指令块（如图 4-74 所示），指令块中自动包含子程序的输入参数和输出参数。在 LAD 程序的 POU 中插入调用指令：第一步，打开程序编辑器窗口中所需的 POU，光标滚动至调用子程序的网络处；第二步，在指令树中，打开 "子程序" 文件夹然后双击；第三步，为调用指令参数指定有效的操作数。有效操作数为存储器的地址、常量、全局变量以及调用指令所在的 POU 中的局部变量（并非被调用子程序中的局部变量）。

注意：① 如果在使用子程序调用指令后，然后修改该子程序的局部变量表，调用指令则无效，必须删除无效调用，并用反映正确参数的最新调用指令代替该调用；② 子程序和调用程序共用累加器。不会因使用子程序对累加器执行保存或恢复操作。

带参数子程序调用的 LAD 指令格式如图 4-74 所示。图中的 STL 主程序是由编程软件 STEP-7 Micro/Win 从 LAD 程序建立的 STL 代码。注意：系统保留局部变量存储器 L 内存的 4 个字节（LB60-LB63）用于调用参数。图 4-74 中，L 内存（如 L60，L63.7）被用于保存布尔输入参数，此类参数在 LAD 中被显示为能流输入。图 4-74 中由 Micro/Win 从 LAD 图形建立的 STL 代码可在 STL 视图中显示。

若用 STL 编辑器输入与图 4-74 相同的子程序，语句表编程的调用程序为

```
LD I0.0
CALL SBR_0   I0.1，  VB10，  I1.0 ，&VB100，  *AC1 ， VD200
```

需要说明的是，该程序只能在 STL 编辑器中显示，因为用做能流输入的布尔参数未在 L 内存中保存。

在子程序调用时，输入参数被复制到局部存储器中。当子程序完成时，从局部存储器复制输出参数到指令的输出参数地址。

在带参数的 "调用子程序" 指令中，参数必须与子程序局部变量表中定义的变量完全匹配。参数顺序必须以输入参数开始，其次是输入/输出参数，然后是输出参数。在指令树中的 "子程序名称" 工具将显示每个参数的名称。

调用带参数子程序使 ENO=0 的错误条件是：0008（子程序嵌套超界），SM4.3（运行时间）。

【例 4-10】 编制一个带参数的子程序，完成任意两个整数的加法。

1）建立一个子程序，并在该程序局部变量表中输入局部变量，如图 4-75 所示。

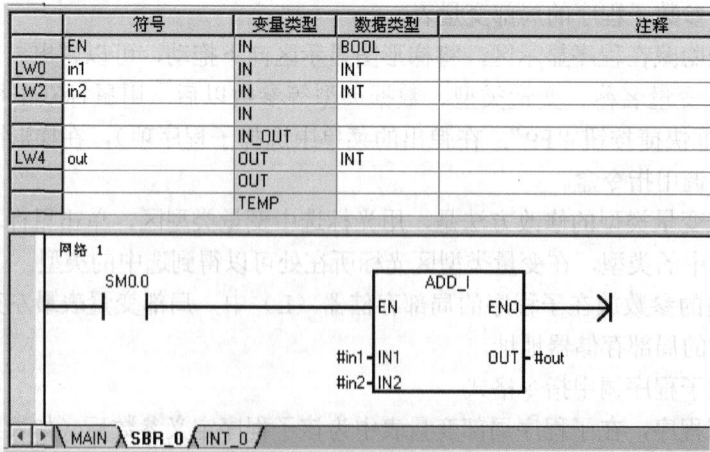

图 4-75　两个整数的加法带参数的子程序

2）用局部变量表中定义的局部变量编写两个整数加法的子程序，如图 4-75 所示。

3）在主程序中调用带参数的子程序，如图 4-76 所示。

4）在图 4-76 所示的主程序中，应根据子程序局部变量表中变量的数据类型（INT）指定输入、输出变量的地址（对于整数型的变量应按字编址），输入变量也可以为常量，如图 4-77 所示，便可以实现 VW0+VW2=VW100 的运算。

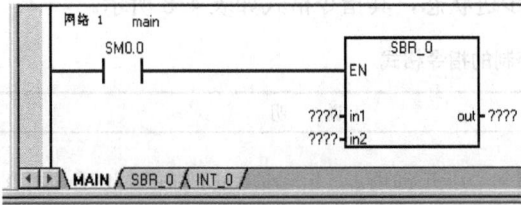

图 4-76　在主程序中调用带参数的子程序

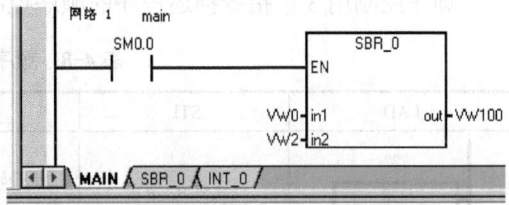

图 4-77　给输入/输出变量指定地址

由例 4-10 可以看出，带参数的子程序是独立的，可以用来实现某一特定的控制功能。带参数的子程序可以导出（通过菜单"文件"→"导出"），形成一个扩展名为.awl 的文件。在其他的项目中通过菜单"文件"→"导入"该文件，便可以直接使用该子程序。

4.6.3　步进顺序控制指令

在运用 PLC 进行顺序控制中，常采用顺序控制指令，这是一种由功能图设计梯形图的步进型指令。首先用程序流程图来描述程序的设计思想，然后再用指令编写出符合程序设计思想的程序。使用功能流程图可以描述程序的顺序执行、循环、条件分支以及程序的合并等功能流程概念。顺序控制指令可以将程序功能流程图转换成梯形图程序，而功能流程图是设计梯形图程序的基础。

1．功能流程图简介

功能流程图是按照顺序控制的思想，根据工艺过程、输出量的状态变化，将一个工作周期划分为若干顺序相连的步，在任何一步内，各输出量 ON/OFF 状态不变，但是相邻两步输出量的状态是不同的。所以，可以将程序的执行分成各个程序步，通常用顺序控制继电器的位 S0.0～S31.7 代表程序的状态步。使系统由当前步进入下一步的信号称为转换条件，又称为步进条件。转换条件可以是外部的输入信号，如按钮、指令开关、限位开关的接通/断开等；也可以是程序运行中产生的信号，如定时器、计数器的常开触点的接通等；还可能是若干个信号逻辑运算的组合。一个 3 步循环步进的功能流程图如图 4-78 所示。功能流程图中的每个方框代表一个状态步，如图中 1、2、3 分别代表程序 3 步状态。与控制过程初始状态相对应的步称为初始步，用双线框表示。可以分别用 S0.0、S0.1、S0.2 表示上述的 3 个状态步。程序执行到某步时，该步状态位置 1，其余为 0。如执行第一步时，

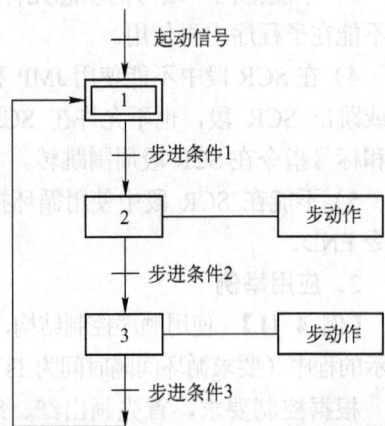

图 4-78　一个 3 步循环步进的功能流程图

S0.0=1，而 S0.1 和 S0.2 全为 0。每步所驱动的负载称为步动作，用方框中的文字或符号表示，并用线将该方框和相应的步相连。状态步之间用有向连线连接，表示状态步转移的方向，当有向连线上没有箭头标注时，方向为自上而下，自左而右。有向连线上的短线表示状态步的转换条件。

2．顺序控制指令

顺序控制用 3 条指令描述程序的顺序控制步进状态，其指令格式如表 4-8 所示。

表 4-8　顺序控制的指令格式

LAD	STL	说　　明
??? SCR	LSCR　*n*	步开始指令，为步开始的标志。当该步的状态元件的位置 1 时，执行该步
??? ─(SCRT)	SCRT　*n*	步转移指令。当使能有效时，关断本步，进入下一步。该指令由转换条件的接点起动，*n* 为下一步的顺序控制状态元器件
─(SCRE)	SCRE	步结束指令，为步结束的标志

1）顺序步开始指令（LSCR）。步开始指令，当顺序控制继电器位 $S_{X,Y}=1$ 时，该程序步执行。

2）顺序步结束指令（SCRE）。SCRE 为顺序步结束指令，顺序步的处理程序在 LSCR 和 SCRE 之间。

3）顺序步转移指令（SCRT）。当使能输入有效时，将本顺序步的顺序控制继电器位清零，下一步顺序控制继电器位置 1。

在使用顺序控制指令时应注意：

1）步进控制指令 SCR 只对状态元件 S 有效。为了保证程序的可靠运行，对驱动状态元件 S 的信号应采用短脉冲。

2）当输出需要保持时，可使用 S/R 指令。

3）不能把同一编号的状态元件用在不同的程序中。例如，如果在主程序中使用 S0.1，就不能在子程序中再使用。

4）在 SCR 段中不能使用 JMP 和 LBL 指令。既不允许跳入或跳出 SCR 段，也不允许在 SCR 段内跳转。可以使用跳转和标号指令在 SCR 段周围跳转。

5）不能在 SCR 段中使用循环指令 FOR、NEXT 和结束指令 END。

3．应用举例

【例 4-11】 使用顺序控制结构，编写出实现红、绿灯循环显示的程序（要求循环间隔时间为 1s）。

根据控制要求，首先画出红、绿灯顺序显示的功能流程图，如图 4-79 所示。起动条件为按钮 I0.0 置 1，步进条件为

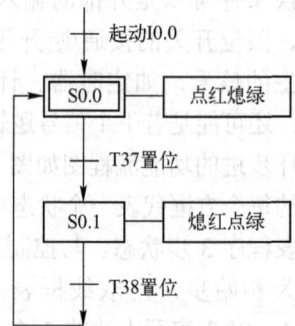

图 4-79　例 4-11 流程图

时间到预设，状态步的动作为点红灯，熄绿灯，同时起动定时器，步进条件满足时，关断本步，进入下一步。

梯形图如图 4-80 所示。

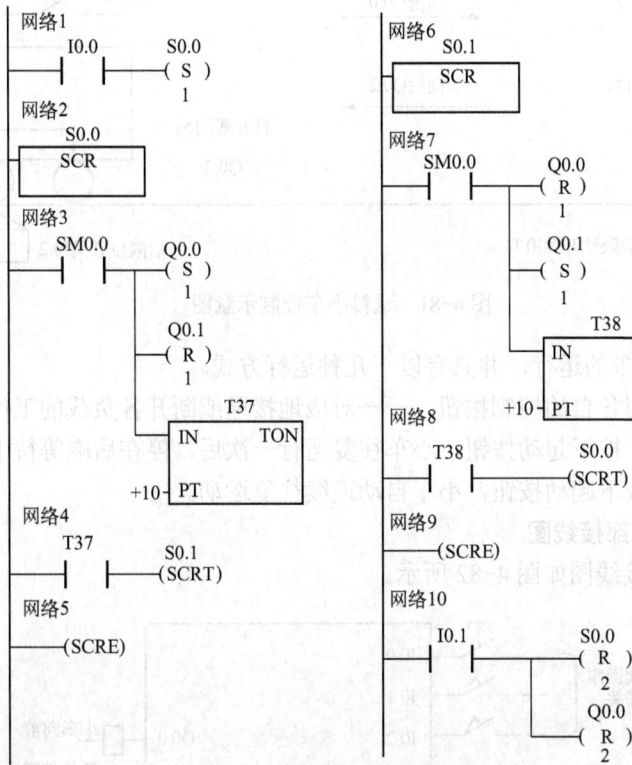

图 4-80　例 4-11 梯形图

分析： 当 I0.0 输入有效时，起动 S0.0，执行程序的第一步，输出 Q0.0 置 1（点亮红灯），Q0.1 置 0（熄灭绿灯），同时起动定时器 T37，经过 1s，步进转移指令使得 S0.1 置 1，S0.0 置 0，程序进入第二步，输出点 Q0.1 置 1（点亮绿灯），输出点 Q0.0 置 0（熄灭红灯），同时起动定时器 T38，经过 1s，步进转移指令使得 S0.0 置 1，S0.1 置 0，程序进入第一步执行。如此周而复始，循环工作，直到 I0.1 接通时，红、绿灯同时熄灭。

4.6.4　送料车控制实训

1. 实训目的

1）掌握应用 PLC 技术控制送料车编程的思想和方法。

2）掌握应用顺序功能控制指令编程的方法，增强应用功能指令编程的意识。

3）熟练掌握 PLC 的 I/O 配置及外部接线，提高应用 PLC 的能力。

2. 控制要求

送料小车控制示意图如图 4-81 所示。当小车处于后端时，按下起动按钮，小车向前运行，行至前端压下前限位开关，打开翻斗门装货，7s 后，关闭翻斗门，小车向后运行，行至后端，压下后限位开关，打开小车底门卸货，5s 后底门关闭，完成一次动作。

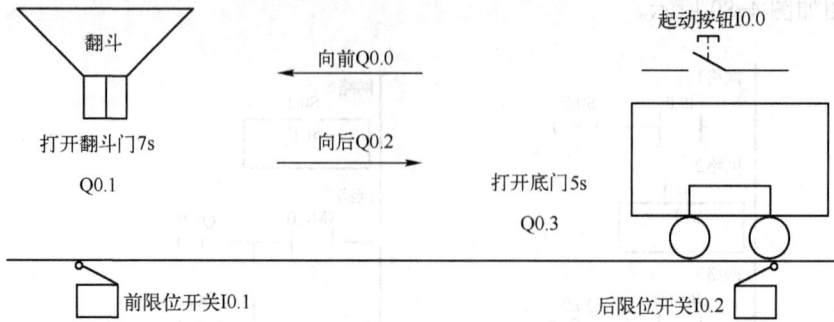

图 4-81　送料小车控制示意图

要求控制送料小车的运行，并具有以下几种运行方式。

1）手动操作。用各自的控制按钮，一一对应地接通或断开各负载的工作方式。

2）单周期操作。按下起动按钮，小车往复运行一次后，停在后端等待下次起动。

3）连续操作。按下起动按钮，小车自动连续往复运动。

3. I/O 分配及外部接线图

I/O 分配及外部接线图如图 4-82 所示。

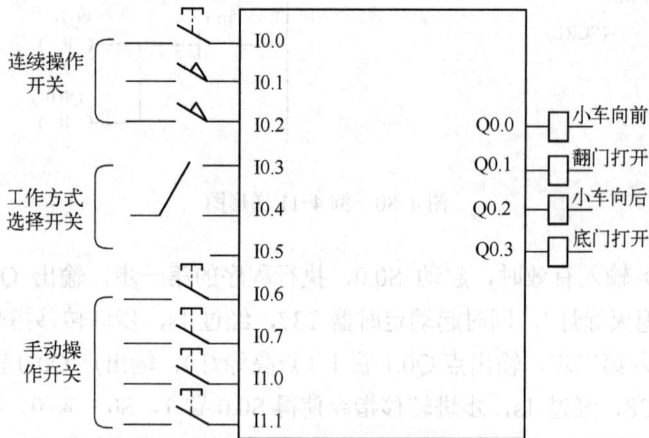

图 4-82　I/O 分配及外部接线图

4. 程序结构图

总的程序结构如图 4-83 所示，其中包括手动程序和自动程序两个程序块，由跳转指令选择执行。当方式选择开关接通手动操作方式时（如图 4-84 所示），I0.3 输入映像寄存器置位为 1，I0.4、I0.5 输入映像寄存器置位为 0。在图 4-83 中，I0.3 常闭触点断开，执行手动程序；I0.4、I0.5 常闭触点均为闭合状态，跳过自动程序不执行。若方式选择开关接通单周期或连续操作方式时，图 4-83 中的 I0.3 触点闭合，I0.4、I0.5 触点断开，使程序跳过手动程序而选择执行自动程序。

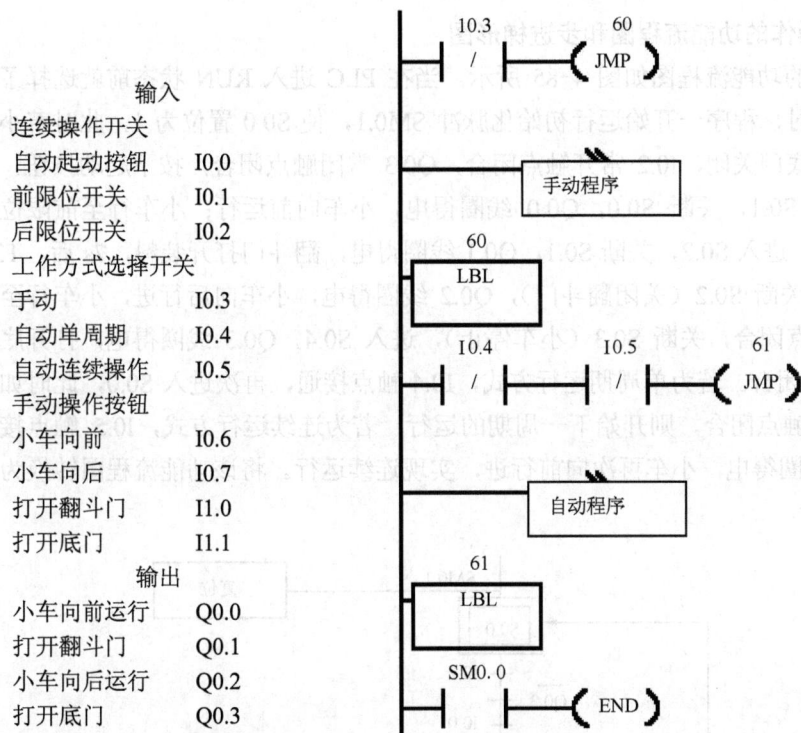

输入
连续操作开关   I0.3
自动起动按钮   I0.0
前限位开关   I0.1
后限位开关   I0.2
工作方式选择开关
手动   I0.3
自动单周期   I0.4
自动连续操作   I0.5
手动操作按钮
小车向前   I0.6
小车向后   I0.7
打开翻斗门   I1.0
打开底门   I1.1
输出
小车向前运行   Q0.0
打开翻斗门   Q0.1
小车向后运行   Q0.2
打开底门   Q0.3

图 4-83   总程序结构图

5. 手动操作方式的梯形图程序

手动操作方式的梯形图程序如图 4-84 所示。

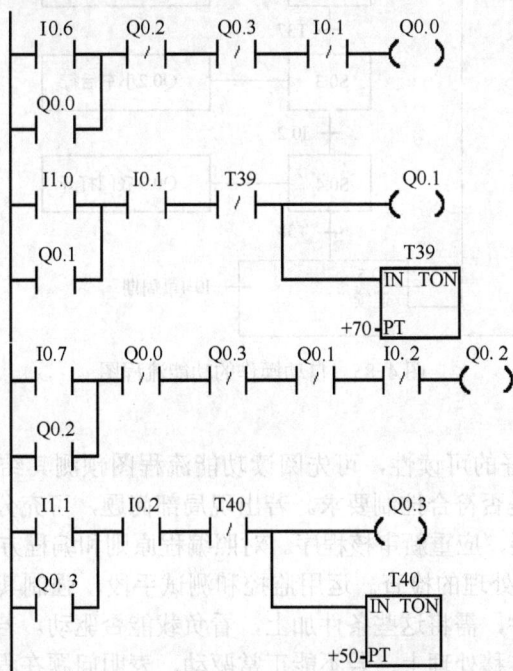

图 4-84   手动操作的梯形图程序

95

6．自动操作的功能流程图和步进梯形图

自动操作的功能流程图如图 4-85 所示。当在 PLC 进入 RUN 状态前就选择了单周期或连续操作方式时，程序一开始运行初始化脉冲 SM0.1，使 S0.0 置位为 1，此时若小车在后限位开关处，且底门关闭，I0.2 常开触点闭合，Q0.3 常闭触点闭合，按下起动按钮，I0.0 触点闭合，则进入 S0.1，关断 S0.0，Q0.0 线圈得电，小车向前运行；小车行至前限位开关处，I0.1 触点闭合，进入 S0.2，关断 S0.1，Q0.1 线圈得电，翻斗门打开装料，7s 后，T37 触点闭合进入 S0.3，关断 S0.2（关闭翻斗门），Q0.2 线圈得电，小车向后行进，小车行至后限位开关处，I0.2 触点闭合，关断 S0.3（小车停止），进入 S0.4，Q0.3 线圈得电，打开底门卸料，5s 后 T38 触点闭合。若为单周期运行方式，I0.4 触点接通，再次进入 S0.0，此时如果按下起动按钮，I0.0 触点闭合，则开始下一周期的运行；若为连续运行方式，I0.5 触点接通，进入 S0.1，Q0.0 线圈得电，小车再次向前行进，实现连续运行。将该功能流程图转换为梯形图，如图 4-86 所示。

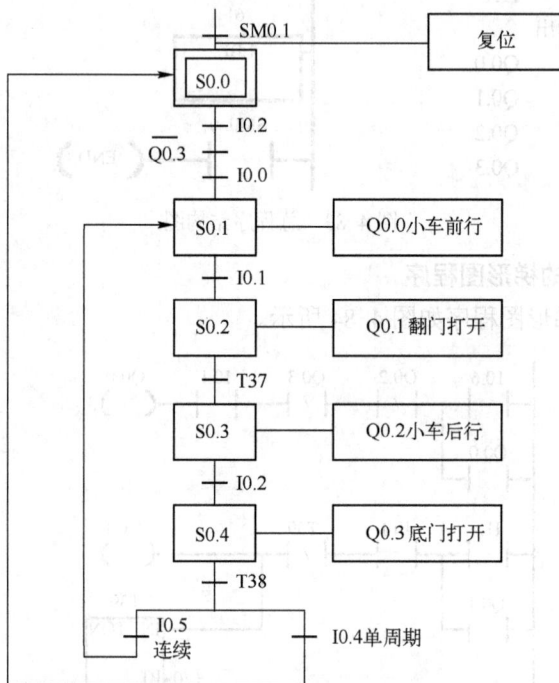

图 4-85　自动操作的功能流程图

7．调试并运行程序

功能流程图具有良好的可读性，可先阅读功能流程图预测其结果，然后再上机运行程序，观察运行结果，看是否符合控制要求。若出现局部问题，可充分利用监控和测试功能进行调试；若出现整体错误，应重新审核程序。对照编程原则和编程方法进行全面的检查。

1）各状态步的驱动处理的检查。运用监控和测试手段，强制其对应的状态元件激活，若驱动负载还有其他条件，需将这些条件加上，看负载能否驱动。若能正常驱动，表明驱动处理正常，问题在状态转移处理上；若不能正常驱动，表明问题在程序上，需要检查该状态对应的驱动程序。

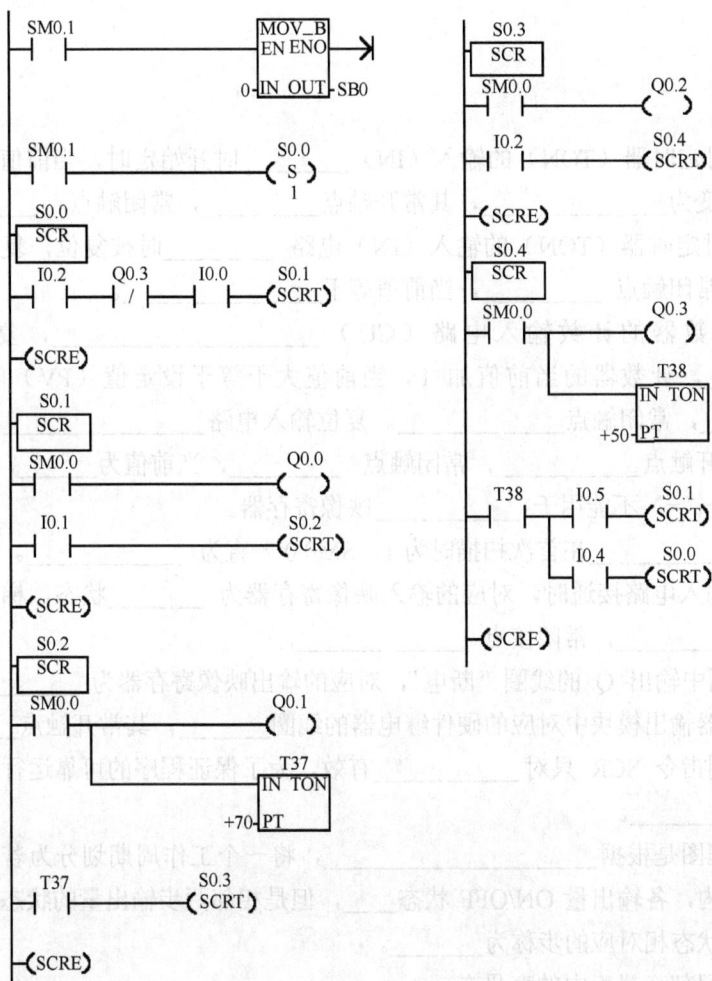

图 4-86　自动操作的步进梯形图

2）状态的转移处理的检查。同样运用监控和测试手段，首先使功能流程图的初始化状态激活，依次使转移条件动作，监控各状态能否按规定的顺序进行转移。若不能正常转移，故障可能有以下几种情况：

① 转移条件为 ON，没有任何状态元件动作，则表明编程或写入时转移条件或状态元件的编号错误。

② 状态元件发生跳跃动作，则表明编程或写入时出现混乱。

③ 状态元件动作顺序错乱，则表明编程原则和编程方法使用不当，应严格检查程序。

3）常见的故障

① 编程错误。没有正确使用编程原则和编程方法；程序书写错误。

② 写入错误。在程序输入 PLC 时出现手误。

8. 训练题

一个 3 台电动机的顺序控制系统，起动顺序为 M1→M2→M3，间隔 5s，I0.0 为起动信号。停车顺序相反，为 M3→M2→M1，间隔 5s，I0.1 为停车信号。画出功能流程图，并写出梯形图。运行并调试程序。

4.7 习题

1. 填空

1）通电延时定时器（TON）的输入（IN）_____时开始定时，当前值大于等于设定值时其定时器位变为_____，其常开触点_____，常闭触点_____。

2）通电延时定时器（TON）的输入（IN）电路_____时被复位，复位后其常开触点_____，常闭触点_____，当前值等于_____。

3）若加计数器的计数输入电路（CU）_____，复位输入电路（R）_____，计数器的当前值加 1。当前值大于等于设定值（PV）时，其常开触点_____，常闭触点_____。复位输入电路_____时计数器被复位，复位后其常开触点_____，常闭触点_____，当前值为_____。

4）输出指令（=）不能用于_____映像寄存器。

5）SM_____在首次扫描时为 1，SM0.0 一直为_____。

6）外部的输入电路接通时，对应的输入映像寄存器为_____状态，梯形图中对应的常开接点_____，常闭接点_____。

7）若梯形图中输出 Q 的线圈"断电"，对应的输出映像寄存器为_____状态，在输出刷新后，继电器输出模块中对应的硬件继电器的线圈_____，其常开触点_____。

8）步进控制指令 SCR 只对_____有效。为了保证程序的可靠运行，对它的驱动信号应采用_____。

9）功能流程图是根据_____，将一个工作周期划分为若干顺序相连的步，在任何一步内，各输出量 ON/OFF 状态____，但是相邻两步输出量的状态是不同的。与控制过程的初始状态相对应的步称为_____。

10）子程序局部变量表中的变量有_____、_____、_____、_____4 种类型，子程序最多可传递_____个参数。

2. 写出图 4-87 所示梯形图的语句表程序。

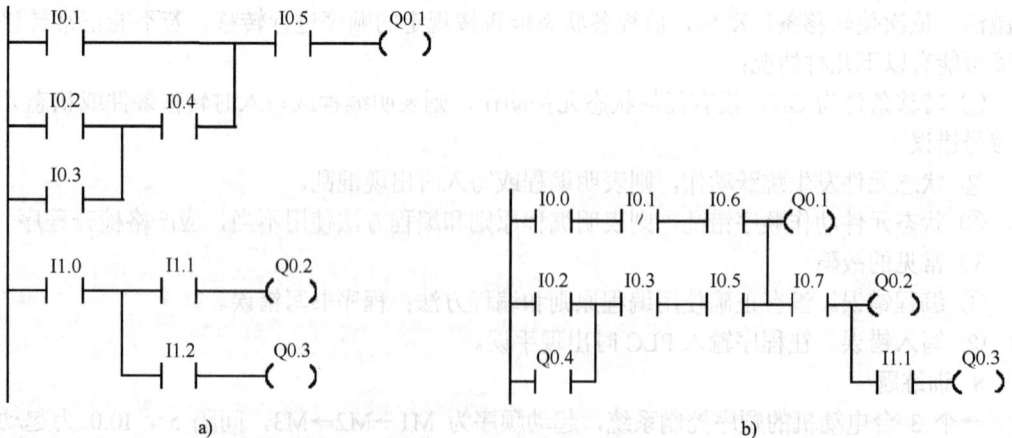

图 4-87 题 2 梯形图

3. 写出图 4-88 所示的语句表对应的梯形图。

（1）

```
LD   I0.2
AN   I0.0
O    Q0.3
ON   I0.1
LD   Q0.2
O    M3.7
AN   I1.5
LDN  I0.5
A    I0.4
OLD
ON   M0.2
ALD
O    I0.4
LPS
EU
=    M3.7
LPP
AN   I0.0
NOT
S    Q0.3，1
```

（2）

```
LD   I0.1
AN   I0.0
LPS
AN   I0.2
LPS
A    I0.4
=    Q2.1
LPP
A    I4.6
R    Q3.1，1
LRD
A    I0.5
=M3.6
LPP
AN   M3.6
TON  T37，25
```

（3）

```
LD   I0.7
AN   I2.7
LD   Q0.3
ON   I0.1
A    M0.1
OLD
LD   I0.5
A    I0.3
O    I0.4
ALD
ON   M0.2
NOT
=    Q0.4
LD   I2.5
LDN  M3.5
ED
CTU  C41，30
```

图 4-88　题 3 语句表

4. 画出图 4-89 所示梯形图的 M0.0 的波形图。

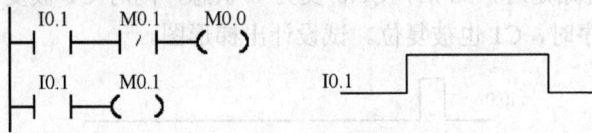

图 4-89　题 4 梯形图

5. 使用置位指令复位指令，编写两套程序，控制要求如下：

1）起动时，电动机 M1 先起动，起动电动机 M1 后，才能起动电动机 M2，停止时，电动机 M1、M2 同时停止。

2）起动时，电动机 M1，M2 同时起动，停止时，只有在电动机 M2 停止时，电动机 M1 才能停止。

6. 用 S、R 和跳变指令设计出如图 4-90 所示波形图的梯形图。

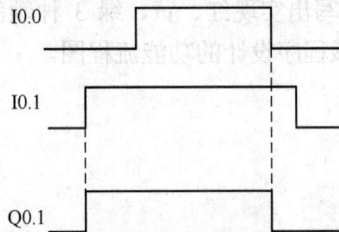

图 4-90　题 6 图

99

7. 画出图 4-91 所示的 Q0.0 的波形图。

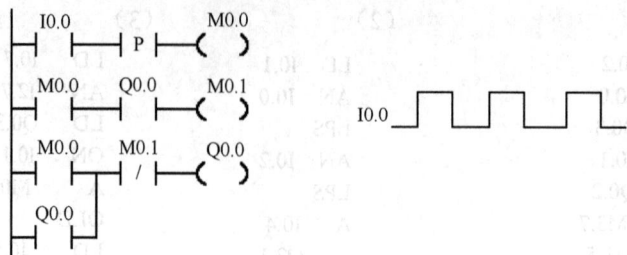

图 4-91 题 7 图

8. 设计满足图 4-92 所示时序图的梯形图。

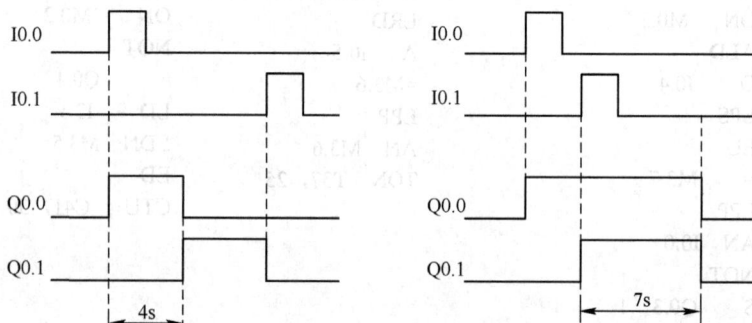

图 4-92 题 8 图

9. 如图 4-93 所示按钮 I0.0 按下后，Q0.0 变为 1 状态并自保持，I0.1 输入 3 个脉冲后，（用 C1 计数），T37 开始定时，5s 后，Q0.0 变为 0 状态，同时 C1 被复位，在可编程序控制器刚开始执行用户程序时，C1 也被复位。试设计出梯形图。

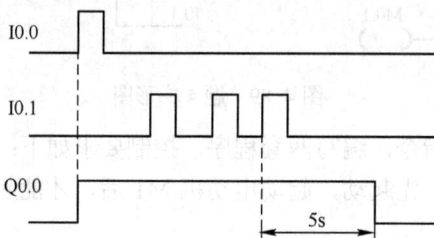

图 4-93 题 9 图

10. 设计周期为 5s、占空比为 20%的方波输出信号程序。

11. 使用顺序控制结构，编写出实现红、黄、绿 3 种颜色信号灯循环显示的程序（要求循环间隔时间为 0.5s），并画出该程序设计的功能流程图。

第5章 数据处理、运算指令及应用

本章要点

- 数据传送、字节交换、字节立即读写、移位以及转换指令的介绍、应用和实训
- 算术运算、逻辑运算以及递增/递减指令的介绍、应用和实训

5.1 数据处理指令

5.1.1 数据传送指令

1. 字节、字、双字、实数单个数据传送指令：MOV

数据传送指令 MOV，用来传送单个的字节、字、双字、实数。单个数据传送指令 MOV 的指令格式及功能如表 5-1 所示。

表 5-1 单个数据传送指令 MOV 的指令格式及功能表

LAD	MOV_B EN ENO ???? — IN OUT — ????	MOV_W EN ENO ???? — IN OUT — ????	MOV_DW EN ENO ???? — IN OUT — ????	MOV_R EN ENO ???? — IN OUT — ????
STL	MOVB IN, OUT	MOVW IN, OUT	MOVD IN, OUT	MOVR IN, OUT
操作数及数据类型	IN：VB, IB, QB, MB, SB, SMB, LB, AC, 常量 OUT：VB, IB, QB, MB, SB, SMB, LB, AC	IN：VW, IW, QW, MW, SW, SMW, LW, T, C, AIW, 常量, AC OUT：VW, T, C, IW, QW, SW, MW, SMW, LW, AC, AQW	IN：VD, ID, QD, MD, SD, SMD, LD, HC, AC, 常量 OUT：VD, ID, QD, MD, SD, SMD, LD, AC	IN：VD, ID, QD, MD, SD, SMD, LD, AC, 常量 OUT：VD, ID, QD, MD, SD, SMD, LD, AC
	字节	字、整数	双字、双整数	实数
功能	使能输入有效（即 EN=1）时，将一个输入 IN 的字节、字/整数、双字/双整数或实数送到 OUT 指定的存储器输出。在传送过程中不改变数据的大小。传送后，输入存储器 IN 中的内容不变			

使 ENO＝0 即使能输出断开的错误条件是：SM4.3（运行时间），0006（间接寻址错误）。

【例 5-1】 将变量存储器 VW10 中内容送到 VW100 中。本例程序如图 5-1 所示。

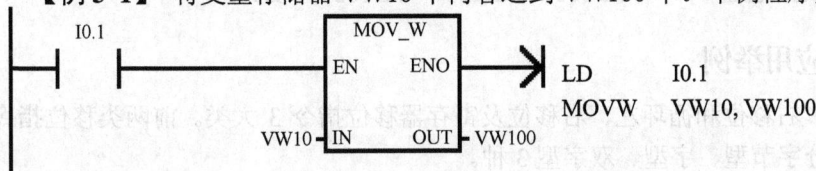

I0.1

MOV_W
EN ENO

VW10 — IN OUT — VW100

```
LD      I0.1
MOVW    VW10, VW100
```

图 5-1 例 5-1 程序

2. 字节、字、双字、实数数据块传送指令：BLKMOV

数据块传送指令将从输入地址 IN 开始的 N 个数据传送到输出地址 OUT 开始的 N 个单元中，N 的范围为 $1\sim255$，N 的数据类型为字节。其指令格式及功能如表 5-2 所示。

表 5-2　数据传送指令 BLKMOV 的指令格式及功能表

L A D			
S T L	BMB IN，OUT，N	BMW IN，OUT，N	BMD IN，OUT，N
操作数及数据类型	IN: VB, IB, QB, MB, SB, SMB, LB。 OUT: VB, IB, QB, MB, SB, SMB, LB。 数据类型：字节	IN: VW, IW, QW, MW, SW, SMW, LW, T, C, AIW。 OUT: VW, IW, QW, MW, SW, SMW, LW, T, C, AQW。 数据类型：字	IN/OUT　　　: VD, ID, QD, MD, SD, SMD, LD。 数据类型：双字
	N: VB, IB, QB, MB, SB, SMB, LB, AC, 常量；数据类型：字节；数据范围：1~255		
功能	使能输入有效时，即 EN=1 时，把从输入 IN 开始的 N 个字节（字、双字）传送到以输出 OUT 开始的 N 个字节（字、双字）中		

使 ENO＝0 的错误条件：0006（间接寻址错误），0091（操作数超出范围）。

【例 5-2】　将变量存储器 VB20 开始的 4 个字节（VB20～VB23）中的数据，移至 VB100 开始的 4 个字节（VB100～VB103）中。本例程序如图 5-2 所示。

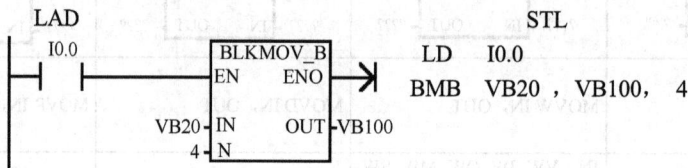

图 5-2　例 5-2 程序

分析：程序执行后，将 VB20～VB23 中的数据 30、31、32、33 送到 VB100～VB103 中。

执行结果如下：数组 1 数据　　30　　　31　　　32　　　33
　　　　　　　　数据地址　　VB20　 VB21　 VB22　 VB23
块移动执行后：数组 2 数据　　30　　　31　　　32　　　33
　　　　　　　　数据地址　　VB100　VB101　VB102　VB103

5.1.2　移位指令及应用举例

移位指令分为左、右移位和循环左、右移位及寄存器移位指令 3 大类。前两类移位指令按移位数据的长度又分字节型、字型、双字型 3 种。

1．左、右移位指令

左、右移位数据存储单元与 SM1.1（溢出）端相连，移出位被放到特殊标志存储器 SM1.1 位。移位数据存储单元的另一端补 0。移位指令格式及功能如表 5-3 所示。

表 5-3　移位指令格式及功能表

L A D	SHL_B EN ENO ???? IN OUT ???? ???? N SHR_B EN ENO ???? IN OUT ???? ???? N	SHL_W EN ENO ???? IN OUT ???? ???? N SHR_W EN ENO ???? IN OUT ???? ???? N	SHL_DW EN ENO ???? IN OUT ???? ???? N SHR_DW EN ENO ???? IN OUT ???? ???? N
S T L	SLB OUT, N SRB OUT, N	SLW OUT, N SRW OUT, N	SLD OUT, N SRD OUT, N
操作数及数据类型	IN：VB, IB, QB, MB, SB, SMB, LB, AC, 常量。 OUT：VB, IB, QB, MB, SB, SMB, LB, AC。 数据类型：字节	IN：VW, IW, QW, MW, SW, SMW, LW, T, C, AIW, AC, 常量。 OUT：VW, IW, QW, MW, SW, SMW, LW, T, C, AC。 数据类型：字	IN：VD, ID, QD, MD, SD, SMD, LD, AC, HC, 常量。 OUT：VD, ID, QD, MD, SD, SMD, LD, AC。 数据类型：双字
	N：VB, IB, QB, MB, SB, SMB, LB, AC, 常量；数据类型：字节；数据范围：N≤数据类型（B、W、D）对应的位数		
功能	SHL：字节、字、双字左移 N 位；SHR：字节、字、双字右移 N 位		

1）左移位指令（SHL）。使能输入有效时，将输入 IN 的无符号数字节、字或双字中的各位向左移 N 位后（右端补 0），将结果输出到 OUT 所指定的存储单元中，如果移位次数大于 0，最后一次移出位就保存在"溢出"存储器位 SM1.1 中；如果移位结果为 0，就将零标志位 SM1.0 置 1。

2）右移位指令。使能输入有效时，将输入 IN 的无符号数字节、字或双字中的各位向右移 N 位后，将结果输出到 OUT 所指定的存储单元中，移出位补 0，最后一移出位保存在 SM1.1。如果移位结果为 0，就将零标志位 SM1.0 置 1。

3）使 ENO = 0 的错误条件是，0006（间接寻址错误），SM4.3（运行时间）。

说明：在 STL 指令中，若 IN 和 OUT 指定的存储器不同，须首先使用数据传送指令 MOV 将 IN 中的数据送入 OUT 所指定的存储单元中。如

```
MOVB  IN，OUT
SLB   OUT，N
```

2．循环左、右移位指令

循环移位将移位数据存储单元的首尾相连，同时又与溢出标志 SM1.1 连接，SM1.1 用来存放被移出的位。其指令格式及功能如表 5-4 所示。

表 5-4　循环左、右移位指令格式及功能表

	ROL_B / ROR_B	ROL_W / ROR_W	ROL_DW / ROR_DW
L A D	ROL_B: EN ENO, ???? IN OUT ????, ???? N ROR_B: EN ENO, ???? IN OUT ????, ???? N	ROL_W: EN ENO, ???? IN OUT ????, ???? N ROR_W: EN ENO, ???? IN OUT ????, ???? N	ROL_DW: EN ENO, ???? IN OUT ????, ???? N ROR_DW: EN ENO, ???? IN OUT ????, ???? N
S T L	RLB　OUT, N RRB　OUT, N	RLW　OUT, N RRW　OUT, N	RLD　OUT, N RRD　OUT, N
操作数及数据类型	IN: VB, IB, QB, MB, SB, SMB, LB, AC, 常量。 OUT: VB, IB, QB, MB, SB, SMB, LB, AC。 数据类型: 字节	IN: VW, IW, QW, MW, SW, SMW, LW, T, C, AIW, AC, 常量。 OUT: VW, IW, QW, MW, SW, SMW, LW, T, C, AC。 数据类型: 字	IN: VD, ID, QD, MD, SD, SMD, LD, AC, HC, 常量。 OUT: VD, ID, QD, MD, SD, SMD, LD, AC。 数据类型: 双字
	N: VB, IB, QB, MB, SB, SMB, LB, AC, 常量；数据类型: 字节。		
功能	ROL: 字节、字、双字循环左移 N 位；ROR: 字节、字、双字循环右移 N 位。		

1）循环左移位指令（ROL）。使能输入有效时，将 IN 输入无符号数（字节、字或双字）循环左移 N 位后，将结果输出到 OUT 所指定的存储单元中，移出的最后一位的数值送溢出标志位 SM1.1 中。当需要移位的数值是零时，零标志位 SM1.0 为 1。

2）循环右移位指令（ROR）。使能输入有效时，将 IN 输入无符号数（字节、字或双字）循环右移 N 位后，将结果输出到 OUT 所指定的存储单元中，移出的最后一位的数值送溢出标志位 SM1.1。当需要移位的数值是零时，零标志位 SM1.0 为 1。

3）移位次数 N≥数据类型（B、W、D）时的移位位数的处理。如果操作数是字节，那么当移位次数 N≥8 时，则在执行循环移位前，先对 N 进行模 8 操作（N 除以 8 后取余数），其结果 0～7 为实际移动位数；如果操作数是字，那么当移位次数 N≥16 时，则在执行循环移位前，先对 N 进行模 16 操作（N 除以 16 后取余数），其结果 0～15 为实际移动位数；如果操作数是双字，那么当移位次数 N≥32 时，则在执行循环移位前，先对 N 进行模 32 操作（N 除以 32 后取余数），其结果 0～31 为实际移动位数。

4）使 ENO = 0 的错误条件是，0006（间接寻址错误），SM4.3（运行时间）。

说明：在 STL 指令中，若 IN 和 OUT 指定的存储器不同，须首先使用数据传送指令 MOV，将 IN 中的数据送入 OUT 所指定的存储单元中。如

```
MOVB   IN, OUT
SLB    OUT, N
```

【例 5-3】 将 AC0 中的字循环右移 2 位，将 VW200 中的字左移 3 位。本例程序及运行结果如图 5-3 所示。

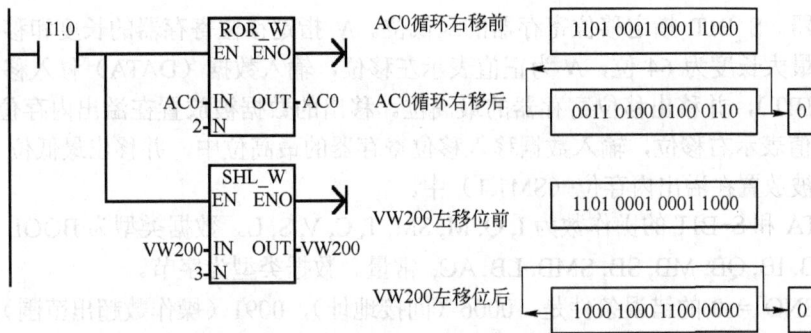

图 5-3 例 5-3 程序及运行结果

a) 梯形图程序 b) 运行结果

【例 5-4】 用 I0.0 控制接在 Q0.0~Q0.7 上的 8 个彩灯循环移位，从左到右以 0.5s 的间隔依次点亮，保持任意时刻只有一个指示灯亮，到达最右端后，再从左到右依次点亮。

分析：8 个彩灯循环移位控制，可以用字节的循环移位指令。根据控制要求，首先应置彩灯的初始状态为 QB0=1，即左边第一盏灯亮；接着灯从左到右以 0.5s 的间隔依次点亮，即要求字节 QB0 中的 "1" 用循环左移位指令每 0.5s 移动一位，因此需在 ROL-B 指令的 EN 端接一个 0.5s 的移位脉冲（可用定时器指令实现）。梯形图程序和语句表程序如图 5-4 所示。

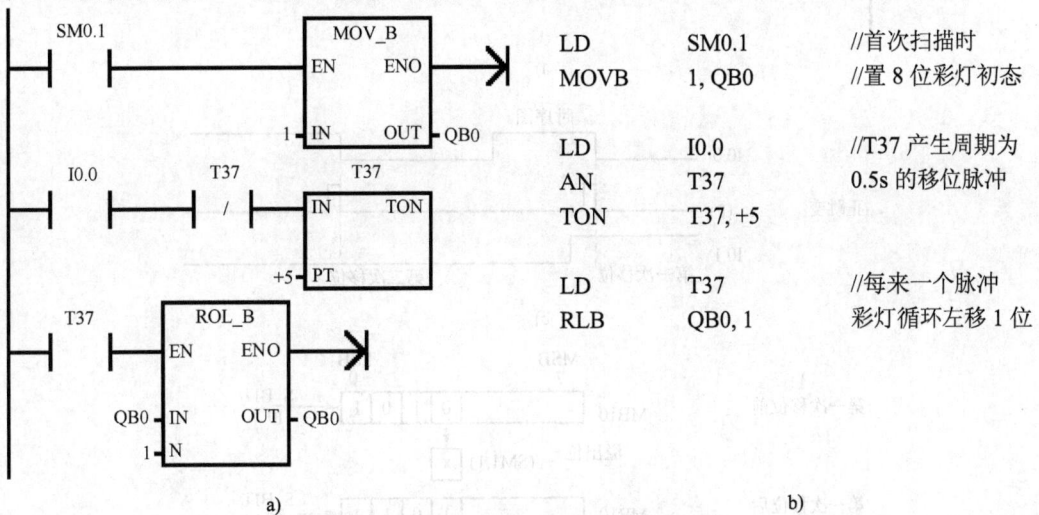

图 5-4 例 5-4 梯形图和语句表程序

a) 梯形图程序 b) 语句表程序

3．移位寄存器指令（SHRB）

移位寄存器指令是可以指定移位寄存器的长度和移位方向的移位指令。其指令格式如图 5-5 所示。

说明：

1）移位寄存器指令 SHRB 将 DATA 数值移入移位寄存器。梯形图中，EN 为使能输入端，连接移位脉冲信号，每次使能有效时，整个移位寄存器移动 1 位。DATA 为数据输入端，连接移入移位寄存器的二进制数值，执行指令时将该位的

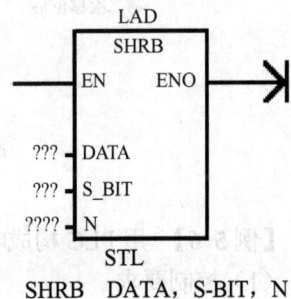

图 5-5 移位寄存器指令格式

值移入寄存器。S_BIT 指定移位寄存器的最低位。N 指定移位寄存器的长度和移位方向，移位寄存器的最大长度为 64 位，N 为正值表示左移位，输入数据（DATA）移入移位寄存器的最低位（S_BIT），并移出移位寄存器的最高位。移出的数据被放置在溢出内存位（SM1.1）中。N 为负值表示右移位，输入数据移入移位寄存器的最高位中，并移出最低位（S_BIT）。移出的数据被放置在溢出内存位（SM1.1）中。

2）DATA 和 S-BIT 的操作数为 I, Q, M, SM, T, C, V, S, L。数据类型为 BOOL 变量。N 的操作数为 VB, IB, QB, MB, SB, SMB, LB, AC，常量。数据类型为字节。

3）使 ENO = 0 的错误条件是，0006（间接地址），0091（操作数超出范围），0092（计数区错误）。

4）移位指令影响特殊内部标志位为 SM1.1（为移出的位值设置溢出位）。

【例 5-5】 移位寄存器应用举例。梯形图、时序图及运行结果如图 5-6 所示。

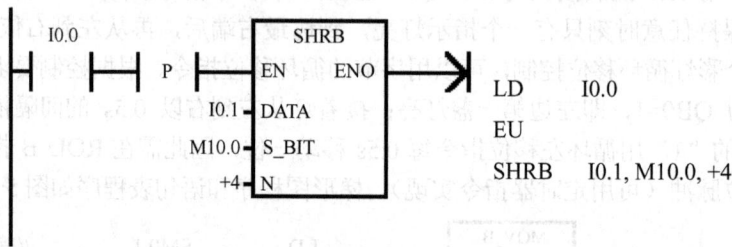

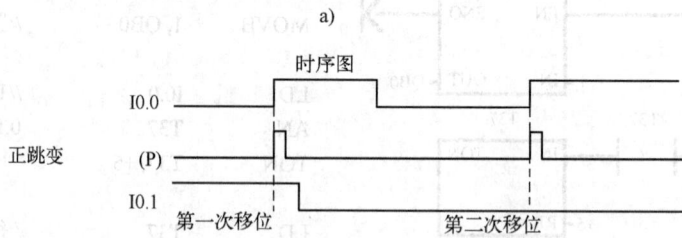

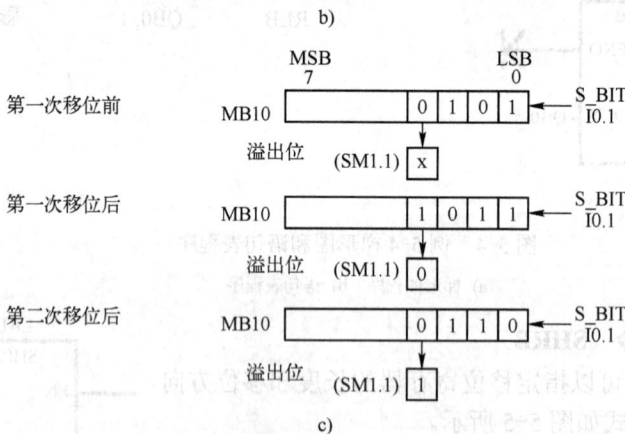

图 5-6　例 5-5 梯形图、时序图及运行结果

a) 梯形图　b) 时序图　c) 运行结果

【例 5-6】 用 PLC 构成喷泉的控制。用灯 L1～L12 分别代表喷泉的 12 个喷水注。

（1）控制要求

按下起动按钮后，隔灯闪烁，L1 亮 0.5s 后灭，接着 L2 亮 0.5s 后灭，接着 L3 亮 0.5s 后灭，接着 L4 亮 0.5s 后灭，接着 L5、L9 亮 0.5s 后灭，接着 L6、L10 亮 0.5s 后灭，接着 L7、L11 亮 0.5s 后灭，接着 L8、L12 亮 0.5s 后灭，L1 亮 0.5s 后灭，如此循环下去，直至按下停止按钮为止。喷泉控制示意图如图 5-7 所示。

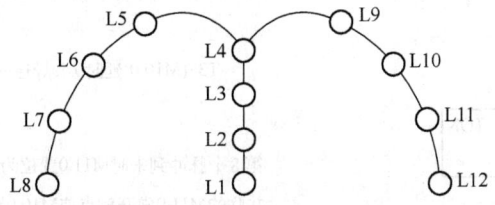

图 5-7　喷泉控制示意图

（2）I/O 分配

输入	输出	
（常开）起动按钮：I0.0	L1：Q0.0	L5、L9：Q0.4
（常闭）停止按钮：I0.1	L2：Q0.1	L6、L10：Q0.5
	L3：Q0.2	L7、L11：Q0.6
	L4：Q0.3	L8、L12：Q0.7

（3）喷泉控制梯形图

分析：应用移位寄存器控制，根据喷泉模拟控制的 8 位输出（Q0.0～Q0.7），须指定一个 8 位的移位寄存器（M10.1～M11.0），移位寄存器的 S-BIT 位为 M10.1，并且移位寄存器的每一位对应一个输出。移位寄存器的位与输出的对应关系如图 5-8 所示。

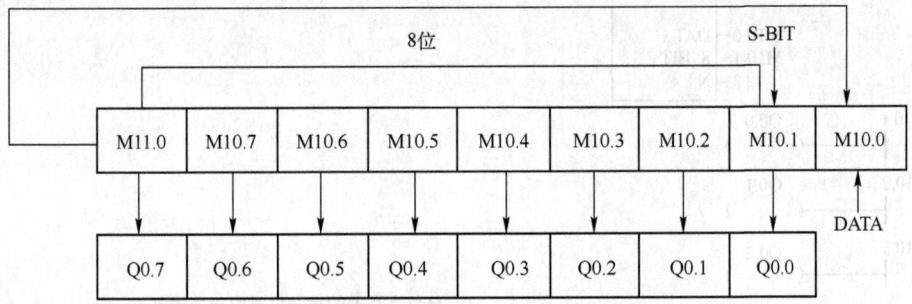

图 5-8　移位寄存器的位与输出对应关系图

在移位寄存器指令中，EN 连接移位脉冲，每来一个脉冲的上升沿，移位寄存器移动一位。移位寄存器应 0.5s 移一位，因此需要设计一个 0.5s 产生一个脉冲的脉冲发生器（由 T38 构成）。

M10.0 为数据输入端 DATA，根据控制要求，每次只有一个输出，因此只需要在第一个移位脉冲到来时由 M10.0 送入移位寄存器 S-BIT 位（M10.1）一个 "1"，第二个脉冲至第八个脉冲到来时，由 M10.0 送入 M10.1 的值均为 0，这在程序中由定时器 T37 延时 0.5s 导通一个扫描周期实现，第八个脉冲到来时 M11.0 置位为 1，同时通过与 T37 并联的 M11.0 常开触点使 M10.0 置位为 1，在第九个脉冲到来时由 M10.0 送入 M10.1 的值又为 1，如此循环下去，直至按下停止按钮为止。按下常闭停止按钮（I0.1），其对应的常闭触点接通，触发复位指令，使 M10.1～M11.0 的 8 位全部复位。

本例喷泉模拟控制梯形图如图 5-9 所示。

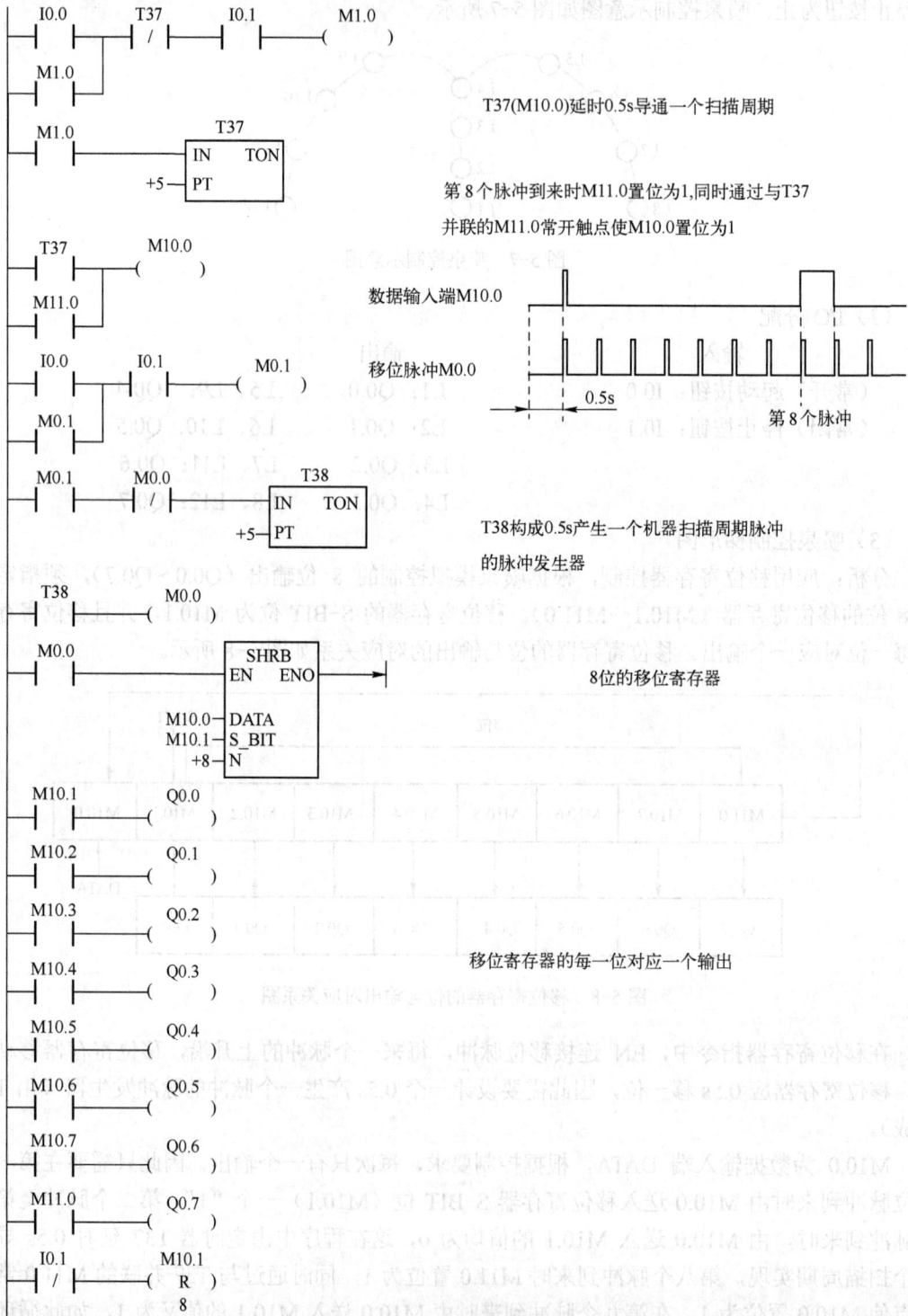

T37(M10.0)延时0.5s导通一个扫描周期

第8个脉冲到来时M11.0置位为1,同时通过与T37
并联的M11.0常开触点使M10.0置位为1

数据输入端M10.0

移位脉冲M0.0

0.5s

第8个脉冲

T38构成0.5s产生一个机器扫描周期脉冲
的脉冲发生器

8位的移位寄存器

移位寄存器的每一位对应一个输出

图 5-9 例 5-6 喷泉控制梯形图

5.1.3 转换指令

转换指令是对操作数的类型进行转换，并输出到指定目标地址中去。转换指令包括数据的类型转换、数据的编码和译码指令以及字符串类型转换指令。

不同功能的指令对操作数要求不同。类型转换指令可将固定的一个数据用到不同类型要求的指令中，包括字节与字整数之间的转换，整数与双整数的转换，双字整数与实数之间的转换以及 BCD 码与整数之间的转换等。

1．字节与字整数之间的转换

字节型数据与字整数之间的转换指令如表 5-5 所示。

表 5-5　字节型数据与字整数之间的转换指令表

LAD	B_I 框：EN ENO ???? IN OUT ????	I_B 框：EN ENO ???? IN OUT ????
STL	BTI IN, OUT	ITB IN, OUT
操作数及数据类型	IN：VB, IB, QB, MB, SB, SMB, LB, AC, 常量, 数据类型：字节 OUT：VW, IW, QW, MW, SW, SMW, LW, T, C, AC,数据类型：整数	IN：VW, IW, QW, MW, SW, SMW, LW, T, C, AIW, AC, 常量,数据类型：整数 OUT：VB, IB, QB, MB, SB, SMB, LB, AC, 数据类型：字节
功能及说明	BTI 指令将字节数值（IN）转换成整数值，并将结果置入 OUT 指定的存储单元。因为字节不带符号，所以无符号扩展	ITB 指令将字整数（IN）转换成字节，并将结果置入 OUT 指定的存储单元。输入的字整数 0 至 255 被转换。超出部分导致溢出，SM1.1=1。输出不受影响
ENO=0 的错误条件	0006　间接地址 SM4.3　运行时间	0006　间接地址 SM1.1　溢出或非法数值 SM4.3　运行时间

2．字整数与双字整数之间的转换

字整数与双字整数之间的转换指令如表 5-6 所示。

表 5-6　字整数与双字整数之间的转换指令表

LAD	I_DI 框：EN ENO ???? IN OUT ????	DI_I 框：EN ENO ???? IN OUT ????
STL	ITD IN, OUT	DTI IN, OUT
操作数及数据类型	IN：VW, IW, QW, MW, SW, SMW, LW, T, C, AIW, AC, 常量, 数据类型：整数 OUT：VD, ID, QD, MD, SD, SMD, LD, AC,数据类型：双整数	IN：VD, ID, QD, MD, SD, SMD, LD, HC, AC,常量,数据类型：双整数 OUT：VW, IW, QW, MW, SW, SMW, LW, T, C, AC, 数据类型：整数
功能及说明	ITD 指令将整数值（IN）转换成双整数值，并将结果置入 OUT 指定的存储单元。符号被扩展	DTI 指令将双整数值（IN）转换成整数值，并将结果置入 OUT 指定的存储单元。如果转换的数值过大，则无法在输出中表示，产生溢出 SM1.1=1，输出不受影响
ENO=0 的错误条件	0006　间接地址 SM4.3　运行时间	0006　间接地址 SM1.1　溢出或非法数值 SM4.3　运行时间

3. 双整数与实数之间的转换

双整数与实数之间的转换指令如表 5-7 所示。

表 5-7 双整数与实数之间的转换指令表

LAD	DI_R EN ENO ???? IN OUT ????	ROUND EN ENO ???? IN OUT ????	TRUNC EN ENO ???? IN OUT ????
STL	DTR IN，OUT	ROUND IN，OUT	TRUNC IN，OUT
操作数及 数据类型	IN：VD, ID, QD, MD, SD, SMD, LD, HC, AC, 常量 　数据类型：双整数 OUT：VD, ID, QD, MD, SD, SMD, LD, AC 　数据类型：实数	IN：VD, ID, QD, MD, SD, SMD, LD, AC, 常量 　数据类型：实数 OUT：VD, ID, QD, MD, SD, SMD, LD, AC 　数据类型：双整数	IN：VD, ID, QD, MD, SD, SMD, LD, AC, 常量 　数据类型：实数 OUT：VD, ID, QD, MD, SD, SMD, LD, AC 　数据类型：双整数
功能及 说明	DTR 指令将 32 位带符号整数 IN 转换成 32 位实数，并将结果置 入 OUT 指定的存储单元	ROUND 指令按小数部分四舍五 入的原则，将实数（IN）转换成双 整数数值，并将结果置入 OUT 指定 的存储单元	TRUNC（截位取整）指令按将 小数部分直接舍去的原则，将 32 位实数（IN）转换成 32 位双整 数，并将结果置入 OUT 指定存储 单元
ENO=0 的 错误条件	0006　间接地址 SM4.3　运行时间	0006　　间接地址 SM1.1　溢出或非法数值 SM4.3　运行时间	0006　　间接地址 SM1.1　溢出或非法数值 SM4.3　运行时间

值得注意的是，不论是四舍五入取整，还是截位取整，如果转换的实数数值过大，无法在输出中表示，则产生溢出，即影响溢出标志位，使 SM1.1=1，输出不受影响。

4. BCD 码与整数之间的转换

BCD 码与整数之间的转换指令如表 5-8 所示。

表 5-8 BCD 码与整数之间的转换指令表

LAD	BCD_I EN ENO ???? IN OUT ????	I_BCD EN ENO ???? IN OUT ????
STL	BCDI OUT	IBCD OUT
操作数及数 据类型	IN：VW, IW, QW, MW, SW, SMW, LW, T, C, AIW, AC, 常量 OUT：VW, IW, QW, MW, SW, SMW, LW, T, C, AC IN/OUT 数据类型：字	
功能及 说明	BCD-I 指令将二进制编码的十进制数 IN 转换成 整数，并将结果送入 OUT 指定的存储单元。IN 的 有效范围是 BCD 码 0～9 999	I-BCD 指令将输入整数 IN 转换成二进制编码的 十进制数，并将结果送入 OUT 指定的存储单元。IN 的有效范围是 0～9 999
ENO=0 的错 误条件	0006　间接地址，SM1.6 无效 BCD 数值，SM4.3　运行时间	

注意：

1）数据长度为字的 BCD 格式的有效范围为 0～9 999（十进制）、0000～9999（十六进制）和 0000 0000 0000 0000～1001 1001 1001 1001（BCD 码）。

2）指令影响特殊标志位 SM1.6（无效 BCD）。

3）在表 5-8 的 LAD 和 STL 指令中，IN 和 OUT 的操作数地址相同。若 IN 和 OUT 操作数地址不是同一个存储器，对应的语句表指令为

```
    MOV  IN  OUT
    BCDI  OUT
```

5. 译码和编码指令

译码和编码指令的格式和功能如表 5-9 所示。

表 5-9 译码和编码指令的格式和功能表

LAD	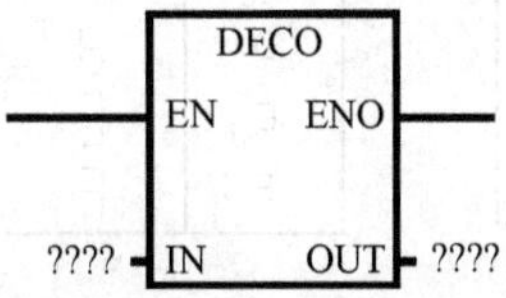	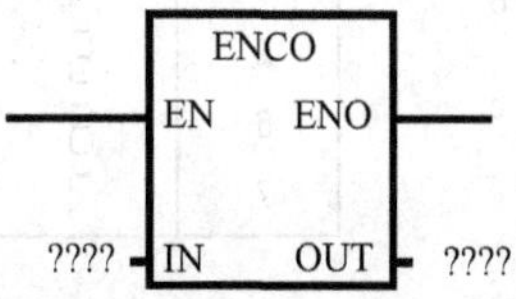
STL	DECO IN,OUT	ENCO IN,OUT
操作数及数据类型	IN:VB, IB, QB, MB, SMB, LB, SB, AC, 常量。数据类型：字节 OUT: VW, IW, QW, MW, SMW, LW, SW, AQW, T, C, AC。数据类型：字	IN:VW, IW, QW, MW, SMW, LW, SW, AIW, T, C, AC, 常量。数据类型：字 OUT: VB, IB, QB, MB, SMB, LB, SB, AC。数据类型：字节
功能及说明	译码指令根据输入字节（IN）的低 4 位表示的输出字的位号，将输出字的相对应的位，置位为 1，输出字的其他位均置位为 0	编码指令将输入字（IN）最低有效位（其值为 1）的位号写入输出字节（OUT）的低 4 位中
ENO=0 的错误条件	0006　间接地址，　SM4.3　运行时间	

【例 5-7】 译码编码指令应用举例，如图 5-10 所示。

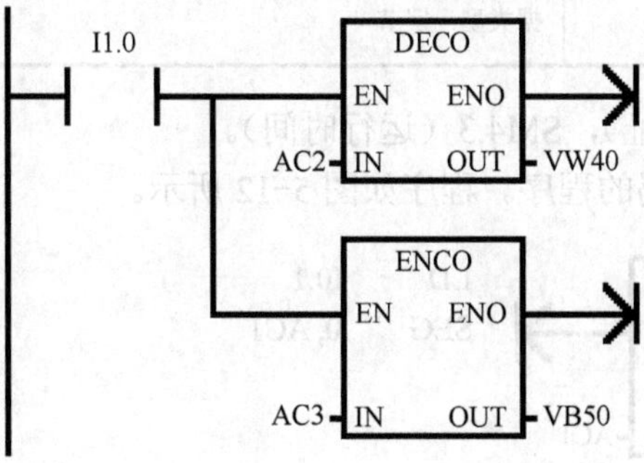

```
LD      I1.0
DECO    AC2, VW40   //译码
ENCO    AC3, VB50   //编码
```

图 5-10　例 5-7 译码编码指令应用举例

若（AC2）=2，执行译码指令，则将输出字 VW40 的第二位置 1，VW40 中的二进制数

111

为 2#0000 0000 0000 0100；若（AC3）=2#0000 0000 0000 0100，执行编码指令，则输出字节 VB50 中的码为 2。

6. 7 段显示译码指令

7 段显示器的 abcdefg 段分别对应于字节的第 0 位～第 6 位，字节的某位为 1 时，其对应的段亮；当输出字节的某位为 0 时，其对应的段暗。将字节的第 7 位补 0，构成与 7 段显示器相对应的 8 位编码，称为 7 段显示码。数字 0～9、字母 A～F 与 7 段显示码对应的代码如图 5-11 所示。

IN	段显示	(OUT) - g f e d c b a
0		0011 1111
1		0000 0110
2		0101 1011
3		0100 1111
4		0110 0110
5		0110 1101
6		0111 1101
7		0000 0111

IN	段显示	(OUT) - g f e d c b a
8		0111 1111
9		0110 0111
A		0111 0111
B		0111 1100
C		0011 1001
D		0101 1110
E		0111 1001
F		0111 0001

图 5-11　与 7 段显示码对应的代码

7 段译码指令 SEG 将输入字节 16#0～F 转换成 7 段显示码。7 段显示译码指令格式如表 5-10 所示。

表 5-10　7 段显示译码指令格式表

LAD	STL	功能及操作数
SEG EN ENO ???? - IN OUT - ????	SEG IN, OUT	功能：将输入字节（IN）的低 4 位确定的 16 进制数（16#0～F），产生相应的七段显示码，送入输出字节 OUT IN：VB, IB, QB, MB, SB, SMB, LB, AC, 常量。 OUT：VB, IB, QB, MB, SMB, LB, AC。IN/OUT 的数据类型：字节

使 ENO = 0 的错误条件：0006（间接地址），SM4.3（运行时间）。

【例 5-8】　编写显示数字 0 的 7 段显示码的程序。程序如图 5-12 所示。

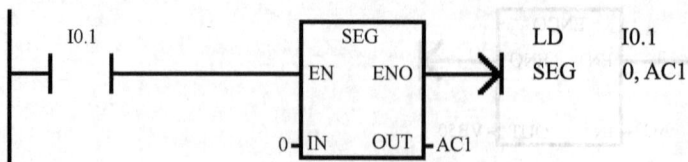

图 5-12　例 5-8 程序

程序运行结果 AC1 中的值为 16#3F(2#0011 1111)。

5.1.4 天塔之光的模拟控制实训

1．实训目的

1）掌握移位寄存器指令的应用方法。

2）用移位寄存器指令实现天塔之光的控制系统。

3）掌握 PLC 的编程技巧和程序调试方法。

2．控制要求

图 5-13 所示为天塔之光控制示意图。它用 PLC 控制灯光的闪耀移位及时序的变化等。控制要求如下：按起动按钮，L12→L11→L10→L8→L1→L1、L2、L9→L1、L5、L8→L1、L4、L7→L1、L3、L6→L1→L2、L3、L4、L5→L6、L7、L8、L9→L1、L2、L6→L1、L3、L7→L1、L4、L8→L1、L5、L9→L1→L2、L3、L4、L5→L6、L7、L8、L9→L12→L11→L10 ……循环下去，直至按下停止按钮为止。

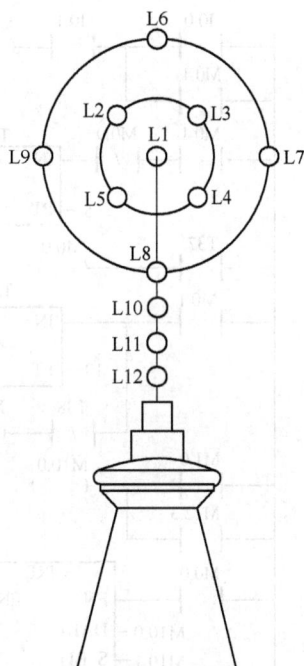

图 5-13 天塔之光控制示意图

3．I/O 分配

输入	输出		
起动按钮：I0.0	L1：Q0.0　L4 Q0.3	L7：Q0.6	L10 Q1.1
停止按钮：I0.1	L2：Q0.1　L5 Q0.4	L8：Q0.7	L11 Q1.2
	L3：Q0.2　L6 Q0.5	L9：Q1.0	L12 Q1.3

4．程序设计

分析：根据灯光闪亮移位，分为 19 步，因此可以指定一个 19 位的移位寄存器（M10.1～M10.7，M11.0～M11.7，M12.0～M12.3），移位寄存器的每一位对应一步。而对于输出，如：L1（Q0.0）分别在"5、6、7、8、9、10、13、14、15、16、17"步时被点亮，即其对应的移位寄存器位"M10.5、M10.6、M10.7、M11.0、M11.1、M11.2、M11.5、M11.6、M12.0、M12.1"置位为 1 时，Q0.0 置位为 1，所以需要将这些位所对应的常开触点并联后输出 Q0.0，其他的输出依此类推。移位寄存器移位脉冲和数据输入配合的关系如图 5-14 所示。天塔之光控制梯形图如图 5-15 所示。

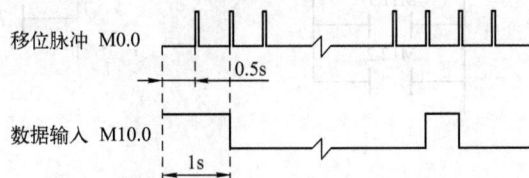

图 5-14 移位寄存器移位脉冲和数据输入配合的关系

I0.0 I0.1 M0.1 起保停控制
M0.1

M0.1 M0.0 T37
IN TON 起动后0.5 s发生一个脉冲
5 PT 100ms

T37 M0.0

M0.1 T38
IN TON 数据端数据的产生
10 PT 100ms

T38 M1.0

M1.0 M10.0
M12.3

M0.0 SHRB
EN ENO 19位的移位寄存器
M10.0 DATA
M10.1 S_BIT
19 N

M10.5 Q0.0 集中写输出
M10.6
M10.7
M11.0
M11.1
M11.2
M11.5
M11.6
M11.7
M12.0
M12.1

M10.6 Q0.1
M11.3
M11.5
M12.2

M11.1 Q0.2
M11.3
M11.6
M12.2

M11.0 Q0.3
M11.3
M11.7
M12.2

M10.7 Q0.4
M11.3
M12.0
M12.2

M11.1 Q0.5
M11.4
M11.5
M12.3

M11.0 Q0.6
M11.4
M11.6
M12.3

M10.4 Q0.7
M10.7
M11.4
M11.7
M12.3

M10.6 Q1.0
M11.4
M12.0
M12.3

M10.3 Q1.1
M10.2 Q1.2
M10.1 Q1.3

I0.1 M0.1
/ (R) 复位
19

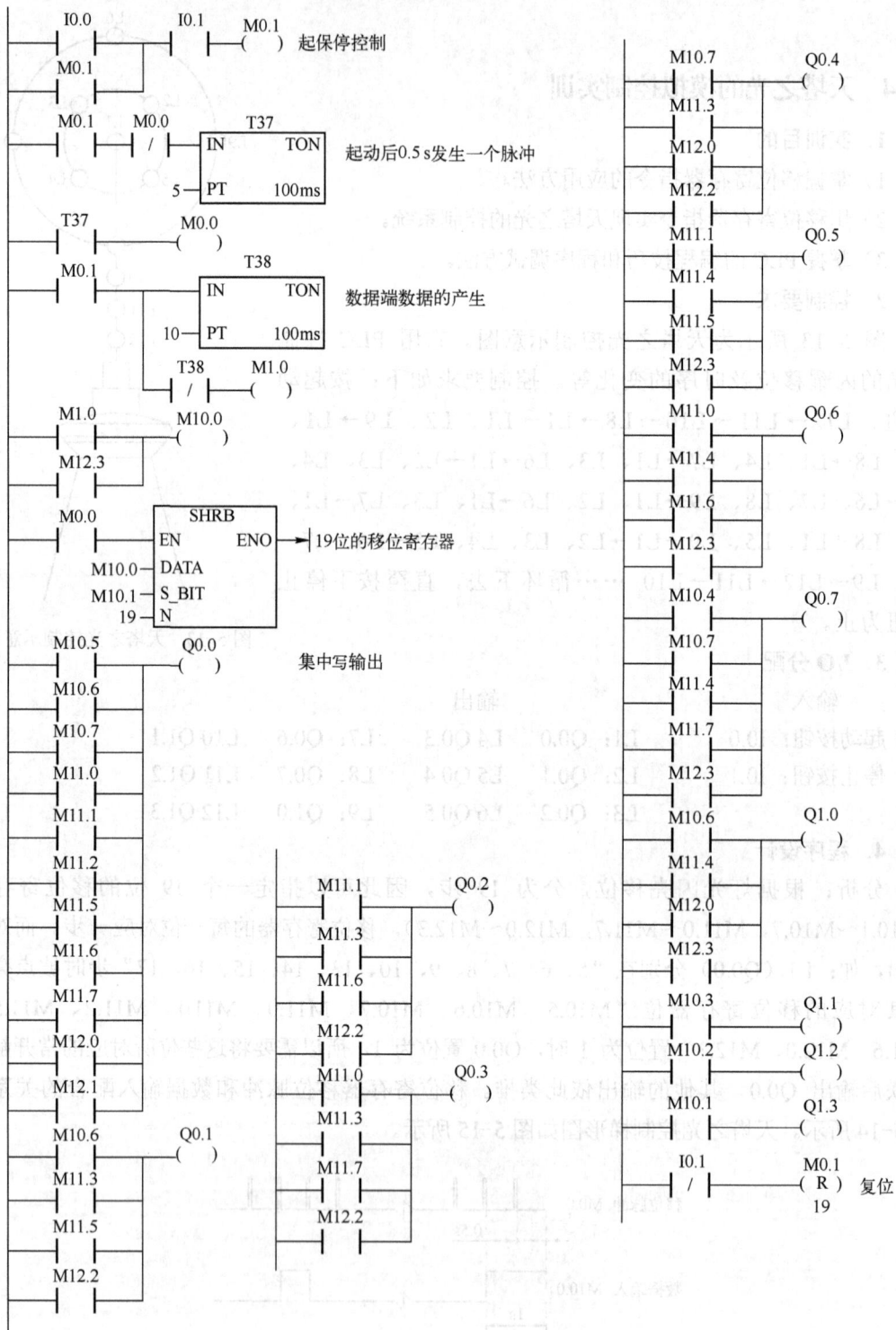

图 5-15 天塔之光控制梯形图

5. 输入、调试程序并运行程序

6. 思考题

如果控制要求改为 L12→L11→L10→L8→L1→L2、L3、L4、L5→L6、L7、L8、L9 循环，那么将如何修改程序？输入程序并进行调试，观察现象。

5.2 算术运算、逻辑运算和递增/递减指令及实训

算术运算指令包括加、减、乘、除运算和数学函数变换，逻辑运算指令包括逻辑与或非指令等。

5.2.1 算术运算指令

1. 整数与双整数加减法指令

整数加法（ADD-I）和减法（SUB-I）指令是，当使能输入有效时，将两个 16 位符号整数相加或相减，并产生一个 16 位的结果输出到 OUT。双整数加法（ADD-D）和减法（SUB-D）指令是，当使能输入有效时，将两个 32 位符号整数相加或相减，并产生一个 32 位结果输出到 OUT。

整数与双整数加减法指令格式如表 5-11 所示。

表 5-11　整数与双整数加减法指令格式表

	ADD_I	SUB_I	ADD_DI	SUB_DI
LAD	EN ENO IN1 OUT IN2	EN ENO IN1 OUT IN2	EN ENO IN1 OUT IN2	EN ENO IN1 OUT IN2
STL	MOVW IN1，OUT +I IN2，OUT	MOVW IN1，OUT -I IN2，OUT	MOVD IN1，OUT +D IN2，OUT	MOVD IN1，OUT +D IN2，OUT
功能	IN1+IN2=OUT	IN1-IN2=OUT	IN1+IN2=OUT	IN1-IN2=OUT
操作数及 数据类型	IN1/IN2:VW, IW, QW, MW, SW, SMW, T, C, AC, LW, AIW, 常量, *VD,*LD,*AC OUT:VW, IW, QW, MW, SW, SMW, T, C, LW, AC, *VD,*LD,*AC IN/OUT 数据类型：整数		IN1/IN2:　VD, ID, QD, MD, SMD, SD, LD, AC, HC, 常量, *VD,*LD,*AC OUT：VD, ID, QD, MD, SMD, SD, LD, AC, *VD, *LD,*AC IN/OUT 数据类型：双整数	
ENO=0 的 错误条件	0006　间接地址；SM4.3　运行时间；SM1.1　溢出			

说明：

1）当 IN1、IN2 和 OUT 操作数的地址不同时，在 STL 指令中，首先用数据传送指令将 IN1 中的数值送入 OUT，然后再执行加、减运算，即 OUT+IN2=OUT、OUT-IN2=OUT。为了节省内存，在整数加法的梯形图指令中，可以指定 IN1 或 IN2=OUT，这样，可以不用数据传送指令。如指定 IN1=OUT，则语句表指令为+I IN2，OUT；如指定 IN2=OUT，则语句表指令为+I IN1，OUT。在整数减法的梯形图指令中，可以指定 IN1=OUT，则语句表指

令为-I IN2，OUT。这个原则适用于所有的算术运算指令，且乘法和加法对应，减法和除法对应。

2）整数与双整数加减法指令影响算术标志位 SM1.0（零标志位）、SM1.1（溢出标志位）和 SM1.2（负数标志位）。

【例 5-9】 求 5000 加 400 的和，5000 在数据存储器 VW200 中，结果放入 AC0。程序如图 5-16 所示。

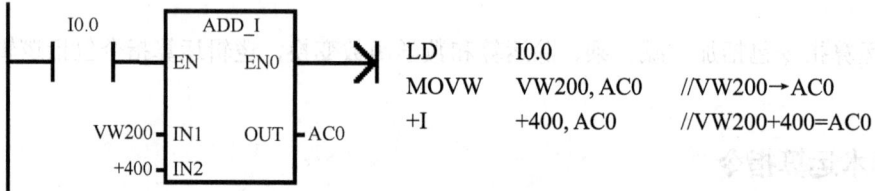

图 5-16   例 5-9 程序

2．整数乘除法指令

整数乘法指令（MUL-I）是：使能输入有效时，将两个 16 位符号整数相乘，并产生一个 16 位积，从 OUT 指定的存储单元输出。整数除法指令（DIV-I）是：使能输入有效时，将两个 16 位符号整数相除，并产生一个 16 位商，从 OUT 指定的存储单元输出，不保留余数。如果输出结果大于一个字，则溢出位 SM1.1 置位就为 1。

双整数乘法指令（MUL-D）是：使能输入有效时，将两个 32 位符号整数相乘，并产生一个 32 位乘积，从 OUT 指定的存储单元输出。双整数除法指令（DIV-D）是：使能输入有效时，将两个 32 位整数相除，并产生一个 32 位商，从 OUT 指定的存储单元输出，不保留余数。

整数乘法产生双整数指令（MUL）：使能输入有效时，将两个 16 位整数相乘，得出一个 32 位乘积，从 OUT 指定的存储单元输出。整数除法产生双整数指令（DIV）：使能输入有效时，将两个 16 位整数相除，得出一个 32 位结果，从 OUT 指定的存储单元输出。其中高 16 位放余数，低 16 位放商。

整数乘除法指令格式如表 5-12 所示。

表 5-12   整数乘除法指令格式表

	MUL_I	DIV_I	MUL_DI	DIV_DI	MUL	DIV
L A D	EN ENO IN1 OUT IN2	EN ENO IN1 OUT IN2	EN ENO IN1 OUT IN2	EN ENO IN1 OUT IN2	EN ENO IN1 OUT IN2	EN ENO IN1 OUT IN2
S T L	MOVW IN1, OUT *I IN2, OUT	MOVW IN1, OUT /I IN2, OUT	MOVD IN1, OUT *D IN2, OUT	MOVD IN1, OUT /D IN2, OUT	MOVW IN1, OUT MUL IN2, OUT	MOVW IN1, OUT DIV IN2, OUT
功能	IN1*IN2=OUT	IN1/IN2=OUT	IN1*IN2=OUT	IN1/IN2=OUT	IN1*IN2=OUT	IN1/IN2=OUT

整数、双整数乘除法指令操作数及数据类型与加减运算相同。

整数乘除法产生双整数指令的操作数，即 IN1/IN2：VW, IW, QW, MW, SW, SMW, T, C, LW, AC, AIW, 常量, *VD, *LD, *AC。数据类型为整数。

116

OUT：VD, ID, QD, MD, SMD, SD, LD, AC, *VD, *LD, *AC。数据类型为双整数。

使 ENO = 0 的错误条件是，0006（间接地址），SM1.1（溢出），SM1.3（除数为 0）。

对标志位的影响是，SM1.0（零标志位），SM1.1（溢出），SM1.2（负数），SM1.3（被 0 除）。

【例 5-10】 乘除法指令应用举例。程序如图 5-17 所示。

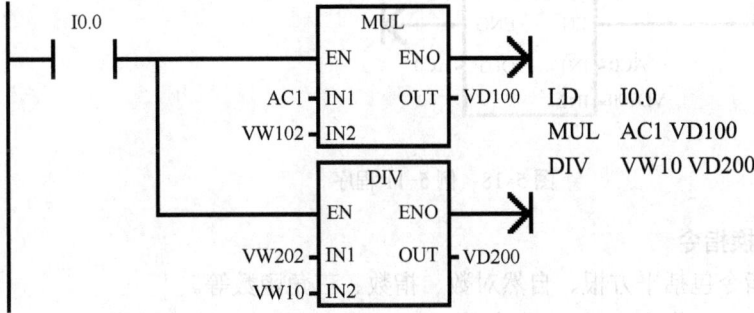

图 5-17　例 5-10 程序

注意：因为 VD100 包含 VW100 和 VW102 两个字，VD200 包含 VW200 和 VW202 两个字，所以在语句表指令中不需要使用数据传送指令。

3. 实数加减乘除指令

1）实数加法（ADD-R）、减法（SUB-R）指令。将两个 32 位实数相加或相减，并产生一个 32 位实数结果，从 OUT 指定的存储单元输出。

2）实数乘法（MUL-R）、除法（DIV-R）指令。使能输入有效时，将两个 32 位实数相乘（除），并产生一个 32 位积（商），从 OUT 指定的存储单元输出。

3）操作数。IN1/IN2：VD, ID, QD, MD, SMD, SD, LD, AC, 常量, *VD, *LD, *AC。

OUT：VD, ID, QD, MD, SMD, SD, LD, AC, *VD, *LD, *AC。

4）数据类型。实数。

实数加减乘除的指令格式如表 5-13 所示。

表 5-13　实数加减乘除的指令格式表

LAD	ADD_R EN ENO IN1 OUT IN2	SUB_R EN ENO IN1 OUT IN2	MUL_R EN ENO IN1 OUT IN2	DIV_R EN ENO EN1 OUT EN2
STL	MOVD IN1，OUT +R IN2，0UT	MOVD IN1，OUT -R IN2，0UT	MOVD IN1，OUT *R IN2，0UT	MOVD IN1，OUT /R IN2，0UT
功能	IN1+IN2=OUT	IN1-IN2=OUT	IN1*IN2=OUT	IN1/IN2=OUT
ENO=0 的错误条件	0006 间接地址，SM4.3 运行时间，SM1.1 溢出		0006 间接地址，SM1.1 溢出，SM4.3 运行时间，SM1.3 除数为 0	
对标志位的影响	SM1.0（零），SM1.1（溢出），SM1.2（负数），SM1.3（被 0 除）			

【例 5-11】 实数运算指令的应用程序如图 5-18 所示。

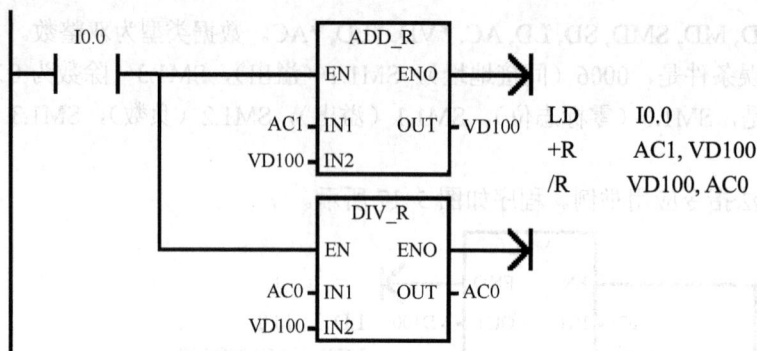

```
LD      I0.0
+R      AC1, VD100
/R      VD100, AC0
```

图 5-18　例 5-11 程序

4．数学函数变换指令

数学函数变换指令包括平方根、自然对数、指数、三角函数等。

1）平方根（SQRT）指令。对 32 位实数（IN）取平方根，并产生一个 32 位实数结果，从 OUT 指定的存储单元输出。

2）自然对数（LN）指令。对 IN 中的数值进行自然对数计算，并将结果置于 OUT 指定的存储单元中。求以 10 为底数的对数时，用自然对数除以 2.302585（约等于 10 的自然对数）。

3）自然指数（EXP）指令。将 IN 取以 e 为底的指数，并将结果置于 OUT 指定的存储单元中。将"自然指数"指令与"自然对数"指令相结合，可以实现以任意数为底，任意数为指数的计算。求 y^x，输入以下指令：EXP (x * LN (y))。

例如，求 2^3=EXP（3*LN（2））=8；27 的 3 次方根=$27^{1/3}$=EXP（1/3*LN（27））=3。

4）三角函数指令。将一个实数的弧度值 IN 分别求 SIN、COS、TAN，得到实数运算结果，从 OUT 指定的存储单元输出。

函数变换的指令格式及功能如表 5-14 所示。

表 5-14　函数变换的指令格式及功能表

	SQRT	LN	EXP	SIN	COS	TAN
LAD	EN ENO / IN OUT	EN ENO / IN OUT	EN ENO / IN OUT	EN ENO / IN OUT	EN ENO / IN OUT	EN ENO / IN OUT
STL	SQRT IN，OUT	LN IN，OUT	EXP IN，OUT	SIN IN，OUT	COS IN，OUT	TAN IN，OUT
功能	SQRT (IN) =OUT	LN (IN) =OUT	EXP (IN) =OUT	SIN (IN) =OUT	COS (IN) =OUT	TAN (IN) =OUT
操作数及数据类型	IN：VD, ID, QD, MD, SMD, SD, LD, AC, 常量，*VD, *LD, *AC OUT：VD, ID, QD, MD, SMD, SD, LD, AC, *VD, *LD, *AC 数据类型：实数					

使 ENO＝0 的错误条件是，0006（间接地址），SM1.1（溢出）SM4.3（运行时间）。

对标志位的影响是，SM1.0（零），SM1.1（溢出），SM1.2（负数）

【例 5-12】　求 45°正弦值。

分析：先将 45°转换为弧度：（3.14159/180）*45，再求正弦值。程序如图 5-19 所示。

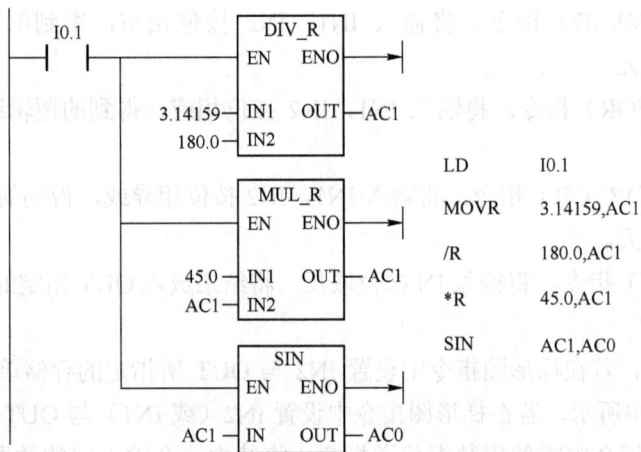

图 5-19 例 5-12 程序

```
         I0.1          DIV_R
         ─┤ ├──┬────── EN    ENO ──►
              │
              │  3.14159 ─ IN1  OUT ─ AC1
              │      180.0 ─ IN2
              │
              │             MUL_R
              ├────────── EN    ENO ──►
              │
              │      45.0 ─ IN1  OUT ─ AC1
              │       AC1 ─ IN2
              │
              │              SIN
              └────────── EN    ENO ──►
              │
                     AC1 ─ IN   OUT ─ AC0
```

```
LD      I0.1
MOVR    3.14159,AC1
/R      180.0,AC1
*R      45.0,AC1
SIN     AC1,AC0
```

5.2.2 逻辑运算指令

逻辑运算是对无符号数按位进行与、或、异或和取反等操作。操作数的长度有 B、W、DW。其指令格式如表 5-15 所示。

表 5-15 逻辑运算指令格式表

.LAD	WAND_B EN ENO IN1 OUT IN2	WOR_B EN ENO IN1 OUT IN2	WXOR_B IN INO IN1 OUT IN2	INV_B EN ENO IN OUT
	WAND_W EN ENO IN1 OUT IN2	WOR_W EN ENO IN1 OUT IN2	WXOR_W EN ENO IN1 OUT IN2	INV_W EN ENO IN OUT
	WAND_DW EN ENO IN1 OUT IN2	WOR_DW EN ENO IN1 OUT IN2	WXOR_DW EN ENO IN1 OUT IN2	INV_DW EN ENO IN OUT
STL	ANDB IN1, OUT ANDW IN1, OUT ANDD IN1, OUT	ORB IN1, OUT ORW IN1, OUT ORD IN1, OUT	XORB IN1, OUT XORW IN1, OUT XORD IN1, OUT	INVB OUT INVW OUT INVD OUT
功能	IN1, IN2 按位相与	IN1, IN2 按位相或	IN1, IN2 按位异或	对 IN 取反

操作数	B	IN1/IN2: VB, IB, QB, MB, SB, SMB, LB, AC, 常量, *VD, *AC, *LD OUT: VB, IB, QB, MB, SB, SMB, LB, AC, *VD, *AC, *LD
	W	IN1/IN2: VW, IW, QW, MW, SW, SMW, T, C, AC, LW, AIW, 常量, *VD, *AC, *LD OUT: VW, IW, QW, MW, SW, SMW, T, C, LW, AC, *VD, *AC, *LD
	DW	IN1/IN2: VD, ID, QD, MD, SMD, AC, LD, HC, 常量, *VD, *AC, SD, *LD OUT: VD, ID, QD, MD, SMD, LD, AC, *VD, *AC, SD, *LD

119

1）逻辑与（WAND）指令。将输入 IN1，IN2 按位相与，得到的逻辑运算结果放入 OUT 指定的存储单元。

2）逻辑或（WOR）指令。将输入 IN1，IN2 按位相或，得到的逻辑运算结果放入 OUT 指定的存储单元。

3）逻辑异或（WXOR）指令。将输入 IN1，IN2 按位相异或，得到的逻辑运算结果放入 OUT 指定的存储单元。

4）取反（INV）指令。将输入 IN 按位取反，将结果放入 OUT 指定的存储单元。

说明：

1）表 5-15 中，若在梯形图指令中设置 IN2 与 OUT 所指定的存储单元相同，这样对应的语句表指令如表中所示。若在梯形图指令中设置 IN2（或 IN1）与 OUT 所指定的存储单元不同，则在语句表指令中需使用数据传送指令，将其中一个输入端的数据先送入 OUT，再进行逻辑运算。如：

> MOVB IN1，OUT
> ANDB IN2，OUT

2）ENO=0 的错误条件：0006（间接地址），SM4.3（运行时间）。

3）对标志位的影响：SM1.0（零）。

【例 5-13】 逻辑运算编程举例。程序如图 5-20 所示。

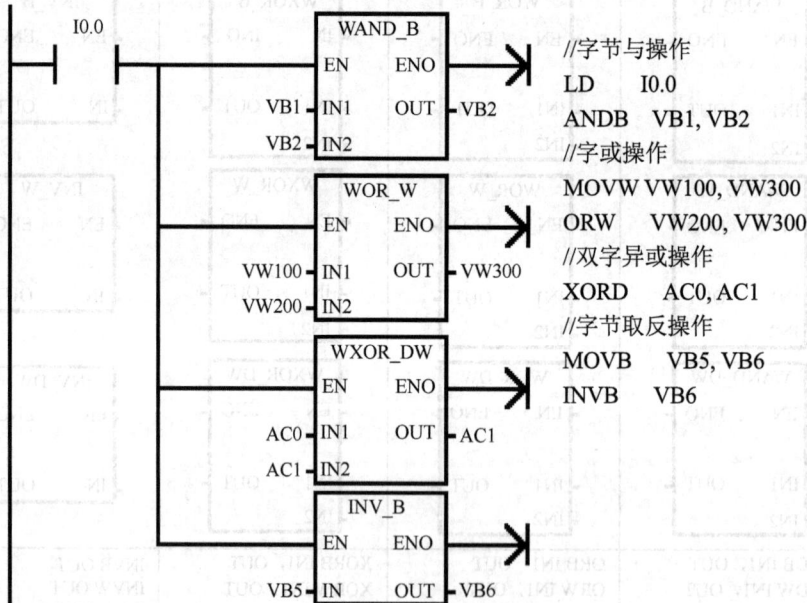

图 5-20 例 5-13 程序

运算过程如下。

VB1		VB2	VB2
0001 1100	WAND	1100 1101	0000 1100

120

VW100		VW200		VW300
0001 1101 1111 1010	WOR	1110 0000 1101 1100→		1111 1101 1111 1110
VB5		VB6		
0000 1111	INV	1111 0000		

5.2.3 递增/递减指令

递增、递减指令用于对输入无符号数字节、符号数字、符号数双字进行加 1 或减 1 的操作。其指令格式如表 5-16 所示。

表 5-16 递增、递减指令格式表

LAD	INC_B EN ENO IN OUT DEC_B EN ENO IN OUT		INC_W EN ENO IN OUT DEC_W EN ENO IN OUT		INC_DW EN ENO IN OUT DEC_DW EN EN0 IN OUT	
STL	INCB OUT	DECB OUT	INCW OUT	DECW OUT	INCD OUT	DECD OUT
功能	字节加 1	字节减 1	字加 1	字减 1	双字加 1	双字减 1
操作数及数据类型	IN: VB, IB, QB, MB, SB, SMB, LB, AC, 常量, *VD, *LD, *AC OUT: VB, IB, QB, MB, SB, SMB, LB, AC, *VD, *LD, *AC IN/OUT 数据类型: 字节		IN: VW, IW, QW, MW, SW, SMW, AC, AIW, LW, T, C, 常量, *VD, *LD, *AC OUT: VW, IW, QW, MW, SW, SMW, LW, AC, T, C, *VD, *LD, *AC 数据类型: 整数		IN: VD, ID, QD, MD, SD, SMD, LD, AC, HC, 常量, *VD, *LD, *AC OUT: VD, ID, QD, MD, SD, SMD, LD, AC, *VD, *LD, *AC 数据类型: 双整数	

1. 递增字节（INC-B）/递减字节（DEC-B）指令

递增字节和递减字节指令在输入字节（IN）上加 1 或减 1，并将结果置入 OUT 指定的变量中。递增和递减字节运算不带符号。

2. 递增字（INC-W）/递减字（DEC-W）指令

递增字和递减字指令在输入字（IN）上加 1 或减 1，并将结果置入 OUT 中。递增和递减字运算带符号（16#7FFF > 16#8000）。

3. 递增双字（INC-DW）/递减双字（DEC-DW）指令

递增双字和递减双字指令在输入双字（IN）上加 1 或减 1，并将结果置入 OUT 中。递增和递减双字运算带符号（16#7FFFFFFF > 16#80000000）。

说明：

1）使 ENO = 0 的错误条件：SM4.3（运行时间），0006（间接地址），SM1.1（溢出）。

2）影响标志位：SM1.0（零），SM1.1（溢出），SM1.2（负数）。

3）在梯形图指令中，IN 和 OUT 可以指定为同一存储单元，这样可以节省内存，在语句表指令中不需使用数据传送指令。

5.2.4 运算单位转换实训

1. 实训目的

1）掌握算术运算指令和数据转换指令的应用。

2）掌握建立状态表及通过强制调试程序的方法。

3）掌握在工程控制中进行运算单位转换的的方法及步骤。

2. 实训内容

将英寸转换成厘米，已知 VW100 的当前值为英寸的计数值，1 英寸（in）=2.54 厘米（cm）。

3. 写入程序，编译并下载到 PLC

分析：将英寸转换为厘米的步骤为：将 VW100 中的整数值英寸→双整数英寸→实数英寸→实数厘米→整数厘米。其参考程序如图 5-21 所示。

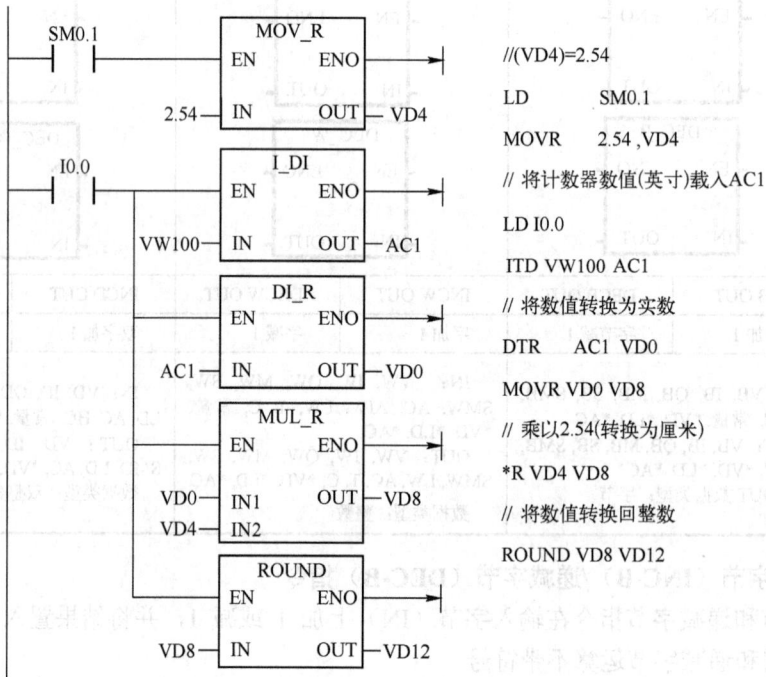

图 5-21 将英寸转换为厘米的参考程序

注意：在程序中 VD0、VD4、VD8、VD12 都是以双字（4 个字节）编址的。

4. 建立状态表，通过强制，调试运行程序

1）创建状态表。用鼠标右键单击目录树中的状态表图标或单击已经打开的状态表，将弹出一个窗口，在窗口中选择"插入状态表"选项，可创建状态表。在状态表的地址列输入地址 I0.0、VW100、AC1、VD0、VD4、VD8、VD12。

2）起动状态表。与可编程序控制器的通信连接成功后，用菜单"调试→状态表"或单击工具条上的状态表图标，可起动状态表，再操作一次关闭状态表。状态表被起动后，编程软件从 PLC 读取状态信息。

3）用数据块给 VW100 赋值。用数据块给 VW100 赋值，模拟逻辑条件。

4）在完成对 VW100 赋值后，重新下载（将数据块也下载到 PLC），将所有需要的改动，并发送至 PLC。

5）运行程序并通过状态表监视操作数的当前值，记录状态表的数据。

5. 思考题

试用带参数的子程序实现"英寸转换为厘米"，并将其导出。新建一个项目，导入该子程序，并将 10 英寸转换为厘米，看看转换结果如何？

5.2.5 控制小车的运行方向实训

1. 实训目的

1）掌握数据传送指令和比较指令的实际运用方法。

2）学会用 PLC 控制小车的运行方向。

2. 实训内容

设计一个自动控制小车运行方向的程序。小车运行示意图如图 5-22 所示。控制要求如下。

1）当小车所停位置限位开关 SQ 的编号大于呼叫位置按钮 SB 的编号时，小车向左运行到呼叫位置时停止。

2）当小车所停位置限位开关 SQ 的编号小于呼叫位置按钮 SB 的编号时，小车向右运行到呼叫位置时停止。

3）当小车所停位置限位开关 SQ 的编号等于呼叫位置按钮 SB 的编号时，小车不动作。

3. I/O 分配表和外部接线图

小车运行方向的 I/O 分配表和外部接线图如图 5-23 所示。

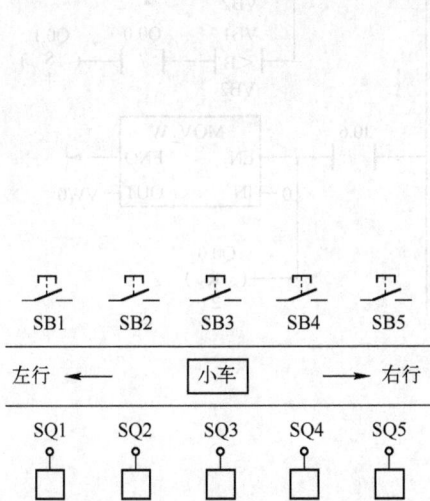

图 5-22 小车运行示意图

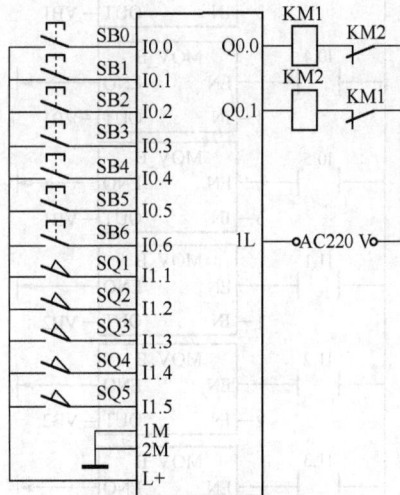

图 5-23 小车运行方向的 I/O 分配表和外部接线图

起动按钮 SB0：I0.0	小车右行 KM1：Q0.0
呼叫按钮 SB1：I0.1	小车左行 KM2：Q0.1
呼叫按钮 SB2：I0.2	
呼叫按钮 SB3：I0.3	
呼叫按钮 SB4：I0.4	

呼叫按钮 SB5：I0.5

停止按钮 SB6：I0.6

1#位置 SQ1   I1.1

1#位置 SQ2   I1.2

1#位置 SQ3   I1.3

1#位置 SQ4   I1.4

1#位置 SQ5   I1.5

4. 参考程序

分析：当按钮接通或行程开关被压下时，将呼叫按钮号和行程开关的位号用数据传送指令分别送到字节 VB1 和 VB2 中，按下起动按钮后，用比较指令将 VB1 和 VB2 进行比较，决定小车左、右行或停止；当按下停止按钮，小车停止，VB1、VB2 清零。小车运行方向控制的参考程序如图 5-24 所示。

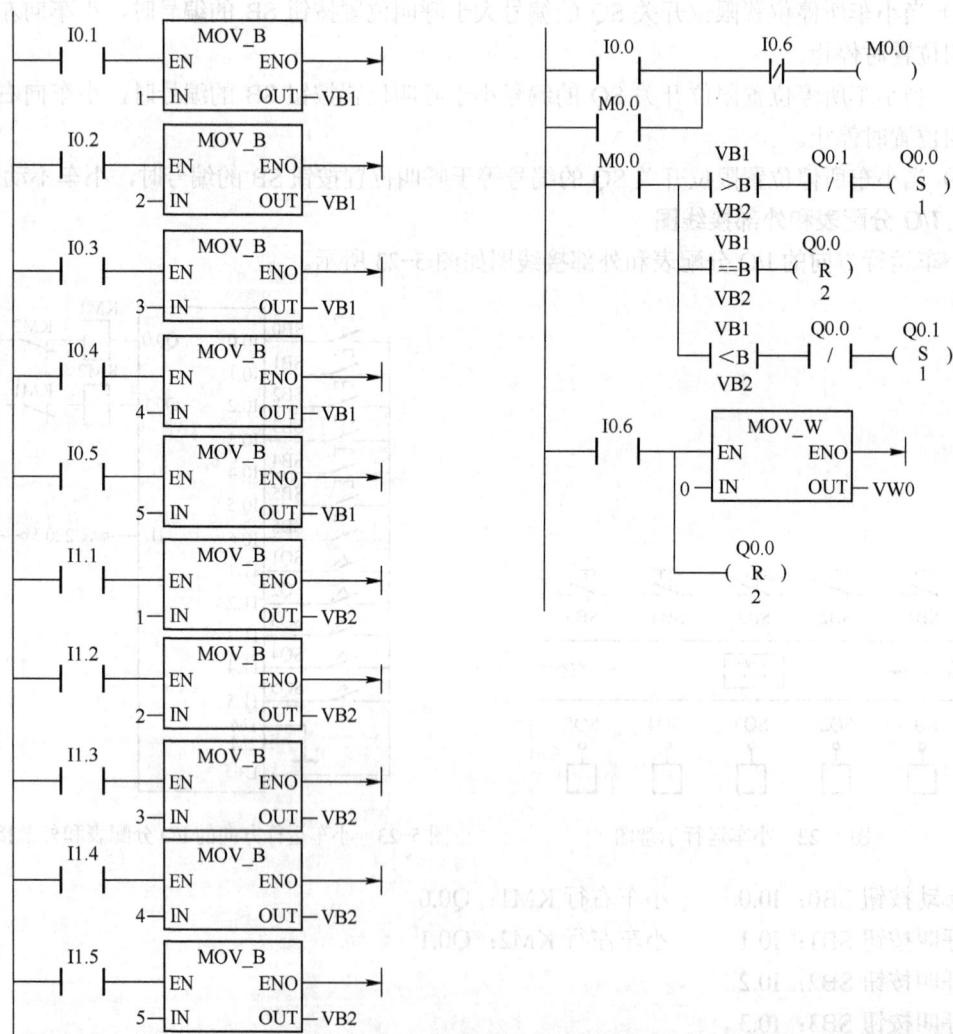

图 5-24 小车运行方向控制的参考程序

5. 调试程序

1）模拟调试。先不接输出端的电源进行模拟调试。将 PLC 转到运行状态，按下起动按钮和呼叫按钮，观察输出指示灯是否符合控制要求。

2）带负载调试。模拟调试无误后，接通输出端的电源，按下起动按钮和呼叫按钮，小车按照控制的运行方向自动受到控制，按下停止按钮，小车停止。

5.3 字填充指令

字填充（FILL）指令将输入 IN 存储器中的字写入输出 OUT 开始 N 个连续的字存储单元中。N 的数据范围为 1～255。其指令格式如图 5-25 所示。说明如下。

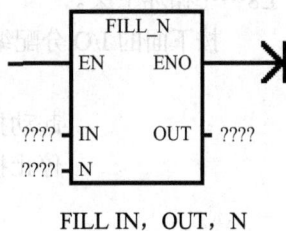

1）IN 为字型数据输入端，操作数为 VW, IW, QW, MW, SW, SMW, LW, T, C, AIW, AC, 常量, *VD, *LD, *AC；数据类型为整数。

N 的操作数为 VB, IB, QB, MB, SB, SMB, LB, AC, 常量, *VD, *LD, *AC；数据类型：字节。

OUT 的操作数为 VW, IW, QW, MW, SW, SMW, LW, T, C, AQW, *VD, *LD, *AC；数据类型为整数。

图 5-25　字填充指令格式

2）使 ENO = 0 的错误条件：SM4.3（运行时间），0006（间接地址），0091（操作数超出范围）。

【例 5-14】 将 0 填入 VW0～VW18（10 个字）。程序及运行结果如图 5-26 所示。

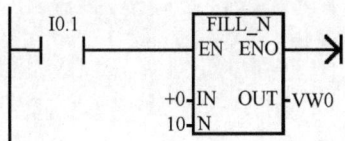

```
LD    I0.1
FILL  +0, VW0, 10
```

a)

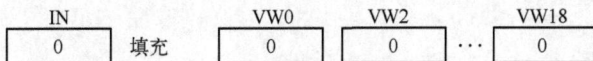

b)

图 5-26　例 5-14 程序及运行结果

a) 梯形图程序　b) 运行结果

从图 5-26 中可以看出，程序运行结果将从 VW0 开始的 10 个字（20 个字节）的存储单元清零。

5.4 习题

1. 已知 VB10=18，VB30=30，VB31=33，VB32=98。将 VB10，VB30，VB31，VB32 中的数据分别送到 AC1，VB200，VB201，VB202 中。写出梯形图及语句表程序。

2. 用传送指令控制输出的变化，要求控制 Q0.0～Q0.7 对应的 8 个指示灯，在 I0.0 接通时，使输出隔位接通，在 I0.1 接通时，输出取反后隔位接通。上机调试程序，并记录结果。如果改变传送的数值，那么输出的状态将如何变化？从而学会设置输出的初始状态。

3. 编制检测上升沿变化的程序。每当 I0.0 接通一次，使存储单元 VW0 的值加 1，如果计数达到 5，输出 Q0.0 就接通显示，用 I0.1 使 Q0.0 复位。

4. 用数据类型转换指令实现将厘米转换为英寸。已知 1in=2.54cm。

5. 编写输出字符 8 的 7 段显示码程序。

6. 编程实现下列控制功能。假设有 8 个指示灯，从右到左以 0.5s 的时间间隔依次被点亮，任意时刻只有一个指示灯被点亮，到达最左端，再从右到左依次被点亮。

7. 舞台灯光的模拟控制。控制要求：L1、L2、L9→L1、L5、L8→L1、L4、L7→L1、L3、L6→L1→L2、L3、L4、L5→L6、L7、L8、L9→L1、L2、L6→L1、L3、L7→L1、L4、L8→L1、L5、L9→L1→L2、L3、L4、L5→L6、L7、L8、L9→L1、L2、L9→L1、L5、L8······循环下去。

按下面的 I/O 分配编写程序。

输入	输出	
起动按钮：I0.0	L1：Q0.0	L6：Q0.5
停止按钮：I0.1	L2：Q0.1	L7：Q0.6
	L3：Q0.2	L8：Q0.7
	L4：Q0.3	L9：Q1.0
	L5：Q0.4	

8. 用算术运算指令完成下列的运算。

1）5^3 2）求 $\cos 30°$

9. 将 VW100 开始的 20 个字的数据送到 VW200 开始的存储区中。

第6章 特殊功能指令

本章要点

- 中断指令的功能应用举例及实训
- 高速计数器指令、高速脉冲输出指令功能及指令向导应用举例及实训
- PID 指令的原理及 PID 控制功能的应用及 PID 指令向导的介绍
- 时钟指令及应用举例

6.1 中断指令

S7-200 设置了中断功能，用于实时控制、高速处理、通信和网络等复杂和特殊的控制任务。中断就是终止当前正在运行的程序，去执行为立即响应的信号而编制的中断服务程序，执行完毕再返回原先被终止的程序并继续运行。

6.1.1 中断源

1. 中断源的类型

中断源即发出中断请求的事件，又叫做中断事件。为了便于识别，系统给每个中断源都分配一个编号，这个编号称为中断事件号。S7-200 系列可编程序控制器最多有 34 个中断源，分为 3 大类：通信中断、输入/输出（I/O）中断和时基中断。

1）通信中断。在自由口通信模式下，用户可通过编程来设置波特率、奇偶校验和通信协议等参数。用户通过编程控制通信端口的事件为通信中断。

2）I/O 中断。I/O 中断包括外部输入上升/下降沿中断、高速计数器中断和高速脉冲输出中断。S7-200 用输入（I0.0、I0.1、I0.2 或 I0.3）上升/下降沿产生中断。这些输入点用于捕获在发生时必须立即处理的事件。高速计数器中断指对高速计数器运行时产生的事件实时响应，包括当前值等于预设值时产生的中断、计数方向的改变时产生的中断或计数器外部复位产生的中断。脉冲输出中断是指预定数目脉冲输出完成而产生的中断。

3）时基中断。时基中断包括定时中断和定时器 T32/T96 中断。定时中断用于支持一个周期性的活动。周期时间从 1~255ms，时基是 1ms。使用定时中断 0，必须在 SMB34 中写入周期时间；使用定时中断 1，必须在 SMB35 中写入周期时间。将中断程序连接在定时中断事件上，若定时中断被允许，则计时开始，每当达到定时时间值时，执行中断程序。定时中断可以用来对模拟量输入进行采样或定期执行 PID 回路。定时器 T32/T96 中断指允许对定时时间间隔产生中断。这类中断只能由时基为 1ms 的定时器 T32/T96 构成。在中断被启用后，当前值等于预置值时，在 S7-200 执行的正常 1ms 定时器更新的过程中，执行连接的中断程序。

2．中断优先级和排对等候

优先级是指多个中断事件同时发出中断请求时，CPU 对中断事件响应的优先次序。S7-200 规定的中断优先由高到低依次是，通信中断、I/O 中断和定时中断。每类中断中不同的中断事件又有不同的优先权。中断事件及优先级如表 6-1 所示。

表 6-1　中断事件及优先级

优先级分组	组内优先级	中断事件号	中断事件说明	中断事件类别
通信中断	0	8	通信口 0：接收字符	通信口 0
	0	9	通信口 0：发送完成	
	0	23	通信口 0：接收信息完成	
通信中断	1	24	通信口 1：接收信息完成	通信口 1
	1	25	通信口 1：接收字符	
	1	26	通信口 1：发送完成	
I/O 中断	0	19	PTO 0 脉冲串输出完成中断	脉冲输出
	1	20	PTO 1 脉冲串输出完成中断	
	2	0	I0.0 上升沿中断	外部输入
	3	2	I0.1 上升沿中断	
	4	4	I0.2 上升沿中断	
	5	6	I0.3 上升沿中断	
	6	1	I0.0 下降沿中断	
	7	3	I0.1 下降沿中断	
	8	5	I0.2 下降沿中断	
	9	7	I0.3 下降沿中断	
	10	12	HSC0 当前值=预置值中断	高速计数器
	11	27	HSC0 计数方向改变中断	
	12	28	HSC0 外部复位中断	
	13	13	HSC1 当前值=预置值中断	
	14	14	HSC1 计数方向改变中断	
	15	15	HSC1 外部复位中断	
	16	16	HSC2 当前值=预置值中断	
	17	17	HSC2 计数方向改变中断	
	18	18	HSC2 外部复位中断	
	19	32	HSC3 当前值=预置值中断	
	20	29	HSC4 当前值=预置值中断	
	21	30	HSC4 计数方向改变	
	22	31	HSC4 外部复位	
	23	33	HSC5 当前值=预置值中断	
定时中断	0	10	定时中断 0	定时
	1	11	定时中断 1	
	2	21	定时器 T32 CT=PT 中断	定时器
	3	22	定时器 T96 CT=PT 中断	

一个程序中总共可有 128 个中断。S7-200 在各自的优先级组内按照先来先服务的原则为中断提供服务。在任何时刻，只能执行一个中断程序。一旦一个中断程序开始执行，则一直执行至完成。不能被另一个中断程序打断，即使是更高优先级的中断程序。中断程序执行中，新的中断请求按优先级排队等候。中断队列能保存的中断个数有限，若超出，则会产生溢出。中断队列的最多中断个数和溢出标志位如表 6-2 所示。

表 6-2   中断队列的最多中断个数和溢出标志位

队 列	CPU 221	CPU 222	CPU 224	CPU 226 和 CPU 226XM	溢出标志位
通信中断队列	4	4	4	8	SM4.0
I/O 中断队列	16	16	16	16	SM4.1
定时中断队列	8	8	8	8	SM4.2

6.1.2   中断指令

中断指令有 4 条，包括开、关中断指令，中断连接、分离指令。中断指令格式如表 6-3 所示。

表 6-3   中断指令格式

LAD	—(ENI)	—(DISI)	ATCH EN ENO ????—INT ????—EVNT	DTCH EN ENO ????—EVNT
STL	ENI	DISI	ATCH INT, EVNT	DTCH EVNT
操作数及数据类型	无	无	INT：常量 0-127 EVNT：常量，CPU 224: 0-23; 27-33 INT/EVNT 数据类型：字节	EVNT：常量，CPU 224: 0-23; 27-33 数据类型：字节

1．开、关中断指令

开中断（ENI）指令全局性允许所有中断事件。关中断（DISI）指令全局性禁止所有中断事件，中断事件的每次出现均需排队等候，直至使用全局开中断指令重新启用中断。

PLC 转换到 RUN（运行）模式时，中断开始时被禁用，可以通过执行开中断指令，允许所有中断事件。执行关中断指令会禁止处理中断，但是现用中断事件将继续排队等候。

2．中断连接、分离指令

中断连接指令（ATCH）指令将中断事件（EVNT）与中断程序号码（INT）相连接，并启用中断事件。

分离中断（DTCH）指令取消某中断事件（EVNT）与所有中断程序之间的连接，并禁用该中断事件。

注意：一个中断事件只能连接一个中断程序，但多个中断事件可以调用一个中断程序。

6.1.3   中断程序

1．中断程序的概念

中断程序是为处理中断事件而事先编好的程序。中断程序不是由程序调用，而是在中断事件发生时由操作系统调用。在中断程序中不能改写其他程序使用的存储器，最好使用局部变量。中断程序应实现特定的任务，应"越短越好"，中断程序由中断程序号开始，以无条件返回指令（CRETI）结束。在中断程序中，禁止使用 DISI、ENI、HDEF、LSCR 和 END 指令。

2．建立中断程序的方法

方法一：从"编辑"菜单→选择插入（Insert）→中断（Interrupt）。

方法二：从指令树，用鼠标右键单击"程序块"图标，并从弹出菜单→选择插入（Insert）→中断（Interrupt）。

方法三：从"程序编辑器"窗口，从弹出菜单用鼠标右键单击插入（Insert）→中断（Interrupt）。

程序编辑器从先前的 POU 显示更改为新中断程序，在程序编辑器的底部会出现一个新标记，代表新的中断程序。

6.1.4 程序举例

【例 6-1】 编写由 I0.1 的上升沿产生的中断事件的初始化程序。

分析：查表 6-1 可知，I0.1 上升沿产生的中断事件号为 2，所以在主程序中，用 ATCH 指令将事件号 2 和中断程序 0 连接起来，并全局开中断。程序如图 6-1 所示。

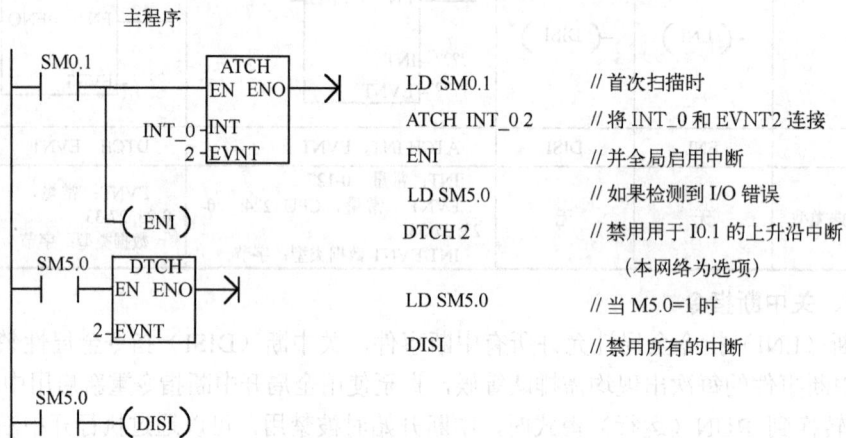

主程序		
LD SM0.1	// 首次扫描时
ATCH INT_0 2	// 将 INT_0 和 EVNT2 连接
ENI	// 并全局启用中断
LD SM5.0	// 如果检测到 I/O 错误
DTCH 2	// 禁用用于 I0.1 的上升沿中断
	（本网络为选项）
LD SM5.0	// 当 M5.0=1 时
DISI	// 禁用所有的中断

图 6-1 例 6-1 程序

【例 6-2】 编程完成采样工作，要求每 10ms 采样一次。

分析：完成每 10ms 采样一次，需用定时中断，查表 6-1 可知，定时中断 0 的中断事件号为 10。因此，在主程序中将采样周期（10ms）即定时中断的时间间隔写入定时中断 0 的特殊存储器 SMB34 中，并将中断事件 10 和 INT-0 连接，全局开中断。在中断程序 0 中，将模拟量输入信号读入。程序如图 6-2 所示。

【例 6-3】 利用定时中断功能编制一个程序，实现如下功能：I0.0 由 OFF→ON，Q0.0 亮 1s，灭 1s，如此循环反复，直至 I0.0 由 ON→OFF、Q0.0 变为 OFF 为止。

分析：程序如图 6-3 所示。

主程序

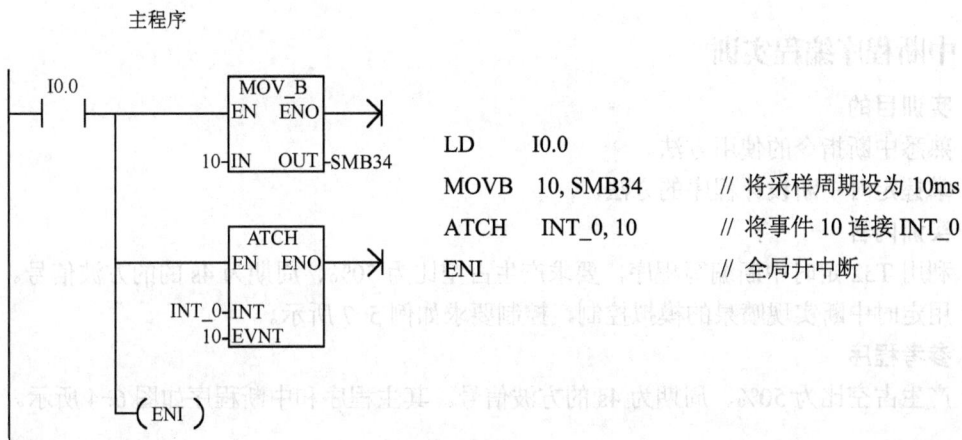

```
LD      I0.0
MOVB    10, SMB34        // 将采样周期设为 10ms
ATCH    INT_0, 10        // 将事件 10 连接 INT_0
ENI                      // 全局开中断
```

中断程序 0

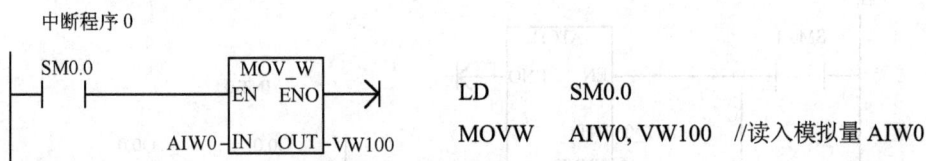

```
LD      SM0.0
MOVW    AIW0, VW100      //读入模拟量 AIW0
```

图 6-2 例 6-2 程序

主程序

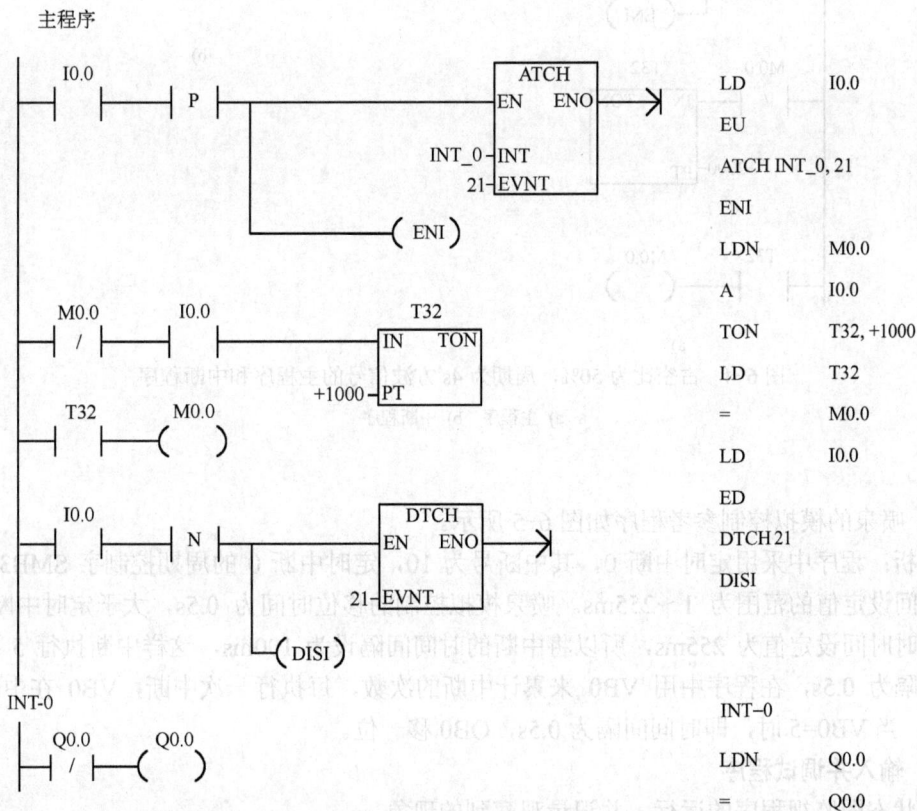

```
LD      I0.0
EU
ATCH INT_0, 21
ENI
LDN     M0.0
A       I0.0
TON     T32, +1000
LD      T32
=       M0.0
LD      I0.0
ED
DTCH 21
DISI
```

```
INT-0
LDN     Q0.0
=       Q0.0
```

图 6-3 例 6-3 程序

6.1.5 中断程序编程实训

1. 实训目的

1）熟悉中断指令的使用方法。

2）掌握定时中断设计程序的方法。

2. 实训内容

1）利用 T32 定时中断编写程序，要求产生占空比为 50%、周期为 4s 的的方波信号。

2）用定时中断实现喷泉的模拟控制，控制要求如例 5-7 所示。

3. 参考程序

1）产生占空比为 50%、周期为 4s 的方波信号。其主程序和中断程序如图 6-4 所示。

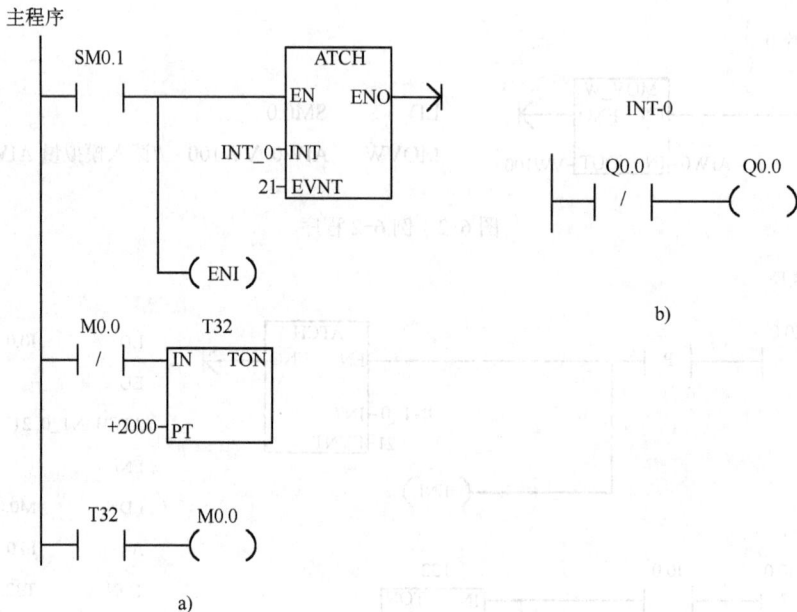

图 6-4 占空比为 50%，周期为 4s 方波信号的主程序和中断程序

a) 主程序 b) 中断程序

2）喷泉的模拟控制参考程序如图 6-5 所示。

分析： 程序中采用定时中断 0，其中断号为 10，定时中断 0 的周期控制字 SMB34 中的定时时间设定值的范围为 1～255ms。喷泉模拟控制的移位时间为 0.5s，大于定时中断 0 的最大定时时间设定值为 255ms，所以将中断的时间间隔设为 100ms，这样中断执行 5 次，其时间间隔为 0.5s，在程序中用 VB0 来累计中断的次数，每执行一次中断，VB0 在中断程序中加 1，当 VB0=5 时，即时间间隔为 0.5s，QB0 移一位。

4. 输入并调试程序

用状态图监视程序的运行，并记录观察到的现象。

主程序

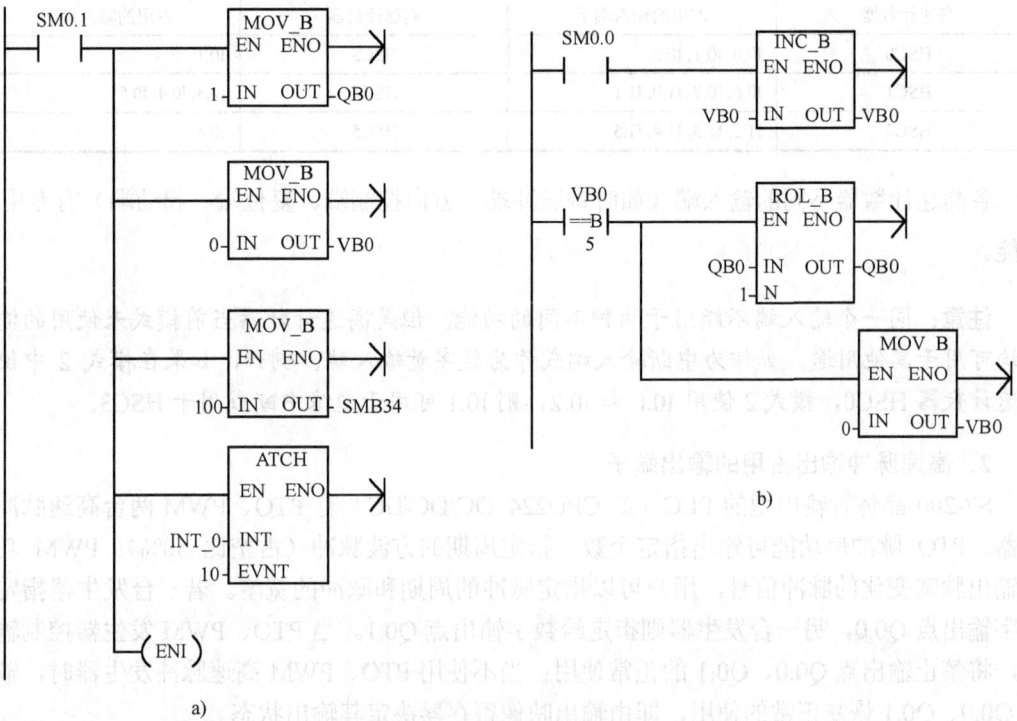

图 6-5　喷泉的模拟控制参考程序

a) 主程序　b) 中断程序

6.2　高速计数器与高速脉冲输出

前面讲的计数器指令的计数速度受扫描周期的影响，对比 CPU 扫描频率高的脉冲输入，就不能满足控制要求了。为此，SIMATIC S7-200 系列 PLC 设计了高速计数功能（HSC），其计数自动进行不受扫描周期的影响，最高计数频率取决于 CPU 的类型，CPU22x 系列最高计数频率为 30kHz，用于捕捉比 CPU 扫描速率更快的事件，并产生中断，执行中断程序，完成预定的操作。高速计数器最多可设置 12 种不同的操作模式。用高速计数器可实现高速运动的精确控制。

SIMATIC S7-200 CPU22x 系列 PLC 还设有高速脉冲输出，输出频率可达 20kHz，用于 PTO（输出一个频率可调、占空比为 50%的脉冲）和 PWM（输出占空比可调的脉冲），高速脉冲输出的功能可用于对电动机进行速度控制和位置控制，并控制变频器使电机调速。

6.2.1　占用输入/输出端子

1. 高速计数器占用输入端子

CPU224 有 6 个高速计数器，其占用的输入端子如表 6-4 所示。

表 6-4　高速计数器占用的输入端子表

高速计数器	占用的输入端子	高速计数器	占用的输入端子
HSC0	I0.0, I0.1, I0.2	HSC3	I0.1
HSC1	I0.6, I0.7, I1.0, I1.1	HSC4	I0.3, I0.4, I0.5
HSC2	I1.2, I1.3, I1.4, I1.5	HSC5	I0.4

各高速计数器不同的输入端（如时钟脉冲端、方向控制端、复位端、起动端）有专用的功能。

注意：同一个输入端不能用于两种不同的功能。但是高速计数器当前模式未使用的输入端均可用于其他用途，如作为中断输入端或作为数字量输入端。例如，如果在模式 2 中使用高速计数器 HSC0，模式 2 使用 I0.0 和 I0.2，则 I0.1 可用于边缘中断或用于 HSC3。

2．高速脉冲输出占用的输出端子

S7-200 晶体管输出型的 PLC（如 CPU224 DC/DC/DC）有 PTO、PWM 两台高速脉冲发生器。PTO 脉冲串功能可输出指定个数、指定周期的方波脉冲（占空比 50%）；PWM 功能可输出脉宽变化的脉冲信号，用户可以指定脉冲的周期和脉冲的宽度。若一台发生器指定给数字输出点 Q0.0，另一台发生器则指定给数字输出点 Q0.1。当 PTO、PWM 发生器控制输出时，将禁止输出点 Q0.0、Q0.1 的正常使用；当不使用 PTO、PWM 高速脉冲发生器时，输出点 Q0.0、Q0.1 恢复正常的使用，即由输出映像寄存器决定其输出状态。

6.2.2　高速计数器的工作模式

1．高速计数器的计数方式

1）单路脉冲输入的内部方向控制加/减计数。即只有一个脉冲输入端，通过高速计数器的控制字节的第 3 位来控制作加计数或者减计数。该位为 1，加计数；该位为 0，减计数。图 6-6 所示为内部方向控制的单路加/减计数。

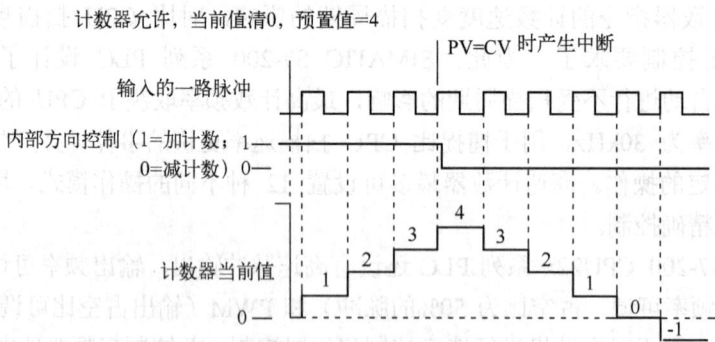

图 6-6　内部方向控制的单路加/减计数

2）单路脉冲输入的外部方向控制加/减计数。即有一个脉冲输入端，有一个方向控制端，当方向输入信号等于 1 时，加计数；当方向输入信号等于 0 时，减计数。图 6-7 所示为外部方向控制的单路加/减计数。

计数器允许，当前值清0，
预置值=4

PV=CV 时产生中断

PV=CV产生中断和方向改变
产生中断

输入的单路脉冲

外部方向控制
(1=加计数，0=减计数)

当前值

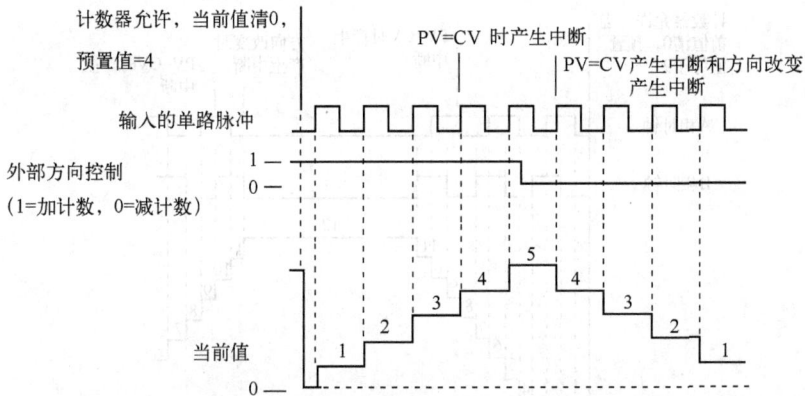

图 6-7　外部方向控制的单路加/减计数

3）两路脉冲输入的单相加/减计数。即有两个脉冲输入端，一个是加计数脉冲，一个是减计数脉冲，计数值为两个输入端脉冲的代数和。两路脉冲输入的加/减计数如图 6-8 所示。

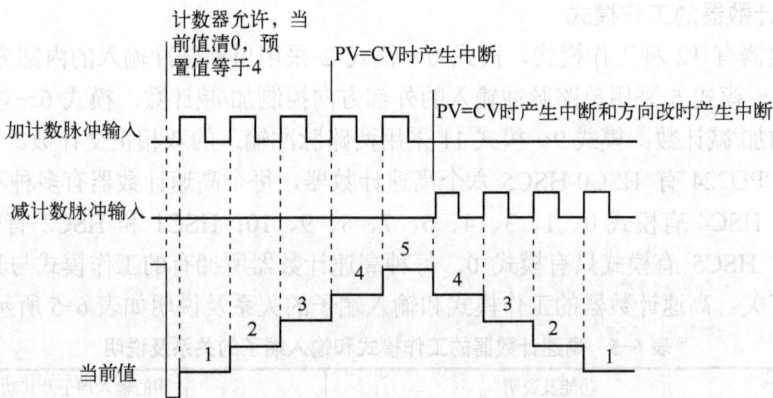

计数器允许，当前值清0，预置值等于4

PV=CV时产生中断

PV=CV时产生中断和方向改时产生中断

加计数脉冲输入

减计数脉冲输入

当前值

图 6-8　两路脉冲输入的加/减计数

4）两路脉冲输入的双相正交计数。即有两个脉冲输入端，输入的两路脉冲 A 相、B相，相位互差 90°（正交)，当 A 相超前 B 相 90° 时，加计数；当 A 相滞后 B 相 90° 时，减计数。在这种计数方式下，可选择 1X 模式（单倍频，一个时钟脉冲计一个数）和 4X 模式（4 倍频，一个时钟脉冲计 4 个数），分别如图 6-9、图 6-10 所示。

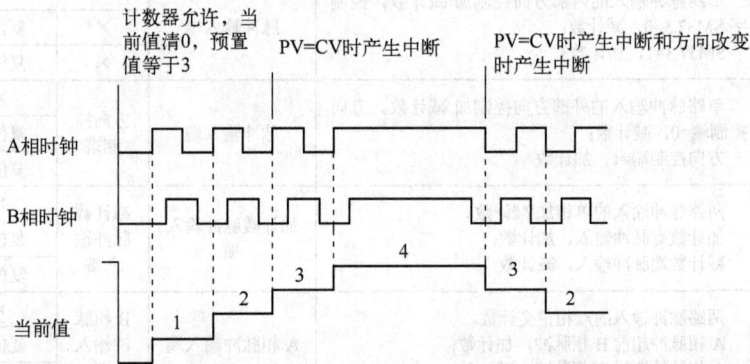

计数器允许，当前值清0，预置值等于3

PV=CV时产生中断

PV=CV时产生中断和方向改变时产生中断

A相时钟

B相时钟

当前值

图 6-9　两路脉冲输入的双相正交计数 1X 模式

135

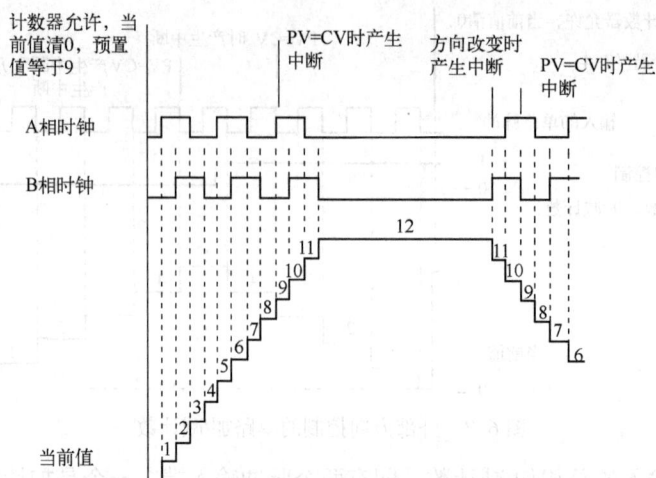

图 6-10　两路脉冲输入的双相正交计数 4X 模式

2．高速计数器的工作模式

高速计数器有 12 种工作模式，模式 0～模式 2 采用单路脉冲输入的内部方向控制加/减计数；模式 3～模式 5 采用单路脉冲输入的外部方向控制加/减计数；模式 6～模式 8 采用两路脉冲输入的加/减计数；模式 9～模式 11 采用两路脉冲输入的双相正交计数。

S7-200 CPU224 有 HSC0-HSC5 六个高速计数器，每个高速计数器有多种不同的工作模式。HSC0 和 HSC4 有模式 0、1、3、4、6、7、8、9、10；HSC1 和 HSC2 有模式 0～模式 11；HSC3 和 HSC5 有模式只有模式 0。每种高速计数器所拥有的工作模式与其占有的输入端子的数目有关。高速计数器的工作模式和输入端子的关系及说明如表 6-5 所示。

表 6-5　高速计数器的工作模式和输入端子的关系及说明

HSC 编号及其对应的输入端子	功能及说明	占用的输入端子及其功能			
	HSC0	I0.0	I0.1	I0.2	×
	HSC4	I0.3	I0.4	I0.5	×
	HSC1	I0.6	I0.7	I1.0	I1.1
	HSC2	I1.2	I1.3	I1.4	I1.5
	HSC3	I0.1	×	×	×
HSC 模式	HSC5	I0.4	×	×	×
0	单路脉冲输入的内部方向控制加/减计数。控制字 SM37.3=0，减计数；SM37.3=1，加计数	脉冲输入端	×	×	×
1			×	复位端	×
2			×	复位端	起动
3	单路脉冲输入的外部方向控制加/减计数。方向控制端=0，减计数；方向控制端=1，加计数	脉冲输入端	方向控制端	×	×
4				复位端	×
5				复位端	起动
6	两路脉冲输入的单相加/减计数。加计数有脉冲输入，加计数；减计数端脉冲输入，减计数	加计数脉冲输入端	减计数脉冲输入端	×	×
7				复位端	×
8				复位端	起动
9	两路脉冲输入的双相正交计数。A 相脉冲超前 B 相脉冲，加计数；A 相脉冲滞后 B 相脉冲，减计数	A 相脉冲输入端	B 相脉冲输入端	×	×
10				复位端	×
11				复位端	起动

注：表中×表示没有。

136

选用某个高速计数器在某种工作方式下工作后，高速计数器所使用的输入不是任意选择的，而是必须按系统指定的输入点输入信号。如 HSC1 在模式 11 下工作，就必须用 I0.6 为 A 相脉冲输入端，I0.7 为 B 相脉冲输入端，I1.0 为复位端，I1.1 为起动端。

6.2.3 高速计数器的控制字和状态字

1．控制字节

定义了计数器和工作模式之后，还要设置高速计数器的有关控制字节。每个高速计数器均有一个控制字节，它决定了计数器的计数允许或禁用、方向控制（仅限模式 0、1 和 2）或对所有其他模式的初始化计数方向以及装入当前值和预置值。高速计数器指令为 HSC。控制字节每个控制位的说明如表 6-6 所示。

表 6-6 控制字节每个控制位的说明

HSC0	HSC1	HSC2	HSC3	HSC4	HSC5	说　明
SM37.0	SM47.0	SM57.0		SM147.0		复位有效电平控制： 0=复位信号高电平有效；1=低电平有效
	SM47.1	SM57.1				起动有效电平控制： 0=起动信号高电平有效；1=低电平有效
SM37.2.	SM47.2	SM57.2		SM147.2		正交计数器计数速率选择： 0=4×计数速率；1=1×计数速率
SM37.3	SM47.3	SM57.3	SM137.3	SM147.3	SM157.3	计数方向控制位： 0 = 减计数；1 = 加计数
SM37.4	SM47.4	SM57.4	SM137.4	SM147.4	SM157.4	向 HSC 写入计数方向： 0 = 无更新；1 = 更新计数方向
SM37.5	SM47.5	SM57.5	SM137.5	SM147.5	SM157.5	向 HSC 写入新预置值： 0 = 无更新；1 = 更新预置值
SM37.6	SM47.6	SM57.6	SM137.6	SM147.6	SM157.6	向 HSC 写入新当前值： 0 = 无更新；1 = 更新当前值
SM37.7	SM47.7	SM57.7	SM137.7	SM147.7	SM157.7	HSC 允许： 0 = 禁用 HSC；1 = 启用 HSC

2．状态字节

每个高速计数器都有一个状态字节，状态位表示当前计数方向以及当前值是否大于或等于预置值。每个高速计数器状态字节的状态位如表 6-7 所示。状态字节的 0~4 位不用。监控高速计数器状态的目的是使外部事件产生中断，以完成重要的操作。

表 6-7 每个高速计数器状态字节的状态位

HSC0	HSC1	HSC2	HSC3	HSC4	HSC5	说　明
SM36.5	SM46.5	SM56.5	SM136.5	SM146.5	SM156.5	当前计数方向状态位： 0 = 减计数；1 = 加计数
SM36.6	SM46.6	SM56.6	SM136.6	SM146.6	SM156.6	当前值等于预设值状态位： 0 = 不相等；1 = 等于
SM36.7	SM46.7	SM56.7	SM136.7	SM146.7	SM156.7	当前值大于预设值状态位： 0 = 小于或等于；1 = 大于

6.2.4 高速计数器指令及举例

高速计数器的编程方法有两种：一是采用高速计数器指令编程；二是通过 STEP7-Micro/Win 编程软件的指令向导，自动生成高速计数器程序。采用高速计数器指令编程便于理解指令，利用指令向导可以加快编程速度。

1．高速计数器指令

高速计数器指令有两条，即高速计数器定义指令 HDEF 和高速计数器指令 HSC。其指令格式如表 6-8 所示。

表 6-8　高速计数器指令格式

LAD	(HDEF block diagram: EN ENO, ????—HSC, ????—MODE)	(HSC block diagram: EN ENO, ????—N)
STL	HDEF　HSC, MODE	HSC　N
功能说明	高速计数器定义指令 HDEF	高速计数器指令 HSC
操作数	HSC：高速计数器的编号，为常量（0～5）数据类型：字节 MODE 工作模式，为常量（0～11）数据类型：字节	N：高速计数器的编号，为常量（0～5）数据类型：字
ENO=0 的出错条件	SM4.3（运行时间），0003（输入点冲突），0004（中断中的非法指令），000A（HSC 重复定义）	SM4.3（运行时间），0001（HSC 在 HDEF 之前），0005（HSC/PLS 同时操作）

1）高速计数器定义指令 HDEF。指令指定高速计数器（HSCx）的工作模式。工作模式的选择即选择了高速计数器的输入脉冲、计数方向、复位和起动功能。每个高速计数器只能用一条"高速计数器定义"指令。

2）高速计数器指令 HSC。根据高速计数器控制位的状态和按照 HDEF 指令指定的工作模式，控制高速计数器。参数 N 指定高速计数器的号码。

2．高速计数器指令的使用

1）每个高速计数器都有一个 32 位当前值和一个 32 位预置值，当前值和预设值均为带符号的整数值。要设置高速计数器的新当前值和新预置值，必须设置控制字节（如表 6-6 所示），令其第 5 位和第 6 位为 1，允许更新预置值和当前值，新当前值和新预置值被写入特殊内部标志位存储区。然后执行 HSC 指令，将新数值传输到高速计数器中。HSC0～HSC5 当前值和预置值占用的特殊内部标志位存储区如表 6-9 所示。

表 6-9　HSC0～HSC5 当前值和预置值占用的特殊内部标志位存储区

要装入的数值	HSC0	HSC1	HSC2	HSC3	HSC4	HSC5
新的当前值	SMD38	SMD48	SMD58	SMD138	SMD148	SMD158
新的预置值	SMD42	SMD52	SMD62	SMD142	SMD152	SMD162

2）在执行 HDEF 指令之前，必须将高速计数器控制字节的位设置成需要的状态，否则将采用默认设置。默认设置为复位和起动输入高电平有效，正交计数速率选择 4X 模式。执行 HDEF 指令后，就不能再改变计数器的设置，除非 CPU 进入停止模式。

3）在执行 HSC 指令时，CPU 检查控制字节、有关的当前值和预置值。

138

3. 高速计数器指令的初始化

高速计数器指令的初始化步骤如下。

1）用首次扫描时接通一个扫描周期的特殊内部存储器 SM0.1 去调用一个子程序，完成初始化操作。因为采用了子程序，在随后的扫描中，就不必再调用这个子程序，以减少扫描时间，使程序结构更好。

2）在初始化的子程序中，根据希望的控制设置控制字（SMB37、SMB47、SMB137、SMB147、SMB157），如设置 SMB47=16#F8，则为：允许计数，写入新当前值，写入新预置值，更新计数方向为加计数，若为正交计数设为 4×，复位和起动设置为高电平有效。

3）执行 HDEF 指令，设置 HSC 的编号（0～5），设置工作模式（0～11）。如 HSC 的编号设置为 1，工作模式输入设置为 11，则为既有复位又有起动的正交计数工作模式。

4）用新的当前值写入 32 位当前值寄存器（SMD38，SMD48，SMD58，SMD138，SMD148，SMD158）。如写入 0，则清除当前值，用指令 MOVD   0，SMD48 实现。

5）用新的预置值写入 32 位预置值寄存器（SMD42，SMD52，SMD62，SMD142，SMD152，SMD162）。如执行指令 MOVD   1000，SMD52，则设置预置值为 1000。若写入预置值为 16#00，则高速计数器处于不工作状态。

6）为了捕捉当前值等于预置值的事件，将条件 CV=PV 中断事件（事件 13）与一个中断程序相联系。

7）为了捕捉计数方向的改变，将方向改变的中断事件（事件 14）与一个中断程序相联系。

8）为了捕捉外部复位，将外部复位中断事件（事件 15）与一个中断程序相联系。

9）执行全局中断允许指令（ENI）允许 HSC 中断。

10）执行 HSC 指令使 S7-200 对高速计数器进行编程。

11）结束子程序。

【例 6-4】 高速计数器的应用举例。某设备采用位置编码器作为检测元器件，需要高速计数器进行位置值的计数，其要求如下：计数信号为 A、B 两相相位差 90°的脉冲输入；使用外部计数器复位与启动，高电平有效；编码器每转的脉冲数为 2500，在 PLC 内部进行 4 倍频，计数开始值为 0，当转动 1 转后，需要清除计数值进行重新计数。

分析：1）主程序如图 6-11 所示。用首次扫描时接通一个扫描周期的特殊内部存储器 SM0.1 去调用一个子程序，完成初始化操作。

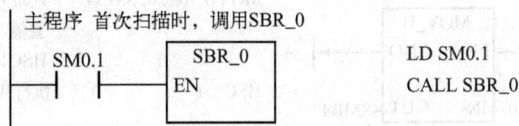

```
主程序  首次扫描时，调用SBR_0
      SM0.1        SBR_0              LD SM0.1
      ─┤├─────────┤EN               CALL SBR_0
```

图 6-11 例 6-4 主程序

2）初始化的子程序如图 6-12 所示。定义 HSC1 的工作模式为模式 11（两路脉冲输入的双相正交计数，具有复位和起动输入功能），设置 SMB47=16#F8（允许计数，更新当前值，更新预置值，更新计数方向为加计数，若为正交计数设为 4×，则复位和起动设置为高电平有效）。HSC1 的当前值 SMD48 清零，预置值 SMD52=10000，当前值 = 预设值，产生中断（中断事件 13），中断事件 13 连接中断程序 INT-0。

网络 1 子程序SBR-0(配置HSC1)

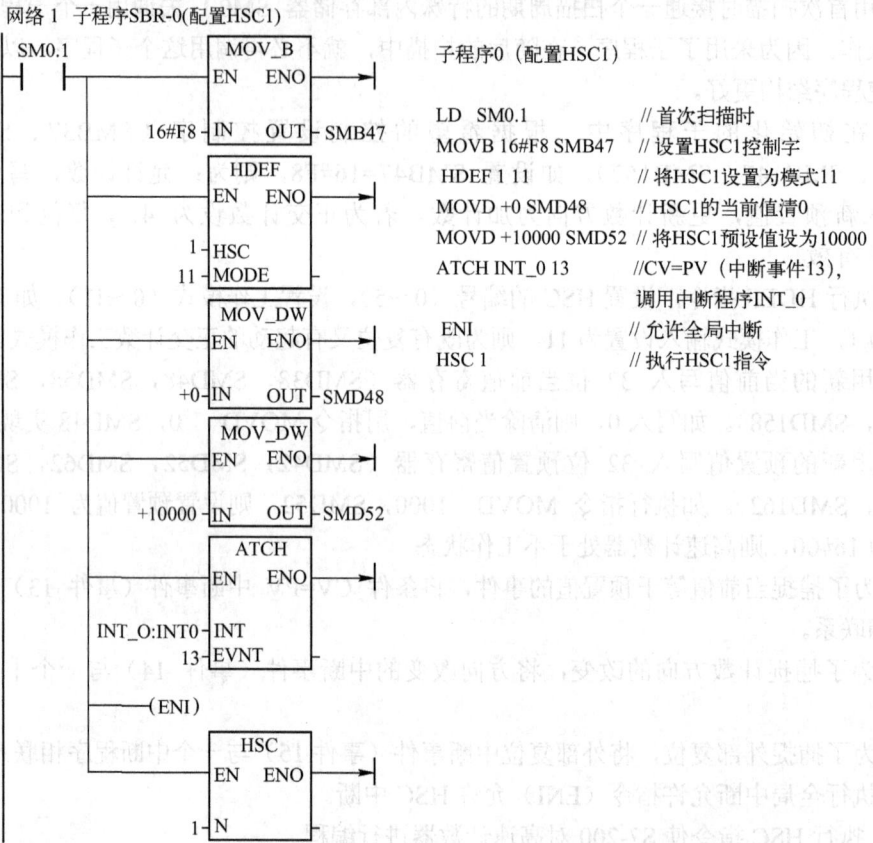

```
子程序0（配置HSC1）
LD   SM0.1              //首次扫描时
MOVB 16#F8 SMB47       //设置HSC1控制字
HDEF 1 11              //将HSC1设置为模式11
MOVD +0 SMD48          //HSC1的当前值清0
MOVD +10000 SMD52     //将HSC1预设值设为10000
ATCH INT_0 13         //CV=PV（中断事件13），
                        调用中断程序INT_0
ENI                     //允许全局中断
HSC 1                   //执行HSC1指令
```

图 6-12　例 6-4 初始化的子程序

3）中断程序 INT-0 如图 6-13 所示。

中断程序INT-0

网络1

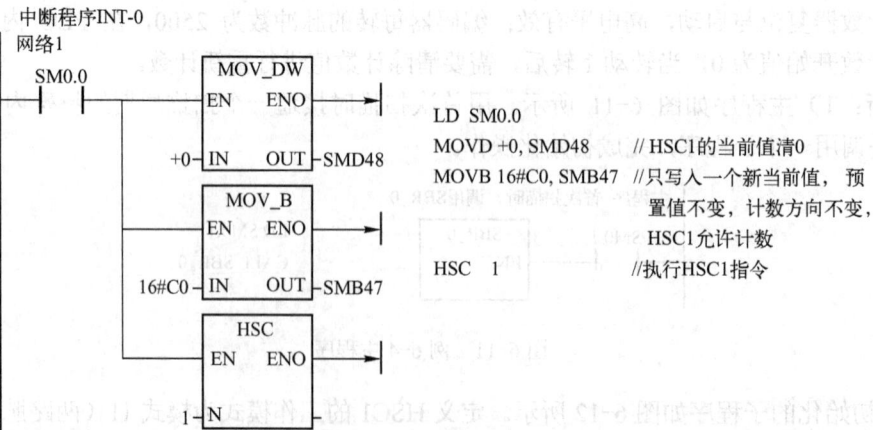

```
LD   SM0.0
MOVD +0, SMD48          //HSC1的当前值清0
MOVB 16#C0, SMB47      //只写入一个新当前值，预
                         置值不变，计数方向不变，
                         HSC1允许计数
HSC  1                  //执行HSC1指令
```

图 6-13　例 6-4 中断程序 INT-0

140

6.2.5 高速计数器指令向导的应用

高速计数器程序可以通过 STEP7-Micro/Win 编程软件的指令向导自动生成。例 6-4 用指令向导的编程操作步骤如下。

1）打开 STEP7-Micro/Win 软件，选择主菜单"工具"→"指令向导"进入向导编程页面，如图 6-14 所示。

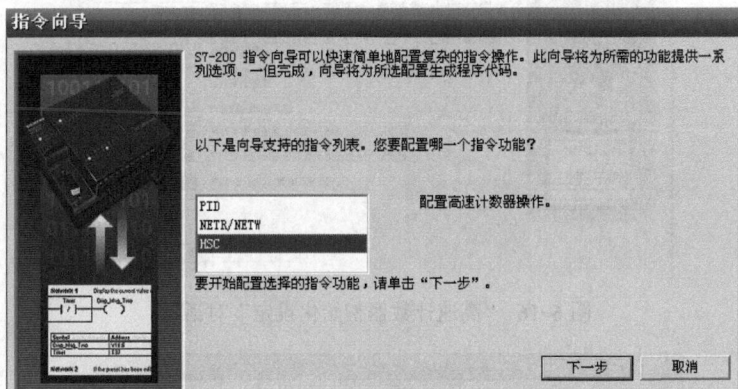

图 6-14 高速计数器指令向导编程页面

2）选择"HSC"→单击"下一步"按钮，出现对话框如图 6-15 所示。选择计数器的编号和计数模式。在本例中选择"HSC1"和计数模式"11"，选择后单击"下一步"按钮。

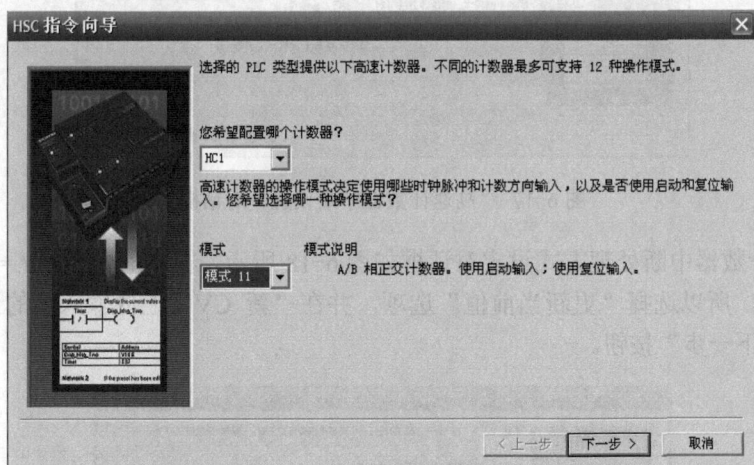

图 6-15 "HSC 指令向导"对话框

3）在图 6-16 所示的高速计数器初始化设定对话框中，分别输入：高速计数器初始化子程序的符号名（默认的符号名为 HSC-INIT）；高速计数器的预置值（本例输入为 10000）；计数器当前值的初始值（本例输入"0"）；初始计数方向（本例中选择"增"）；复位信号的极性（本例选择高电平有效）；启动信号的极性（本例选择高电平有效）；计数器的倍率选择（本例选择 4 倍频"4X"）。完成后单击"下一步"按钮。

4）在完成高速计数器的初始化设定后，出现高速计数器中断设置对话框，如图 6-17 所示。本例中当前值等于预置值时产生中断，输入中断程序的符号名（默认为 COUNT-EQ）。在"您希望为 HC1 编程多少步？"栏中，输入需要中断的步数，本例只有当前值清零 1步，选择"1"。完成后单击"下一步"按钮。

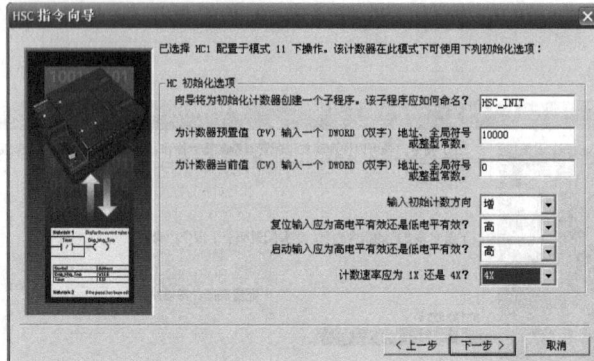

图 6-16 "高速计数器初始化设定"对话框

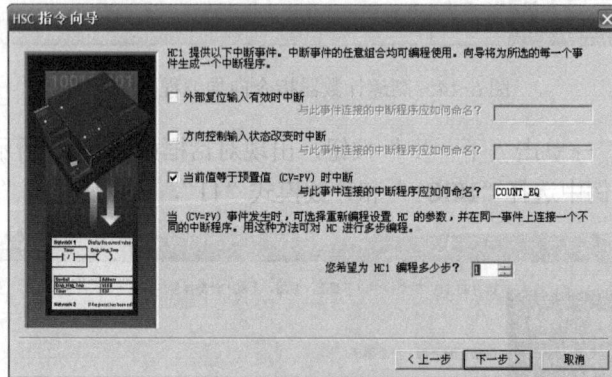

图 6-17 "高速计数器中断设置"对话框

5）高速计数器中断处理方式设定对话框如图 6-18 所示。在本例中当 CV = PV 时，需要将当前值清理，所以选择"更新当前值"选项，并在"新 CV"栏内输入新的当前值"0"。完成后单击"下一步"按钮。

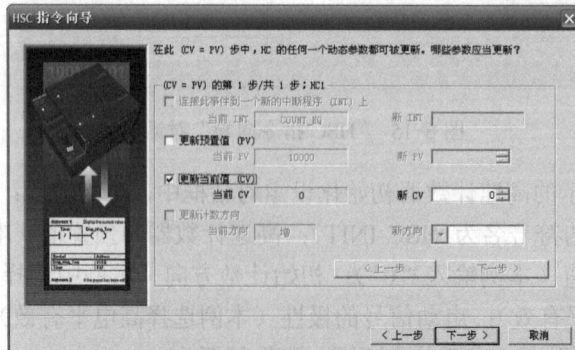

图 6-18 "高速计数器中断处理方式设定"对话框

6）高速计数器中断处理方式设定完成后，出现高速计数器编程确认对话框，如图 6-19 所示。该对话框显示了由向导编程完成的程序及使用说明，单击"完成"按钮结束编程。

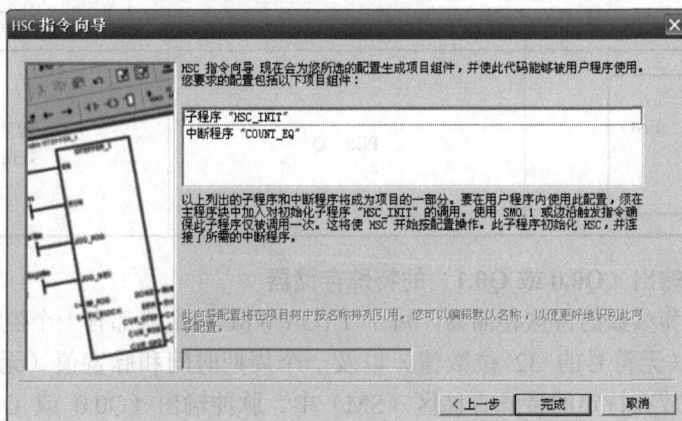

图 6-19 "高速计数器编程确认"对话框

7）向导使用完成后，在程序编辑器页面内自动增加了名称为"HSC-INIT"子程序和"COUNT-EQ"中断程序，如图 6-20 所示。分别单击"HSC-INIT"子程序和"COUNT-EQ"中断程序选项卡，可见其程序与图 6-12 和图 6-13 所示相同。

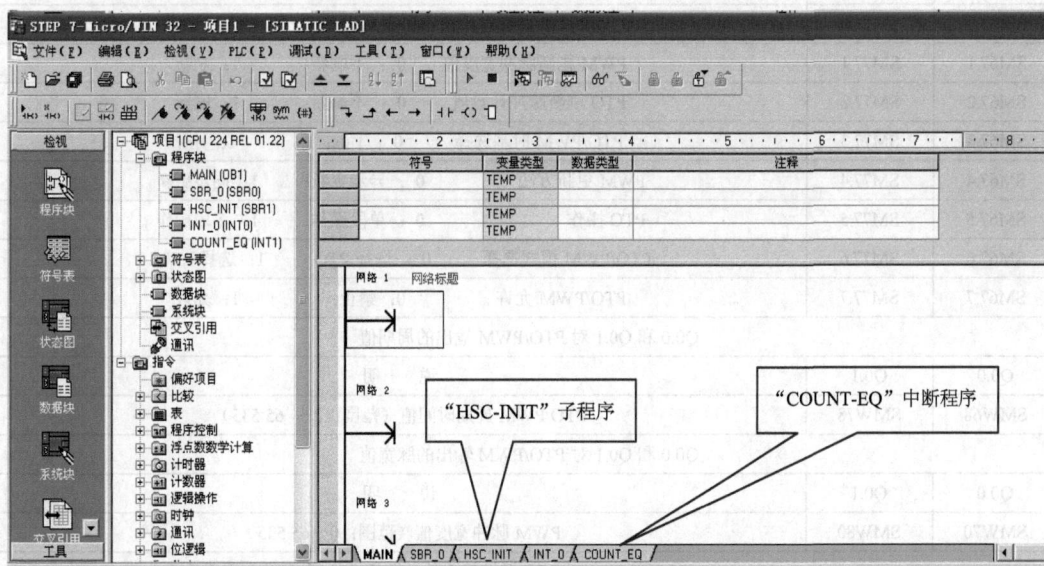

图 6-20 在程序编辑器页面中自动增加了"HSC-INIT"子程序和"COUNT-EQ"中断程序

6.2.6 高速脉冲输出

1. 脉冲输出（PLS）指令

脉冲输出（PLS）指令功能为：使能有效时，检查用于脉冲输出（Q0.0 或 Q0.1）的特殊存储器位（SM），然后执行特殊存储器位定义的脉冲操作。脉冲输出（PLS）指令格式如

表 6-10 所示。

表 6-10 脉冲输出（PLS）指令格式

LAD	STL	操作数及数据类型
PLS EN ENO ????— Q0.X	PLS Q	Q：常量（0 或 1） 数据类型字

2. 用于脉冲输出（Q0.0 或 Q0.1）的特殊存储器

1）控制字节和参数的特殊存储器。每个 PTO/PWM 发生器都有一个控制字节（8 位）、一个脉冲计数值（无符号的 32 位数值）以及一个周期时间和脉宽值（无符号的 16 位数值）。这些值都被放在特定的特殊存储区（SM）中。脉冲输出（Q0.0 或 Q0.1）的特殊存储器如表 6-11 所示。执行 PLS 指令时，S7-200 读这些特殊存储器位（SM），然后执行特殊存储器位定义的脉冲操作，即对相应的 PTO/PWM 发生器进行编程。

表 6-11 脉冲输出（Q0.0 或 Q0.1）的特殊存储器

		Q0.0 和 Q0.1 对 PTO/PWM 输出的控制字节
Q0.0	Q0.1	说　明
SM67.0	SM77.0	PTO/PWM 刷新周期值　　0：不刷新；　　　1：刷新
SM67.1	SM77.1	PWM 刷新脉冲宽度值　　0：不刷新；　　　1：刷新
SM67.2	SM77.2	PTO 刷新脉冲计数值　　0：不刷新；　　　1：刷新
SM67.3	SM77.3	PTO/PWM 时基选择　　　0：1 μs；　　　　1：1ms
SM67.4	SM77.4	PWM 更新方法　　　　　0：异步更新；　　1：同步更新
SM67.5	SM77.5	PTO 操作　　　　　　　0：单段操作；　　1：多段操作
SM67.6	SM77.6	PTO/PWM 模式选择　　　0：选择 PTO　　　1：选择 PWM
SM67.7	SM77.7	PTO/PWM 允许　　　　　0：禁止；　　　　1：允许
		Q0.0 和 Q0.1 对 PTO/PWM 输出的周期值
Q0.0	Q0.1	说　明
SMW68	SMW78	PTO/PWM 周期时间值（范围：2～ 65 535）
		Q0.0 和 Q0.1 对 PTO/PWM 输出的脉宽值
Q0.0	Q0.1	说　明
SMW70	SMW80	PWM 脉冲宽度值（范围：0～65 535）
		Q0.0 和 Q0.1 对 PTO 脉冲输出的计数值
Q0.0	Q0.1	说　明
SMD72	SMD82	PTO 脉冲计数值（范围：1～4 294 967 295）
		Q0.0 和 Q0.1 对 PTO 脉冲输出的多段操作
Q0.0	Q0.1	说　明
SMB166	SMB176	段号（仅用于多段 PTO 操作），多段流水线 PTO 运行中的段的编号
SMW168	SMW178	包络表起始位置，用距离 V0 的字节偏移量表示（仅用于多段 PTO 操作）

Q0.0 和 Q0.1 的状态位

Q0.0	Q0.1	说　明
SM66.4	SM76.4	PTO 包络由于增量计算错误的异常终止　　　　0：无错；　　1：异常终止
SM66.5	SM76.5	PTO 包络由于用户命令的异常终止　　　　0：无错；　　1：异常终止
SM66.6	SM76.6	PTO 流水线溢出　　　　0：无溢出；　1：溢出
SM66.7	SM76.7	PTO 空闲　　　　0：运行中；　1：PTO 空闲

【例 6-5】 设置控制字节。

分析：用 Q0.0 作为高速脉冲输出，对应的控制字节为 SMB67，如果希望定义的输出脉冲操作作为 PTO 操作，允许脉冲输出，多段 PTO 脉冲串输出，时基为 ms，设定周期值和脉冲数，则应向 SMB67 写入 2#10101101，即 16#AD。

通过修改脉冲输出（Q0.0 或 Q0.1）的特殊存储器 SM 区（包括控制字节），即更改 PTO 或 PWM 的输出波形，然后再执行 PLS 指令。

注意：所有控制位、周期、脉冲宽度和脉冲计数值的默认值均为零。向控制字节（SM67.7 或 SM77.7）的 PTO/PWM 允许位写入零，然后执行 PLS 指令，将禁止 PTO 或 PWM 波形的生成。

2）状态字节的特殊存储器。除了控制信息外，还有用于 PTO 功能的状态位，如表 6-11 所示。程序运行时，根据运行状态使某些位自动置位。可以通过程序来读取相关位的状态，用此状态作为判断条件，实现相应的操作。

3．对输出的影响

PTO/PWM 生成器和输出映像寄存器共用 Q0.0 和 Q0.1。在 Q0.0 或 Q0.1 使用 PTO 或 PWM 功能时，PTO/PWM 发生器控制输出，并禁止输出点的正常使用，输出波形不受输出映像寄存器状态、输出强制、执行立即输出指令的影响；在 Q0.0 或 Q0.1 位置没有使用 PTO 或 PWM 功能时，输出映像寄存器控制输出，所以输出映像寄存器决定输出波形的初始和结束状态，即决定脉冲输出波形从高电平或低电平开始和结束，使输出波形有短暂的不连续，为了减小这种不连续的有害影响，应注意：可在起用 PTO 或 PWM 操作之前，将用于 Q0.0 和 Q0.1 的输出映像寄存器设为 0。

4．PTO 的使用

PTO 是可以指定脉冲数和周期的占空比为 50% 的高速脉冲串的输出。状态字节中的最高位（空闲位）用来指示脉冲串输出是否完成。可在脉冲串完成时启动中断程序，若使用多段操作，则在包络表完成时启动中断程序。

1）周期和脉冲数。周期范围为 50～65 535μs 或 2～65 535ms，为 16 位无符号数，时基有 μs 和 ms 两种，通过控制字节的第三位选择。注意：① 如果周期小于两个时间单位，周期的默认值就为两个时间单位；② 周期设定奇数微秒或毫秒（例如 75ms），会引起波形失真。

脉冲计数范围为 1～4 294 967 295，为 32 位无符号数，如设定脉冲计数为 0，则系统默认脉冲计数值为 1。

2）PTO 的种类及特点。PTO 功能可输出多个脉冲串，现用脉冲串输出完成时，新的脉冲串输出立即开始。这样就保证了输出脉冲串的连续性。PTO 功能允许多个脉冲串排队，从而形成流水线。流水线分为两种：单段流水线和多段流水线。

单段流水线是指流水线中每次只能存储一个脉冲串的控制参数，初始 PTO 段一旦启动，必须按照对第二个波形的要求立即刷新 SM，并再次执行 PLS 指令，第一个脉冲串完成，第二个波形输出立即开始，重复此这一步骤，可以实现多个脉冲串的输出。

对于单段流水线中的各段脉冲串，可以采用不同的时间基准，但有可能造脉冲串之间的不平稳过渡。当输出多个高速脉冲时，编程较为复杂。

多段流水线是指在变量存储区 V 建立一个包络表。包络表存放每个脉冲串的参数，执行 PLS 指令时，S7-200 PLC 自动按包络表中的顺序及参数进行脉冲串输出。包络表中每段脉冲串的参数占用 8B，由一个 16 位周期值（2B）、一个 16 位周期增量值 Δ（2B）和一个 32 位脉冲计数值（4B）组成。包络表的格式如表 6-12 所示。

表 6-12　包络表的格式

从包络表起始地址的字节偏移	段	说　　　　明
VB$_n$		段数（1～255）；数值 0 产生非致命错误，无 PTO 输出
VB$_{n+1}$		初始周期（2～65 535 个时基单位）
VB$_{n+3}$	段 1	每个脉冲的周期增量 Δ（符号整数：-32 768～32 767 个时基单位）
VB$_{n+5}$		脉冲数（1～4 294 967 295）
VB$_{n+9}$		初始周期（2～65 535 个时基单位）
VB$_{n+11}$	段 2	每个脉冲的周期增量 Δ（符号整数：-32 768～32 767 个时基单位）
VB$_{n+13}$		脉冲数（1～4 294 967 295）
VB$_{n+17}$		初始周期（2～65 535 个时基单位）
VB$_{n+19}$	段 3	每个脉冲的周期增量值 Δ（符号整数：-32 768～32 767 个时基单位）
VB$_{n+21}$		脉冲数（1～4 294 967 295）

注：周期增量值 Δ 为整数微秒或毫秒。

多段流水线的特点是编程简单，能够通过指定脉冲的数量自动增加或减少周期。周期增量值 Δ 为正值会增加周期，周期增量值 Δ 为负值会减少周期，若 Δ 为零，则周期不变。在包络表中所有的脉冲串必须采用同一时基，在多段流水线执行时，包络表的各段参数不能改变。多段流水线常用于步进电机的控制。

【例 6-6】　根据控制要求列出 PTO 包络表。

分析：步进电动机的控制要求如图 6-21 所示。从 A 点到 B 点为加速过程，从 B 点到 C 点为恒速运行，从 C 点到 D 点为减速过程。

在本例中，流水线可以分为 3 段，需建立 3 段脉冲的包络表。起始和终止脉冲频率为 2kHz，最大脉冲频率为 10kHz，故起始和终止周期为 500μs，与最大频率对应的周期为 100μs。1 段：加速运行，应在约 200 个脉冲时达到最大脉冲频率；2 段：恒速运行，约 （4 000-200-200）=3 600 个脉冲；3 段：减速运行，应在约 200 个脉冲时完成。

某一段每个脉冲周期增量值 Δ 由下式确定，即

周期增量值 Δ=（该段结束时的周期时间-该段初始的周期时间）/该段的脉冲数

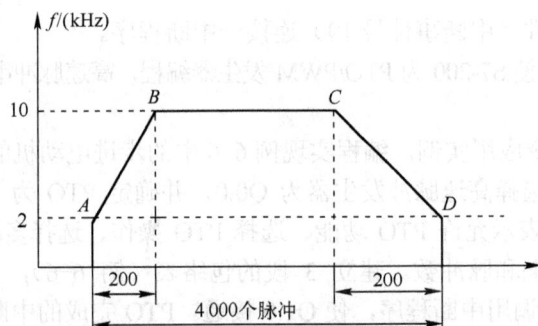

图 6-21 例 6-6 题图步进电动机的控制要求

用该式可计算出 1 段的周期增量值 Δ 为 -2μs，2 段的周期增量值 Δ 为 0，3 段的周期增量值 Δ 为 2μs。假设包络表位于从 VB200 开始的 V 存储区中，例 6-6 的包络表如表 6-13 所示。

表 6-13 例 6-6 的包络表

V 变量存储器地址	段 号	参 数 值	说 明
VB200		3	段数
VB201	段 1	500μs	初始周期
VB203		-2μs	每个脉冲的周期增量 Δ
VB205		200	脉冲数
VB209	段 2	100μs	初始周期
VB211		0	每个脉冲的周期增量 Δ
VB213		3600	脉冲数
VB217	段 3	100μs	初始周期
VB219		2μs	每个脉冲的周期增量 Δ
VB221		200	脉冲数

在程序中的用指令可将表中的数据送入 V 变量存储区中。

3）多段流水线 PTO 初始化和操作步骤。用一个子程序实现 PTO 初始化，首次扫描（SM0.1）时，从主程序中调用初始化子程序，执行初始化操作。以后的扫描不再调用该子程序，这样可减少扫描时间，使程序结构更好。

初始化操作步骤如下。

1）首次扫描（SM0.1）时将输出 Q0.0 或 Q0.1 复位（置 0），并调用完成初始化操作的子程序。

2）在初始化子程序中，根据控制要求设置控制字，并写入 SMB67 或 SMB77 特殊存储器中。如写入 16#A0（选择微秒递增）或 16#A8（选择毫秒递增），两个数值表示允许 PTO 功能、选择 PTO 操作、选择多段操作以及选择时基（微秒或毫秒）。

3）将包络表的首地址（16 位）写入在 SMW168（或 SMW178）中。

4）在变量存储器 V 中，写入包络表的各参数值。一定要在包络表的起始字节中写入段数。在变量存储器 V 中建立包络表的过程也可以在一个子程序中完成，在此只需调用设置包络表的子程序。

5）设置中断事件并全局开中断。如果想在 PTO 完成后，立即执行相关功能，则须设置

147

中断，将脉冲串完成事件（中断事件号 19）连接一中断程序。

6）执行 PLS 指令，使 S7-200 为 PTO/PWM 发生器编程，高速脉冲串由 Q0.0 或 Q0.1 输出。

7）退出子程序。

【例 6-7】 PTO 指令应用实例。编程实现例 6-6 中的步进电动机的控制。

分析：编程前首先选择高速脉冲发生器为 Q0.0，并确定 PTO 为 3 段流水线。设置控制字节 SMB67 为 16#A0 表示允许 PTO 功能、选择 PTO 操作、选择多段操作、以及选择时基为微秒，不允许更新周期和脉冲数。建立 3 段的包络表（例 6-6），并将包络表的首地址装入 SMW168。PTO 完成调用中断程序，使 Q1.0 接通。PTO 完成的中断事件号为 19。用中断调用指令 ATCH 将中断事件 19 与中断程序 INT-0 连接，并全局开中断。执行 PLS 指令，退出子程序。本例题的主程序、初始化子程序和中断程序如图 6-22 所示。

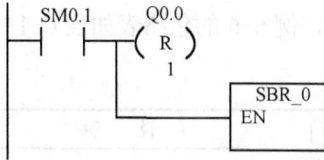

主程序

LD SM0.1 // 首次扫描时，将 Q0.0 复位

R Q0.0 1

CALL SBR_0 // 调用子程序 0

子程序 0

初始化子程序：建立包络表

网络1

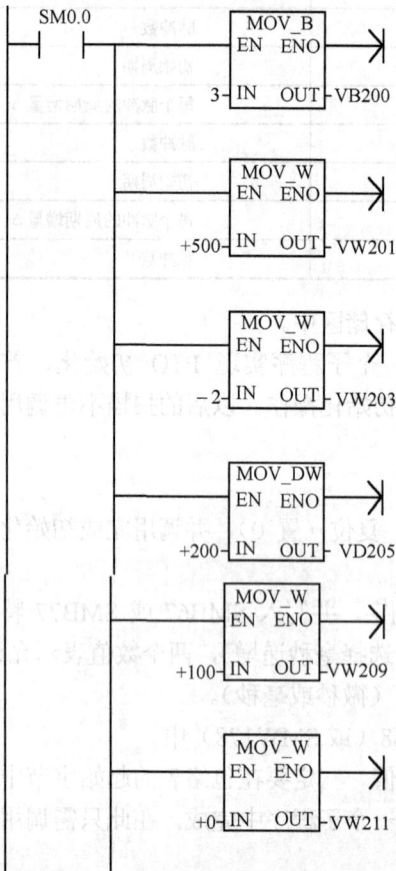

// 写入 PTO 包络表

LD SM0.0

MOVB 3 VB200 // 将包络表段数设为 3

// 段 1：

MOVW +500 VW201 // 段 1 的初始循环时间
　　　　　　　　　　　设为 500μs

MOVW -2 VW203 // 段 1 的 Δ 设为-2μs

MOVD +200 VD205 // 段 1 的脉冲数设为 200

// 段 2：

MOVW　+100 VW209 // 段 2 的初始周期
　　　　　　　　　　　设为 100 μs

MOVW　+0 VW211 // 段 2 的 Δ 设为 0 ms

MOVD　+3600 VD213 // 段 2 中的脉冲数
　　　　　　　　　　　设为 3600

图 6-22　例 6-7 主程序、初始化子程序和中断程序

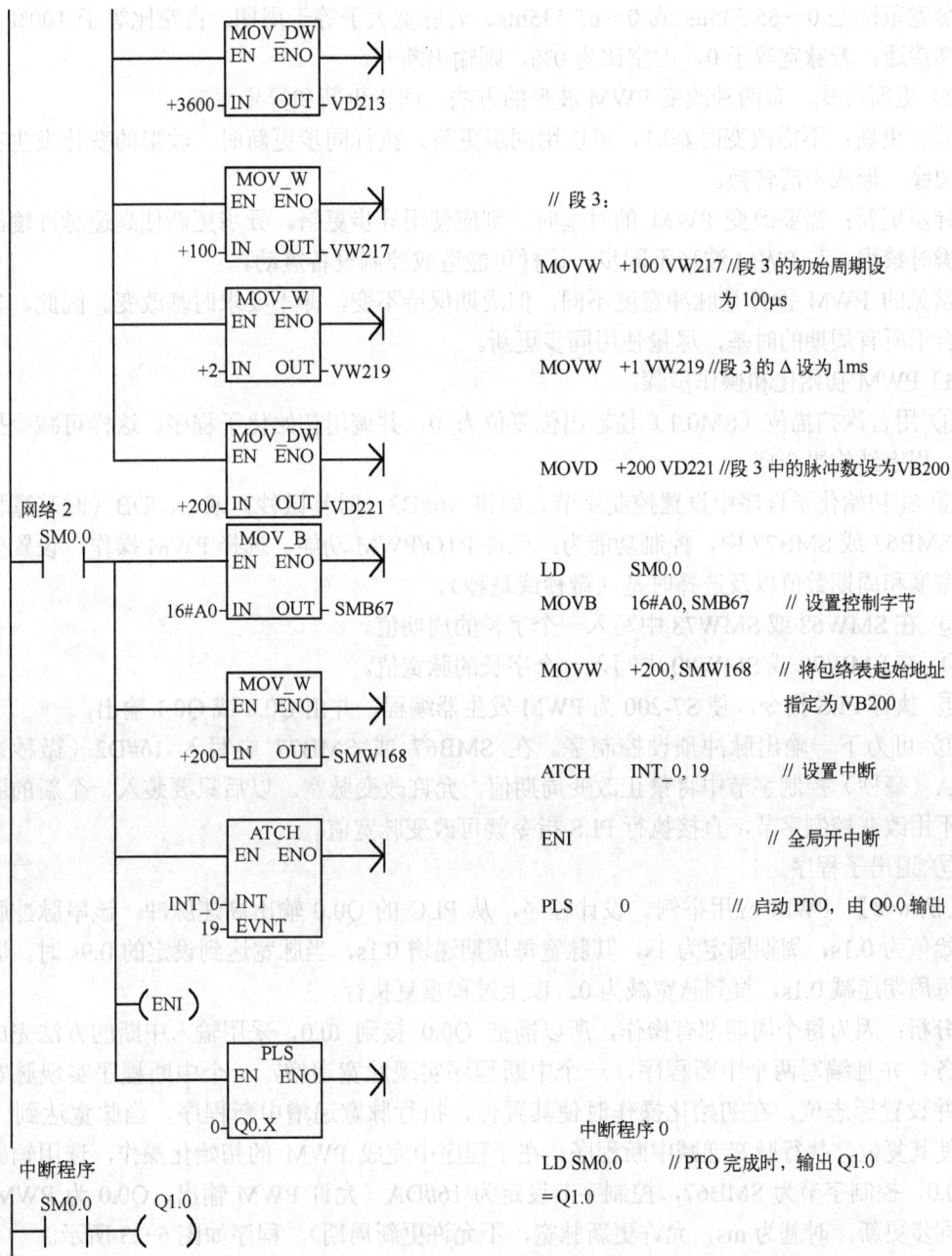

```
        MOV_DW
       EN    ENO
+3600 -IN   OUT- VD213

        MOV_W
       EN    ENO
 +100 -IN   OUT- VW217

        MOV_W
       EN    ENO
   +2 -IN   OUT- VW219

        MOV_DW
       EN    ENO
 +200 -IN   OUT- VD221
```

网络 2
SM0.0

```
        MOV_B
       EN    ENO
16#A0 -IN   OUT- SMB67

        MOV_W
       EN    ENO
 +200 -IN   OUT- SMW168

        ATCH
       EN    ENO
INT_0 -INT
   19 -EVNT

       ( ENI )

        PLS
       EN    ENO
    0 -Q0.X
```

中断程序
SM0.0   Q1.0

```
// 段 3：

MOVW   +100  VW217  //段 3 的初始周期设
                      为 100μs

MOVW   +1  VW219  //段 3 的 Δ 设为 1ms

MOVD   +200  VD221  //段 3 中的脉冲数设为 VB200

LD     SM0.0
MOVB   16#A0, SMB67    // 设置控制字节

MOVW   +200, SMW168   // 将包络表起始地址
                        指定为 VB200
ATCH   INT_0, 19      // 设置中断

ENI                  // 全局开中断

PLS    0             // 启动 PTO，由 Q0.0 输出

中断程序 0
LD SM0.0   //PTO 完成时，输出 Q1.0
= Q1.0
```

图 6-22 例 6-7 主程序、初始化子程序和中断程序（续）

5. PWM 的使用

PWM 是脉宽可调的高速脉冲输出，通过控制脉宽和脉冲的周期，实现控制任务。

1）周期和脉宽。周期和脉宽时基为微秒或毫秒，均为 16 位无符号数。

周期的范围是 50～65 535μs 或 2～65 535ms。若周期小于两个时基，则系统默认为两个时基。

脉宽范围是 0~65 535μs 或 0~65 535ms。若脉宽大于等于周期，占空比等于 100%，输出连续接通；若脉宽等于 0，占空比为 0%，则输出断开。

2）更新方式。有两种改变 PWM 波形的方法：同步更新和异步更新。

同步更新：不需改变时基时，可以用同步更新。执行同步更新时，波形的变化发生在周期的边缘，形成平滑转换。

异步更新：需要改变 PWM 的时基时，则应使用异步更新。异步更新使高速脉冲输出功能被瞬时禁用，与 PWM 波形不同步。这样可能造成控制设备震动。

常见的 PWM 操作是脉冲宽度不同，但周期保持不变，即不要求时基改变。因此，先选择适合于所有周期的时基，尽量使用同步更新。

3）PWM 初始化和操作步骤。

① 用首次扫描位（SM0.1）使输出位复位为 0，并调用初始化子程序。这样可减少扫描时间，程序结构更合理。

② 在初始化子程序中设置控制字节。如将 16#D3（时基微秒）或 16#DB（时基毫秒）写入 SMB67 或 SMB77 中，控制功能为：允许 PTO/PWM 功能、选择 PWM 操作、设置更新脉冲宽度和周期数值以及选择时基（微秒或毫秒）。

③ 在 SMW68 或 SMW78 中写入一个字长的周期值。

④ 在 SMW70 或 SMW80 中写入一个字长的脉宽值。

⑤ 执行 PLS 指令，使 S7-200 为 PWM 发生器编程，并由 Q0.0 或 Q0.1 输出。

⑥ 可为下一输出脉冲预设控制字。在 SMB67 或 SMB77 中写入 16#D2（微秒）或 16#DA（毫秒）控制字节中将禁止改变周期值，允许改变脉宽。以后只要装入一个新的脉宽值，不用改变控制字节，直接执行 PLS 指令就可改变脉宽值。

⑦ 退出子程序。

【例 6-8】 PWM 应用举例。设计程序，从 PLC 的 Q0.0 输出高速脉冲。该串脉冲脉宽的初始值为 0.1s，周期固定为 1s，其脉宽每周期递增 0.1s，当脉宽达到设定的 0.9s 时，脉宽改为每周期递减 0.1s，直到脉宽减为 0。以上过程重复执行。

分析：因为每个周期都有操作，所以需把 Q0.0 接到 I0.0，采用输入中断的方法完成控制任务，并且编写两个中断程序，一个中断程序实现脉宽递增，一个中断程序实现脉宽递减，并设置标志位，在初始化操作时使其置位，执行脉宽递增中断程序，当脉宽达到 0.9s 时，使其复位，执行脉宽递减中断程序。在子程序中完成 PWM 的初始化操作，选用输出端为 Q0.0，控制字节为 SMB67，控制字节设定为 16#DA（允许 PWM 输出，Q0.0 为 PWM 方式，同步更新，时基为 ms，允许更新脉宽，不允许更新周期）。程序如图 6-23 所示。

6.2.7 高速脉冲输出指令向导的应用

高速脉冲输出的程序可以用编程软件的指令向导生成。如例 6-6 中图 6-21 所示用步进电动机实现的位置控制，为多速定位，包络表的起始地址为 VB200，脉冲输出形式为 PTO，脉冲输出端为 Q0.0。用指令向导的编程步骤如下。

1）打开 STEP7-Micro/Win 的程序编辑的页面，选择菜单"工具"→"位置控制向导"，如图 6-24 所示。

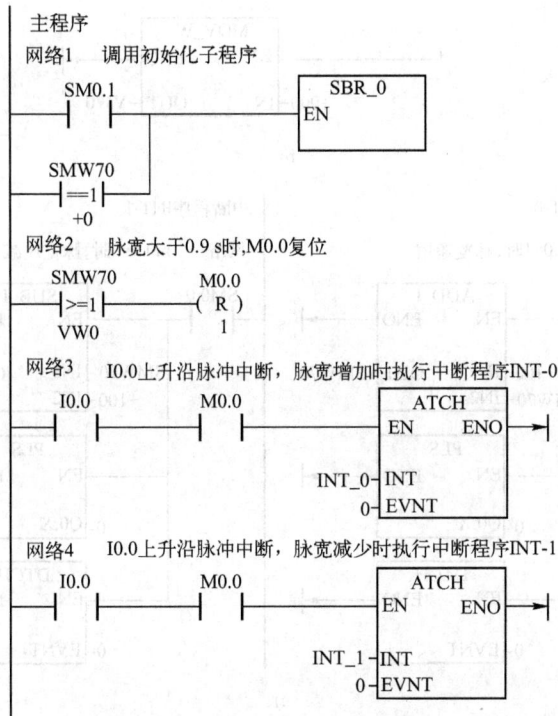

主程序

网络1   调用初始化子程序

```
     SM0.1                              SBR_0
 ─────┤ ├──────────┬──────────────────┤EN    │
                    │                  └──────┘
     SMW70          │
 ─────┤==1├─────────┘
      +0
```

网络2   脉宽大于0.9 s时,M0.0复位

```
     SMW70              M0.0
 ─────┤>=1├────────────( R )
      VW0                1
```

网络3   I0.0上升沿脉冲中断,脉宽增加时执行中断程序INT-0

```
     I0.0       M0.0             ATCH
 ────┤ ├───────┤ ├───────────┤EN    ENO├──
                             │          │
                       INT_0─┤INT       │
                           0─┤EVNT      │
                             └──────────┘
```

网络4   I0.0上升沿脉冲中断,脉宽减少时执行中断程序INT-1

```
     I0.0       M0.0             ATCH
 ────┤ ├───────┤ ├───────────┤EN    ENO├──
                             │          │
                       INT_1─┤INT       │
                           0─┤EVNT      │
                             └──────────┘
```

a)

初始化子程序

网络1   使M0.0置1、写入控制字、周期、初始脉宽及比较值、启动PWM

```
     SM0.0              M0.0
 ────┤ ├───────┬──────( S )
               │        1
               │
               │            MOV_B
               ├────────┤EN    ENO├──
               │        │          │
               │  16#DA─┤IN   OUT├─SMB67
               │        └──────────┘
               │
               │            MOV_W
               ├────────┤EN    ENO├──
               │        │          │
               │  +100──┤IN   OUT├─SMW70
               │        └──────────┘
               │
               │            MOV_W
               ├────────┤EN    ENO├──
               │        │          │
               │ +1000──┤IN   OUT├─SMW68
               │        └──────────┘
               │
               ├────────(ENI)
               │
               │            PLS
               └────────┤EN    ENO├──
                        │          │
                      0─┤Q0.X      │
                        └──────────┘
```

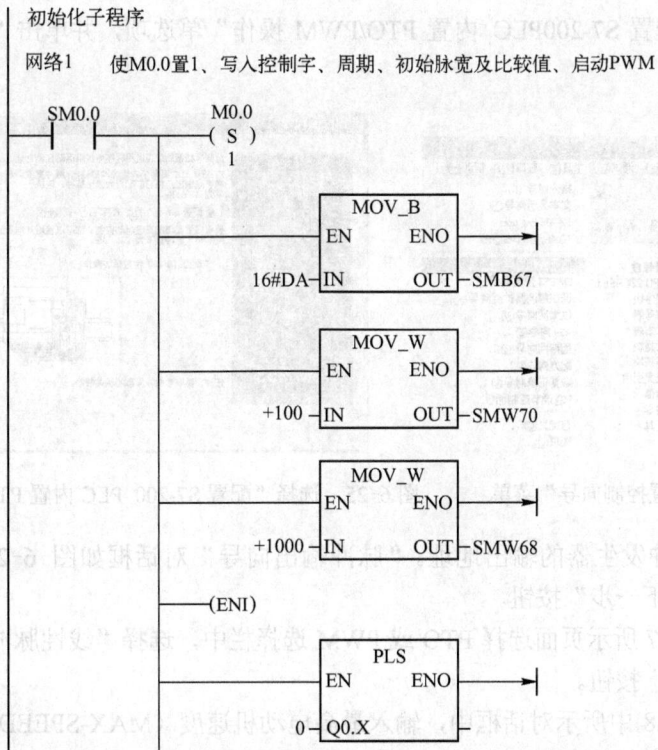

图 6-23   例 6-8 程序

a) 主程序   b) 子程序   c) 中断程序

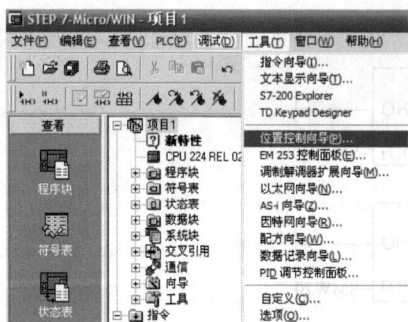

b)

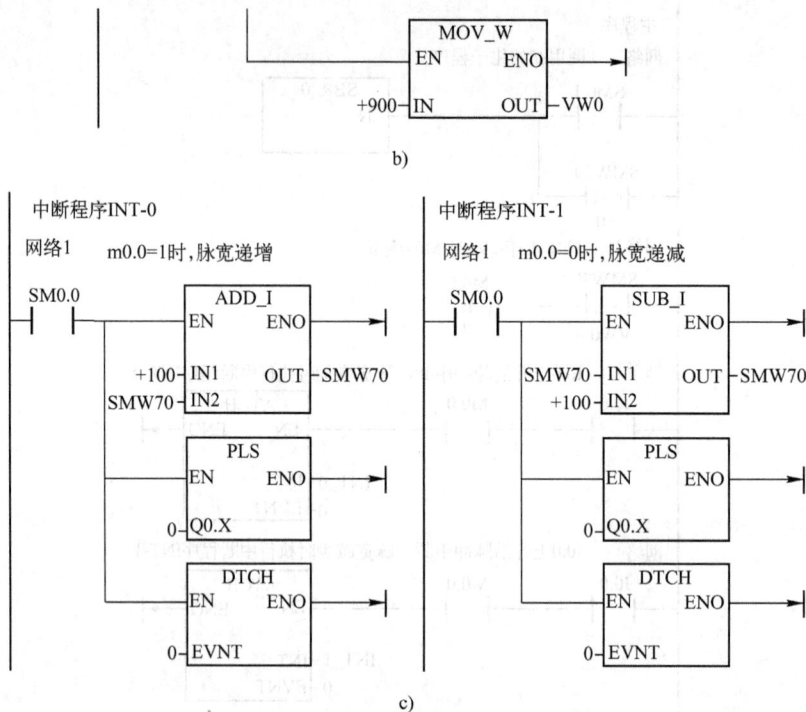

c)

图 6-23 例 6-8 程序（续）

a) 主程序 b) 子程序 c) 中断程序

2）选择"配置 S7-200PLC 内置 PTO/PWM 操作"单选项，并单击"下一步"按钮，如图 6-25 所示。

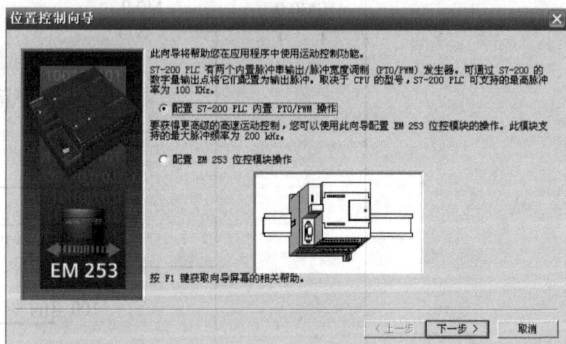

图 6-24 "位置控制向导"菜单 　　图 6-25 选择"配置 S7-200 PLC 内置 PTO/PWM 操作"单选项

3）指定脉冲发生器的输出地址。"脉冲输出向导"对话框如图 6-26 所示。本例选择 Q0.0。并单击"下一步"按钮。

4）在图 6-27 所示页面选择 PTO 或 PWM 选择栏中，选择"线性脉冲串输出（PTO）"，并单击"下一步"按钮。

5）在图 6-28 中所示对话框中，输入最高电动机速度（MAX-SPEED）和启动/停止的速度（SS-SPEED），并单击"下一步"按钮。

MAX_SPEED。在电动机扭矩能力范围内的最佳工作速度。驱动负载所需的转矩由摩擦力、惯性和加速/减速时间决定。

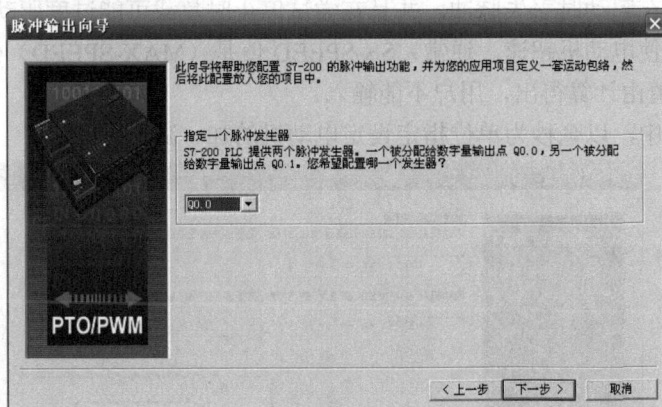

图 6-26 "脉冲输出向导"对话框

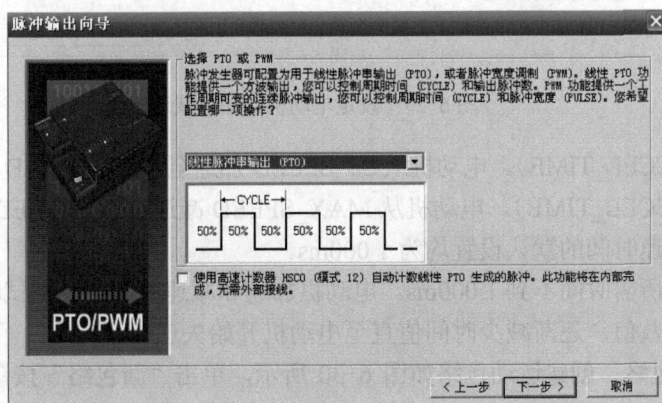

图 6-27 "设定脉冲参数"对话框

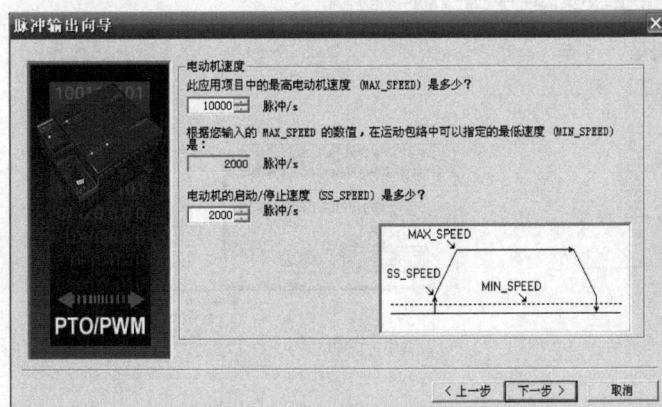

图 6-28 选定电动机最高速度和启动停止速度

SS_SPEED。在电动机的能力范围内输入一个数值，以低速驱动负载。如果 SS_SPEED

数值过低，电动机和负载就可能会在运动开始和结束时颤动或跳动；如果 SS_SPEED 数值过高，电动机就可能在起动时丢失脉冲，并且在尝试停止时负载可能过度驱动电动机，并且负载在试图停止时会使电动机超速。通常，SS-SPEED 值是（MAX-SPEED）值的 5%～15%。

MIN-SPEED 值由计算得出，用户不能输入。

6）在图 6-29 中，以毫秒为单位指定设定电动机的加、减速时间。

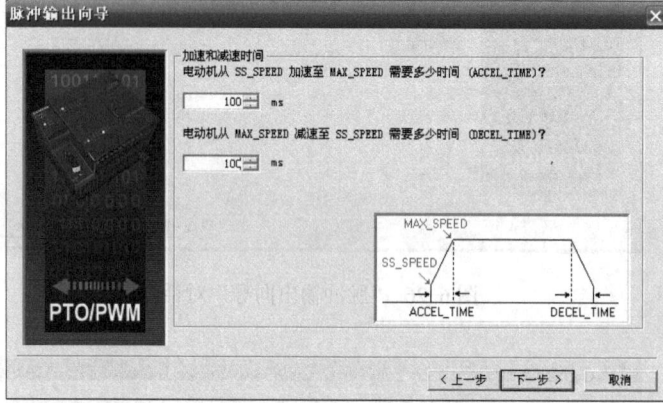

图 6-29　设定电动机的加、减速时间

加速时间（ACCEL_TIME）。电动机从 SS_SPEED 加速至 MAX_SPEED 所需要的时间。

减速时间（DECEL_TIME）。电动机从 MAX_SPEED 减速至 SS_SPEED 所需要的时间。

加速时间和减速时间的默认设置均为 1 000ms。

通常，电动机所需时间不到 1 000ms。电动机加速和减速时间由反复试验决定。在开始时输入一个较大的数值，逐渐减少时间值直至电动机开始失速为止。

7）创建运动包络。创建运动包络如图 6-30 所示，单击"新包络"按钮，出现"运动包络定义"对话框，选择"是"。

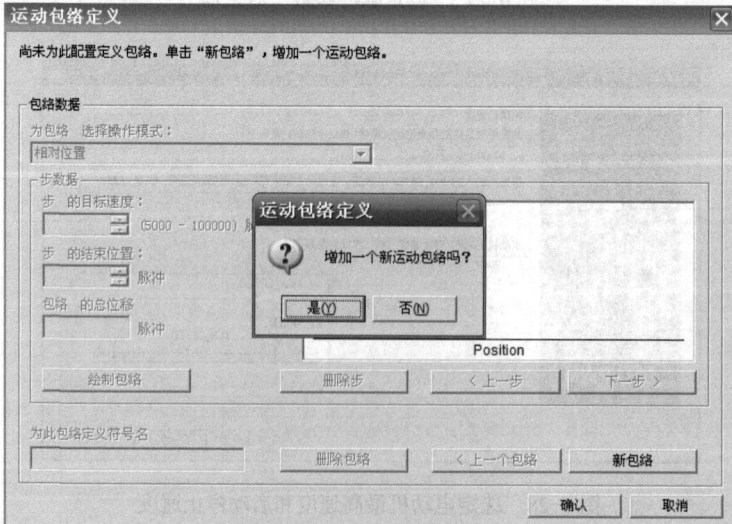

图 6-30　创建运动包络

8）配置运动包络界面，如图 6-31 所示。该界面需要选择操作模式、步的目标速度、结束位置及该包络的符号名。从 0 包络、0 步开始。设置完成单击"绘制包络"按钮，便可看到图中的运动包络曲线。本例中只有一个包络，这个包络只有一步。

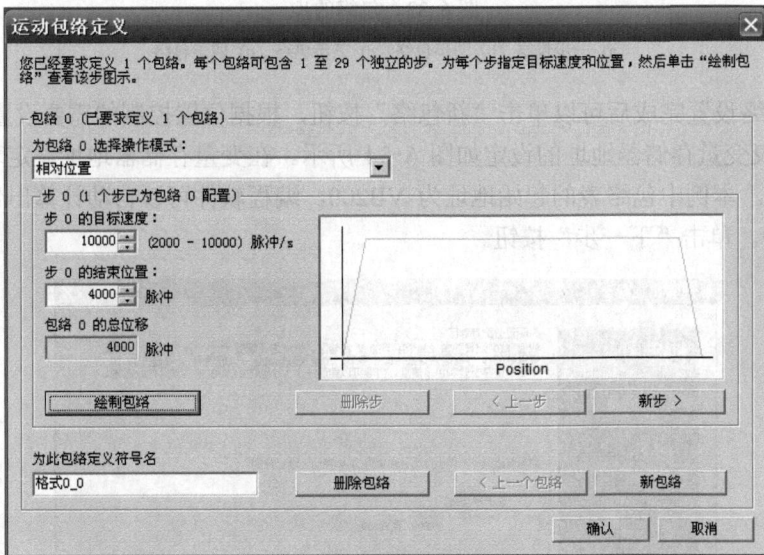

图 6-31　配置运动包络界面

为该包络选择操作模式（相对位置或单速连续旋转），并根据操作模式配置此包络。

相对位置模式指的是运动的终点位置，是从起点侧开始计算脉冲数量，如图 6-32a 所示。

单速连续转动（如图 6-32b 所示）则不需要提供运动的终点位置，PTO 一直持续输出脉冲，直至停止命令发出为止。

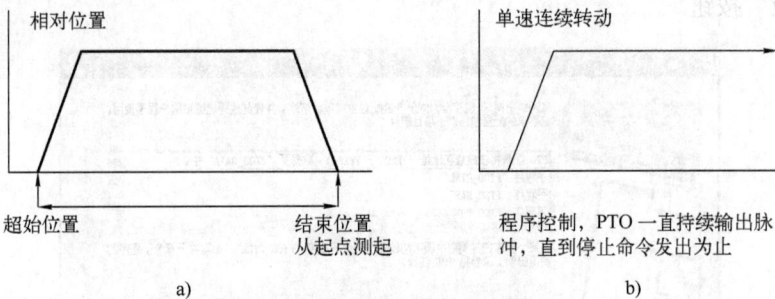

图 6-32　包络的操作模式

a) 相对位置　b) 单速连续转动

如果一个包络中，有几个不同的目标速度和对应的移动距离，则需要为包络定义"步"。如果有不止一个步，请单击"新步"按钮，然后为包络的每个步输入信息。每个"步"包括目标速度和结束位置，每"步"移动的固定距离，包括加速时间和减速时间在内所走过的距离。每个包络最多可有 29 个单独步。图 6-33 所示为包络的步，分别为一步、两步、三步、四步包络。可以看出，一步包络只有一个目标速度，两步包络有两个目标速度。依次类推，步的数目与包络中的目标速度的数目是一致的。

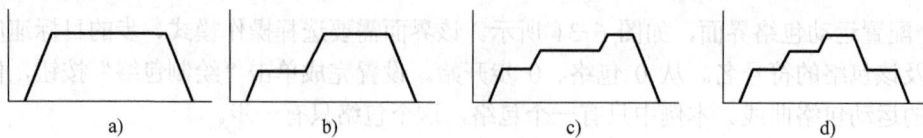

图 6-33 包络的步

a) 一步包络 b) 两步包络 c) 三步包络 d) 四步包络

在一个包络设置完成后可以单击"新包络"按钮，根据位置控制的需要设置新的包络。

9）包络表变量存储器地址的设定如图 6-34 所示。在变量存储器地址设定表中设定包络表的起始地址。本例中包络表的起始地址为 VB200，编程软件可以自动计算出包络表的结束地址为 VB269。单击"下一步"按钮。

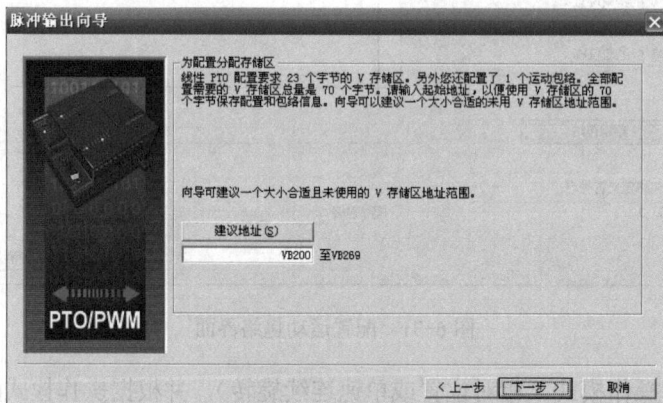

图 6-34 包络表变量存储器地址的设定

10）设定完成后出现图 6-35 所示的设定确认对话框，进行设定确认，确认设定无误后可单击"完成"按钮。

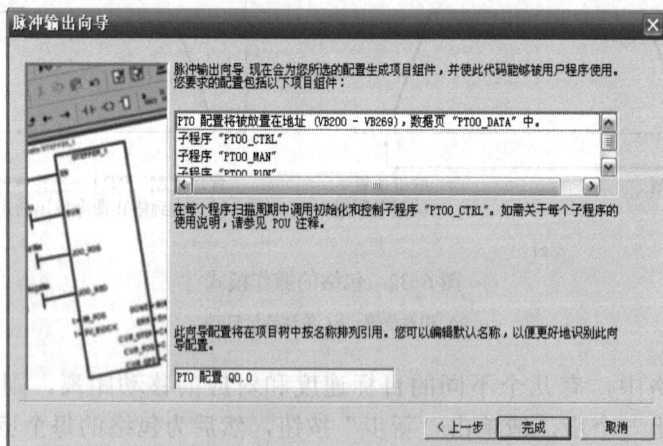

图 6-35 设定确认

11）通过向导编程结束后，会自动生成 PTO0-CTRL（控制）、PTO0-RUN（运行）、PTO0-MAN（手动模式）这 3 个加密的带参数的子程序，如图 6-36 所示。

① PTOx-CTRL（控制）子程序。初始化和控制 PTO 操作，用 SM0.0 作为 EN 的输入。作为子程序调用，在程序中只使用一次。如图 6-37 所示。

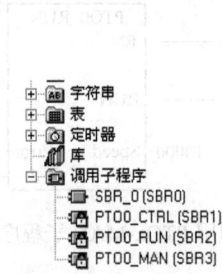

图 6-36　向导生成的 3 个子程序　　　　图 6-37　调用 PTOx-CTRL 子程序

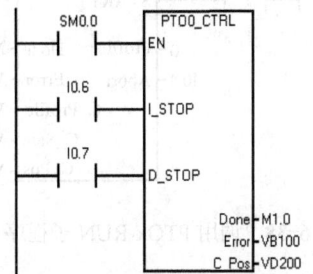

I_STOP（立即停止）输入。开关量输入，高电平有效，当此输入为高电平时，PTO 立即终止脉冲的发出。

D_STOP（减速停止）输入。开关量输入，高电平有效，当此输入为高电平时，PTO 会产生将电机减速至停止的脉冲串。

Done（完成）：开关量输出。当执行 PTO 操作时，被复位为 0；当 PTO 操作完成时被置位为 1。

Error（错误）：字节型数据。当 Done 位为 1 时，Error 字节会报告错误代码，"0" 为无错误。

C-Pos：双字型数据。显示正在执行的段数。如果 PTO 向导的 HSC 计数器功能已启用，C-Pos 参数就包含用脉冲数目表示的模块；否则此数值始终为零。

② PTOx-RUN（运行包络）。在定义了一个或多个运动包络后，该子程序用于执行指定的运动包络。调用 PTOx-RUN 子程序如图 6-38 所示。

EN 位：使能位。用 SM0.0 作为 EN 的输入。

START：包络执行的起动信号。为了确保仅发送一个命令，使用边缘触发指令以脉冲方式开启 START 参数。

Profile（包络）：字节型数据。输入需要执行的运动包络号。

Abort（终止）：开关量输入，高电平有效。当该位为 "1" 时，取消包络运行命令，并减速至电机停止。

Done（完成）：开关量输出。当本子程序执行时，被复位为 0；当本子程序执行完成时，被置位为 1。

Error（错误）：字节型数据。输出本子程序执行结果的错误信息，无错误时输出 0。

C-Profile（当前包络）：字节型数据。输出当前执行的包络号。

C-Step（当前步）：字节型数据。输出目前执行的包络的步号。

C-Pos（当前位置）：双字型数据。如果 PTO 向导的 HSC 计数器功能已启用，C-Pos 参数就显示当前的脉冲数目；否则此数值始终为零。

③ PTOx-MAN（手动模式）。将 PTO 输出置于手动模式。它允许电动机起动、停止和按不同的速度运行。当 PTOx-MAN 子程序已启用时，除 PTOx-CTRL 外，任何其他 PTO 子程序都无法执行。调用这一子程序的梯形图如图 6-39 所示。

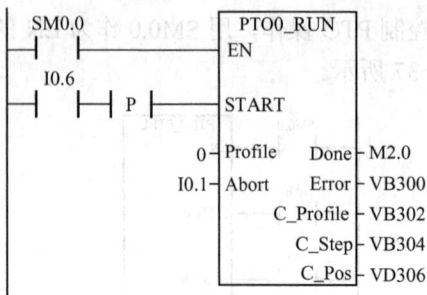

图 6-38 调用 PTOx-RUN 子程序

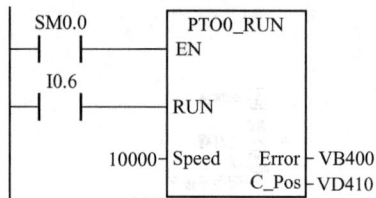

图 6-39 调用 PTOx-MAN 子程序的梯形图

EN 位：使能位。用 SM0.0 作为 EN 的输入。

RUN（运行/停止）：启用 RUN（运行/停止）参数。命令 PTO 加速至指定速度[Speed（速度）参数]，可以在电动机运行中更改 Speed 参数的数值；停用 RUN 参数：命令 PTO 减速至电动机停止。

Speed（速度参数）：DINT（双整数）值。输入目标速度值，当 RUN 已启用时，Speed 参数决定着速度。可以在电动机运行中更改此参数。

Error（错误）参数：包含本子程序的结果。"0"为无错误。

C-Pos（当前位置）：如果 PTO 向导的 HSC 计数器功能已启用，C-Pos 参数就包含用脉冲数目表示的模块；否则此数值始终为零。

6.2.8 高速输入、高速输出指令编程实训

1．实训目的

1）掌握高速处理类指令的组成、相关特殊存储器的设置、指令的输入及指令执行后的结果，进一步熟悉指令的作用和使用方法。

2）通过实训的编程、调试练习观察程序执行的过程，分析指令的工作原理，熟悉指令的具体应用，掌握编程技巧和能力。

2．实训内容

用脉冲输出指令 PLS 和高速输出端子 Q0.0 给高速计数器 HSC 提供高速计数脉冲信号，因为要使用高速脉冲输出功能，所以必须选用直流电源型的 CPU 模块，即 CPU224/DC/DC/DC。输入侧的公共端与输出侧的公共端相连，将高速输出端 Q0.0 接到高速输入端 I0.0，24V 电源正端与输出侧的 1L+端子相连。有脉冲输出时，Q0.0 与 I0.0 对应的 LED 亮。在子程序 0 中，把中断程序 0 与中断事件 12（CV=PV 时产生中断）连接起来。

外部接线图如图 6-40 所示。实训参考程序如图 6-41 所示。

图 6-40 外部接线图

3．读懂程序并输入程序

给程序加注释，给网络加注释，在注释中说明程序的功能和指令的功能。

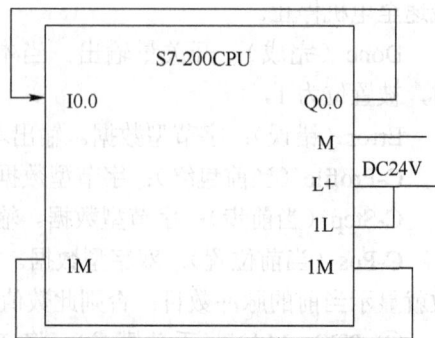

主程序
网络1

SM0.1 ── SBR_0
         EN

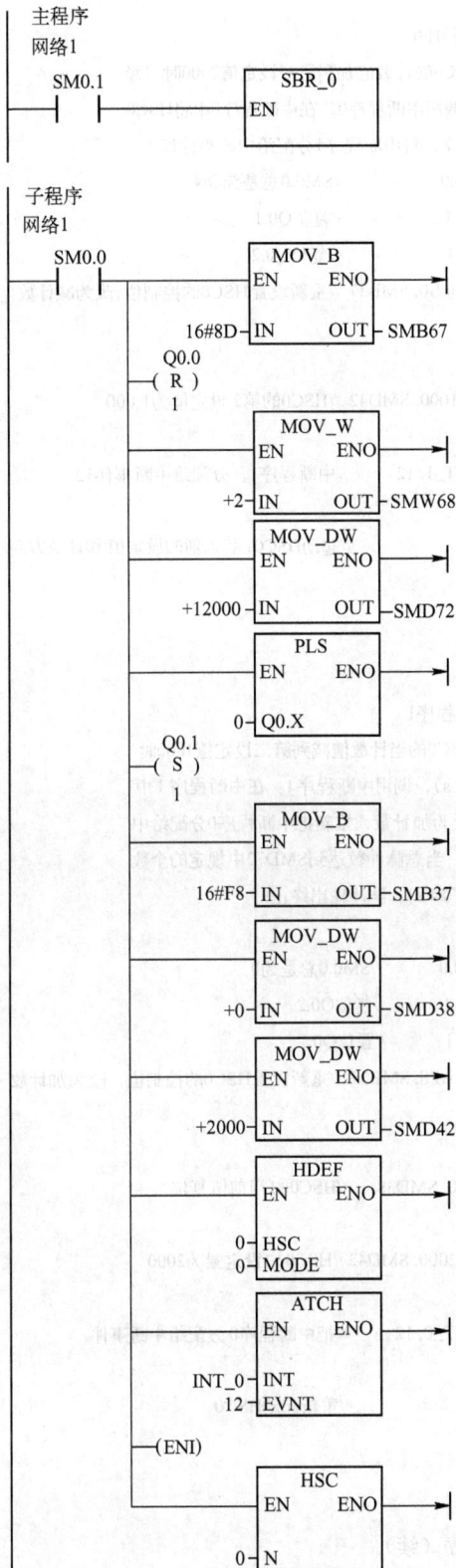

主程序
LD   SM0.1   //首次扫描时SM0.1=1
CALL SBR_0   //调用子程序0，初始化高速输出和HSC0

子程序
网络1

SM0.0 ──┬── MOV_B
         │   EN   ENO
         │   16#8D─IN   OUT─SMB67
         │
         ├── Q0.0
         │   ─(R)
         │   1
         │
         ├── MOV_W
         │   EN   ENO
         │   +2─IN   OUT─SMW68
         │
         ├── MOV_DW
         │   EN   ENO
         │   +12000─IN   OUT─SMD72
         │
         ├── PLS
         │   EN   ENO
         │   0─Q0.X
         │
         ├── Q0.1
         │   ─(S)
         │   1
         │
         ├── MOV_B
         │   EN   ENO
         │   16#F8─IN   OUT─SMB37
         │
         ├── MOV_DW
         │   EN   ENO
         │   +0─IN   OUT─SMD38
         │
         ├── MOV_DW
         │   EN   ENO
         │   +2000─IN   OUT─SMD42
         │
         ├── HDEF
         │   EN   ENO
         │   0─HSC
         │   0─MODE
         │
         ├── ATCH
         │   EN   ENO
         │   INT_0─INT
         │   12─EVNT
         │
         ├──(ENI)
         │
         └── HSC
             EN   ENO
             0─N

子程序0
LD   SM0.0   //设置PLS 0的控制字节：允许单段PTO功能

MOVB 16#8D, SMB67   //时基ms，可更新脉冲数和周期

R   Q0.0, 1   //复位脉冲输出Q0.0的输出映像寄存器

MOVW +2, SMW68   //输出脉冲的周期为2ms

MOVD +12000, SMD72   //产生12 000个脉冲（共24s）

PLS   0   //起动PLS 0，从输出端Q0.0输出脉冲

S   Q0.1, 1   //在第一段时间内（4s）Q0.1为1

MOVB 16#F8, SMB37   //HSC0初始化，可更新CV，PV和
                        计数方向，加计数

MOVD +0, SMD38   //HSC0的当前值清0

MOVD +2000, SMD42   //HSC0的第一次设定值为2000（延时4s）

HDEF 0, 0   //定义HSC0为模式0

ATCH INT_0, 12   //定义HSC0的CV=PV时，执行中断程序0

ENI   //允许全局中断

HSC   0   //起动HSC0

图 6-41 实训参考程序

159

中断程序0

网络1　网络标题

```
SM0.0            Q0.1
──┤├──────────────( R )
              │      1
              │    Q0.2
              ├───( S )
              │      1
              │   ┌─────────┐
              │   │  MOV_B   │
              ├───┤EN    ENO ├──►
              │   │          │
       16#B0──┤IN    OUT├─SMB37
              │   └─────────┘
              │   ┌─────────┐
              │   │ MOV_DW  │
              ├───┤EN    ENO ├──►
              │   │          │
       +1000──┤IN    OUT├─SMD42
              │   └─────────┘
              │   ┌─────────┐
              │   │  ATCH   │
              ├───┤EN    ENO ├──►
              │   │          │
      INT_1──┤INT       │
              │  12─┤EVNT      │
              │   └─────────┘
              │   ┌─────────┐
              │   │   HSC   │
              └───┤EN    ENO ├──►
                  │          │
               0──┤N         │
                  └─────────┘
```

中断程序0

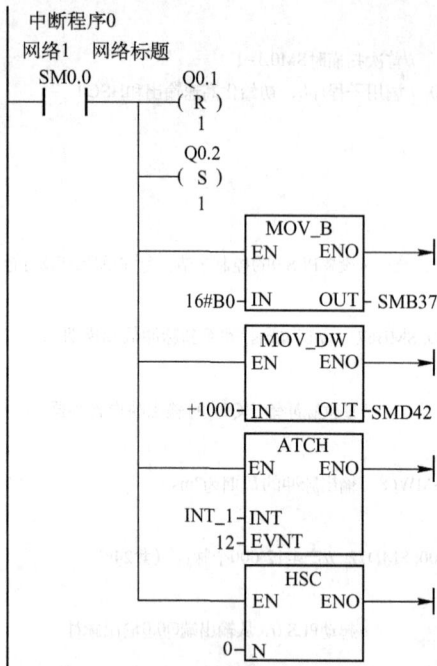

当HSC0的计数值加到第一设定值2000时（经过4s），调用中断程序0。在中断程序0中将HSC0改为减计数，将中断程序1分配给中断事件12

```
LD   SM0.0              //SM0.0总是为ON
R    Q0.1, 1            //复位Q0.1
S    Q0.2, 1            //复位Q0.2
MOVB  16#B0, SMB37     //重新设置HSC0的控制位，改为减计数

MOVD  +1000, SMD42     //HSC0的第2设定值为1 000

ATCH  INT_1, 12        //中断程序1，分配给中断事件12

HSC   0                //起动HSC0，装入新的设定值和计数方向
```

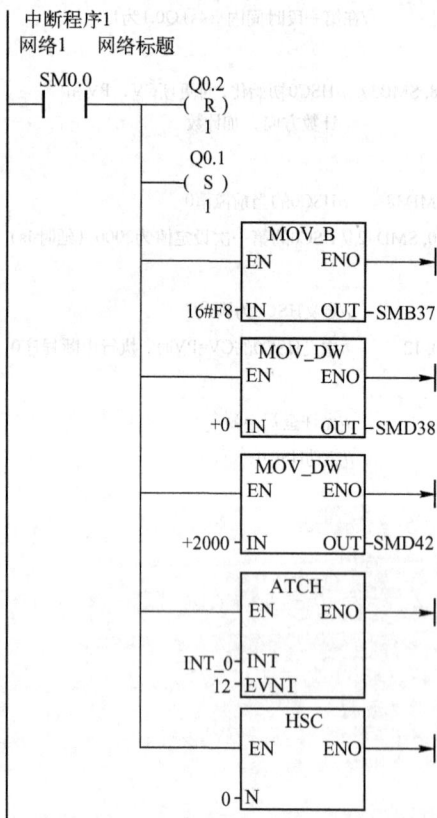

中断程序1

网络1　网络标题

```
SM0.0            Q0.2
──┤├──────────────( R )
              │      1
              │    Q0.1
              ├───( S )
              │      1
              │   ┌─────────┐
              │   │  MOV_B   │
              ├───┤EN    ENO ├──►
              │   │          │
       16#F8──┤IN    OUT├─SMB37
              │   └─────────┘
              │   ┌─────────┐
              │   │ MOV_DW  │
              ├───┤EN    ENO ├──►
              │   │          │
         +0──┤IN    OUT├─SMD38
              │   └─────────┘
              │   ┌─────────┐
              │   │ MOV_DW  │
              ├───┤EN    ENO ├──►
              │   │          │
       +2000──┤IN    OUT├─SMD42
              │   └─────────┘
              │   ┌─────────┐
              │   │  ATCH   │
              ├───┤EN    ENO ├──►
              │   │          │
      INT_0──┤INT       │
              │  12─┤EVNT      │
              │   └─────────┘
              │   ┌─────────┐
              │   │   HSC   │
              └───┤EN    ENO ├──►
                  │          │
               0──┤N         │
                  └─────────┘
```

中断程序1

当HSC0的当计数值减到第二设定值1000时（经过了2 s），调用中断程序1。在中断程序1中将HSC0改为加计数，重新把中断程序0分配给中断事件12，当总脉冲数达到SMD72中规定的个数时（经过了24 s），脉冲输出终止

```
LD   SM0.0              //SM0.0总是为0
R    Q0.2, 1            //复位Q0.2
S    Q0.1, 1            //置位Q0.1
MOVB  16#F8, SMB37     //重新设置HSC0的控制位，改为加计数

MOVD  +0, SMD38        //HSC0的当前值复位

MOVD  +2000, SMD42     //HSC0的设定置为2000

ATCH  INT_0, 12        //把中断程序0分配给中断事件

HSC   0                //重新起动HSC0
```

图6-41　实训参考程序（续）

4．编译运行和调试程序

观察 Q0.1 和 Q0.2 对应的 LED 的状态，并记录。用状态表监视 HSC0 的当前值变化情况。根据观察结果，画出 HSC0、Q0.0、Q0.1 之间对应的波形图。

5．用指令向导完成该实训

6.3 PID 控制

6.3.1 PID 指令

1．PID 算法

在工业生产过程控制中，模拟信号 PID（由比例、积分、微分构成的闭合回路）调节是常见的一种控制方法。运行 PID 控制指令，S7-200 将根据参数表中的输入测量值、控制设定值及 PID 参数，进行 PID 运算，求得输出控制值。PID 控制回路的参数表如表 6-14 所示。参数表中有 9 个参数，全部为 32 位的实数，共占用 36 个字节。

表 6-14 PID 控制回路的参数表

地址偏移量	参　　数	数 据 格 式	参 数 类 型	说　　　明
0	过程变量当前值 PV_n	双字，实数	输入	必须在 0.0～1.0 范围内
4	给定值 SP_n	双字，实数	输入	必须在 0.0～1.0 范围内
8	输出值 M_n	双字，实数	输入/输出	在 0.0～1.0 范围内
12	增益 K_c	双字，实数	输入	比例常量，可为正数或负数
16	采样时间 T_s	双字，实数	输入	以秒为单位，必须为正数
20	积分时间 T_I	双字，实数	输入	以分钟为单位，必须为正数
24	微分时间 T_d	双字，实数	输入	以分钟为单位，必须为正数
28	上一次的积分值 M_x	双字，实数	输入/输出	在 0.0～1.0 之间（根据 PID 运算结果更新）
32	上一次过程变量 PV_{n-1}	双字，实数	输入/输出	最近一次 PID 运算值

典型的 PID 算法包括 3 项：比例项、积分项和微分项，即：输出=比例项+积分项+微分项。计算机在周期性地采样并离散化后进行 PID 运算，算法如下：

$$M_n=K_c*(SP_n-PV_n)+K_c*(T_s/T_i)*(SP_n-PV_n)+M_x+K_c*(T_d/T_s)*(PV_{n-1}-PV_n)$$

式中各参数的含义已在表 6-14 中描述。

1）比例项 $K_c*(SP_n-PV_n)$。能及时地产生与偏差 (SP_n-PV_n) 成正比的调节作用，比例系数 K_c 越大，比例调节作用越强，系统的稳态精度越高，但 K_c 过大，会使系统的输出量振荡加剧，稳定性降低。

2）积分项 $K_c*(T_s/T_i)*(SP_n-PV_n)+M_x$。与偏差有关，只要偏差不为 0，PID 控制的输出就会因积分作用而不断变化，直到偏差消失，系统处于稳定状态为止，所以积分的作用是消除稳态误差，提高控制精度，但积分的动作缓慢，给系统的动态稳定带来不良影响，很少单独使用。从式中可以看出，积分时间常数增大，积分作用减弱，消除稳态误差的速度减慢。

3）微分项 $K_c*(T_d/T_s)*(PV_{n-1}-PV_n)$。根据误差变化的速度（即误差的微分）进行调节，具有超前和预测的特点。当微分时间常数 T_d 增大时，超调量减少，动态性能得到改善，如 T_d

过大，系统输出量在接近稳态时就可能上升缓慢。

2．PID 控制回路选项

在很多控制系统中，有时只采用一种或两种控制回路。例如，可能只要求比例控制回路或比例和积分控制回路。通过设置常量参数值来选择所需的控制回路。

1）如果不需要积分回路（即在 PID 计算中无"I"），就应将积分时间 T_i 设为无限大。对于积分项 M_x 的初始值，虽然没有积分运算，但积分项的数值也可能不为零。

2）如果不需要微分运算（即在 PID 计算中无"D"），就应将微分时间 T_d 设定为 0.0。

3）如果不需要比例运算（即在 PID 计算中无"P"），但需要 I 或 ID 控制，就应将增益值 K_c 指定为 0.0。这是因为 K_c 是计算积分和微分项公式中的系数，将循环增益设为 0.0 会导致在积分和微分项计算中使用的循环增益值为 1.0。

3．回路输入量的转换和标准化

每个回路的给定值和过程变量都是实际数值，其大小、范围和工程单位可能不同。在 PLC 进行 PID 控制之前，必须将其转换成标准化浮点表示法。步骤如下。

1）将数值从 16 位整数转换成 32 位浮点数或实数。下列指令说明如何将整数数值转换成实数。

```
XORD AC0,AC0        //将 AC0 清 0
ITD  AIW0, AC0      //将输入数值转换成双字
DTR AC0, AC0        //将 32 位整数转换成实数
```

2）将实数转换成 0.0～1.0 的标准化数值。用下式：

实际数值的标准化数值=实际数值的非标准化数值或原始实数/取值范围 +偏移量

其中：取值范围=最大可能数值−最小可能数值=32 000（单极数值）或 64 000（双极数值）；对于偏移量，单极数值取 0.0，双极数值取 0.5；单极（0～32 000），双极（−32 000～32 000）。

如将上述 AC0 中的双极数值（间距为 64 000）标准化：

```
/R    64000.0, AC0     //使累加器中的数值标准化
+R    0.5, AC0         //加偏移量 0.5
MOVR    AC0, VD100     //将标准化数值写入 PID 回路参数表中
```

4．将 PID 回路输出转换为成比例的整数

程序执行后，PID 回路输出在 0.0～1.0 的标准化实数数值，它必须被转换成 16 位成比例整数数值，才能驱动模拟输出。

PID 回路输出成比例实数数值=（PID 回路输出标准化实数值−偏移量）*取值范围

程序如下。

```
MOVR    VD108, AC0     //将 PID 回路输出送入 AC0
−R   0.5, AC0          //双极数值减偏移量 0.5
*R   64000.0, AC0      //将 AC0 的值*取值范围，变为成比例实数数值
ROUND    AC0，AC0       //将实数四舍五入取整，变为 32 位整数
DTI    AC0, AC0        //将 32 位整数转换成 16 位整数
MOVW    AC0, AQW0      //将 16 位整数写入 AQW0 中
```

5. PID 指令

使能有效时，根据回路参数表（TBL）中的输入测量值、控制设定值及 PID 参数进行 PID 计算。PID 指令格式如表 6-15 所示。

表 6-15 PID 指令格式

表 6-15　PID 指令格式

LAD	STL	说　　明
PID EN　ENO ????　TBL ????　LOOP	PID TBL, LOOP	TBL：参数表起始地址 VB 数据类型：字节 LOOP：回路号，常量（0~7） 数据类型：字节

说明：

1）程序中可使用 8 条 PID 指令，分别编号为 0~7，不能重复使用。

2）使 ENO = 0 的错误条件：0006（间接地址），SM1.1（溢出，参数表起始地址或指令中指定的 PID 回路指令号码操作数超出范围）。

3）PID 指令不对参数表输入值进行范围检查。必须保证过程变量、给定值积分项前值和过程变量前值在 0.0~1.0。

6.3.2　PID 控制功能的应用

1. 控制任务

一恒压供水水箱，通过变频器驱动的水泵供水，维持水位在满水位的 70%。过程变量 PV_n 为水箱的水位（由水位检测计提供），设定值为 70%，PID 输出控制变频器，即控制水箱注水调速电动机的转速。要求开机后，先手动控制电动机，当水位上升到 70% 时，转换到 PID 自动调节。

2. PID 控制参数表

恒压供水 PID 控制参数表如表 6-16 所示。

表 6-16　恒压供水 PID 控制参数表

地　址	参　数	数　值
VB100	过程变量当前值 PV_n	水位检测计提供的模拟量经 A/D 转换后的标准化数值
VB104	给定值 SP_n	0.7
VB108	输出值 M_n	PID 回路的输出值（标准化数值）
VB112	增益 K_c	0.3
VB116	采样时间 T_s	0.1
VB120	积分时间 T_i	30
VB124	微分时间 T_d	0（关闭微分作用）
VB128	上一次积分值 M_x	根据 PID 运算结果更新
VB132	上一次过程变量 PV_{n-1}	最近一次 PID 的变量值

3．程序分析

1）I/O 分配。手动/自动切换开关 I0.0，模拟量输入 AIW0，模拟量输出 AQW0。

2）程序结构。由主程序、子程序、中断程序构成。主程序用来调用初始化子程序，子程序用来建立 PID 回路初始参数表和设置中断，由于定时采样，所以采用定时中断（中断事件号为 10），设置周期时间和采样时间相同（0.1s），并写入 SMB34 中。中断程序用于执行 PID 运算，I0.0=1 时，执行 PID 运算，本例标准化时采用单极性（取值范围为 0～32 000）。

3）恒压供水 PID 控制梯形图和语句表程序如图 6-42 所示。

主程序：用于调用子程序SBR0，由于SBR0 中使用了中断，因此使用SM0.1调用SBR0。

主程序

网络1

```
SM0.1        SBR_0
 ├─┤ ├───────┤EN    │
```

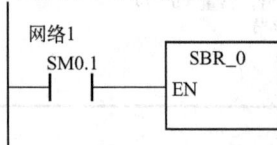

```
LD    SM0.1
CALL  SBR_0
```

子程序：用于PID调节参数的赋值和设置中断

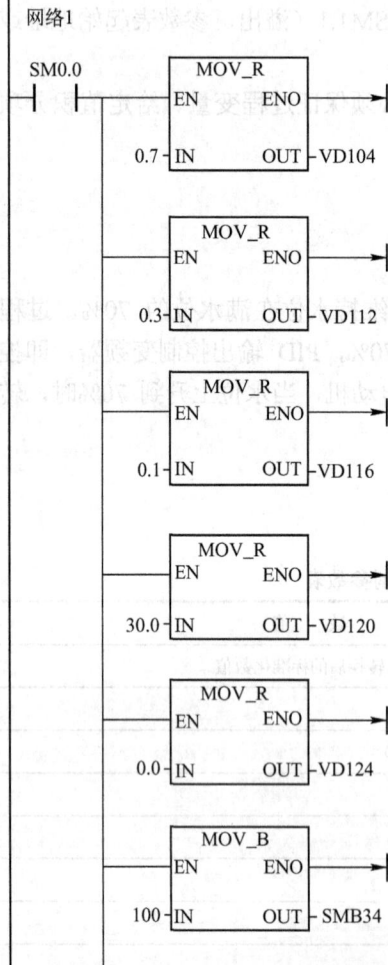

网络1

```
SM0.0        MOV_R
 ├─┤ ├───────┤EN   ENO├──
              │          │
        0.7 ──┤IN    OUT├─ VD104

             MOV_R
       ──────┤EN   ENO├──
              │          │
        0.3 ──┤IN    OUT├─ VD112

             MOV_R
       ──────┤EN   ENO├──
              │          │
        0.1 ──┤IN    OUT├─ VD116

             MOV_R
       ──────┤EN   ENO├──
              │          │
       30.0 ──┤IN    OUT├─ VD120

             MOV_R
       ──────┤EN   ENO├──
              │          │
        0.0 ──┤IN    OUT├─ VD124

             MOV_B
       ──────┤EN   ENO├──
              │          │
        100 ──┤IN    OUT├─ SMB34
```

子程序（建立PID回路参数表，设置中断以执行PID指令）

```
LD    SM0.0
MOVR  0.7, VD104      // 写入给定值(注满70%)
MOVR  0.3, VD112      // 写入回路增益（0.3）
MOVR  0.1, VD116      // 写入采样时间（0.1s）
MOVR  30.0, VD120     // 写入积分时间（30min）
MOVR  0.0, VD124      // 设置无微分运算
MOVB  100, SMB34      // 写入定时中断的周期100 ms
ATCH  INT_0, 10       // 将INT-0（执行PID）和定 时中断连接
ENI                   // 全局开中断
```

图 6-42　恒压供水 PID 控制梯形图和语句表程序

164

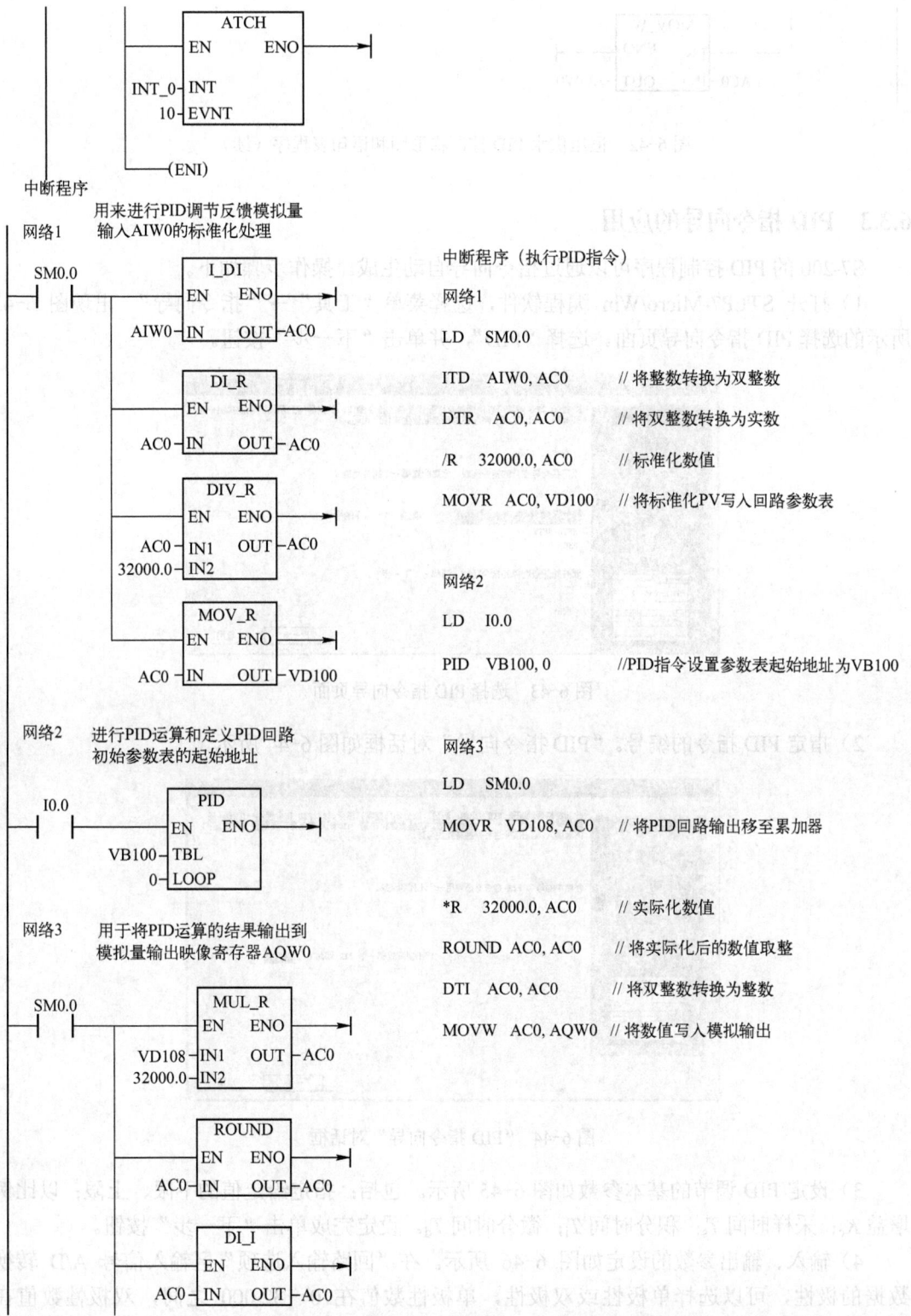

中断程序

网络1　用来进行PID调节反馈模拟量
　　　　输入AIW0的标准化处理

网络2　进行PID运算和定义PID回路
　　　　初始参数表的起始地址

网络3　用于将PID运算的结果输出到
　　　　模拟量输出映像寄存器AQW0

中断程序（执行PID指令）

网络1

LD　SM0.0

ITD　AIW0, AC0　　// 将整数转换为双整数

DTR　AC0, AC0　　// 将双整数转换为实数

/R　32000.0, AC0　　// 标准化数值

MOVR　AC0, VD100　　// 将标准化PV写入回路参数表

网络2

LD　I0.0

PID　VB100, 0　　//PID指令设置参数表起始地址为VB100

网络3

LD　SM0.0

MOVR　VD108, AC0　　// 将PID回路输出移至累加器

*R　32000.0, AC0　　// 实际化数值

ROUND　AC0, AC0　　// 将实际化后的数值取整

DTI　AC0, AC0　　// 将双整数转换为整数

MOVW　AC0, AQW0　　// 将数值写入模拟输出

图 6-42　恒压供水 PID 控制梯形图和语句表程序（续）

165

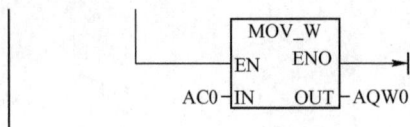

图 6-42 恒压供水 PID 控制梯形图和语句表程序（续）

6.3.3 PID 指令向导的应用

S7-200 的 PID 控制程序可以通过指令向导自动生成。操作步骤如下。

1）打开 STEP7-Micro/Win 编程软件，选择菜单"工具"→"指令向导"，出现图 6-43 所示的选择 PID 指令向导页面。选择"PID"，并单击"下一步"按钮。

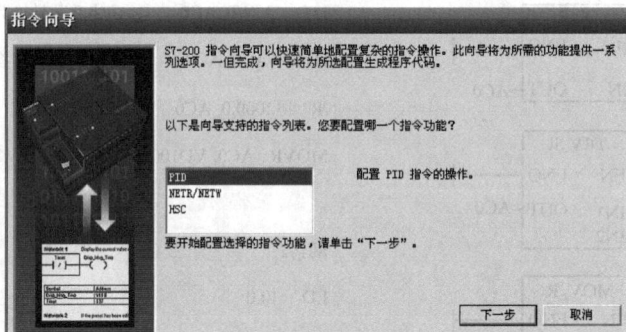

图 6-43 选择 PID 指令向导页面

2）指定 PID 指令的编号。"PID 指令向导"对话框如图 6-44 所示。

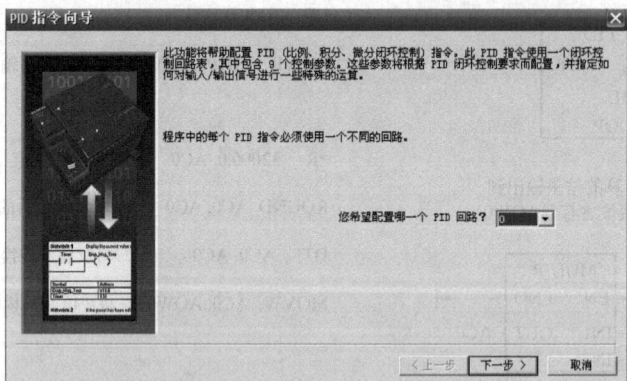

图 6-44 "PID 指令向导"对话框

3）设定 PID 调节的基本参数如图 6-45 所示。包括：指定给定值的下限、上限；以比例增益 K_c；采样时间 T_s；积分时间 T_i；微分时间 T_d。设定完成单击"下一步"按钮。

4）输入、输出参数的设定如图 6-46 所示。在"回路输入选项"区输入信号 A/D 转换数据的极性，可以选择单极性或双极性，单极性数值在 0～32 000 之间，双极性数值在 -32 000～32 000，可以选择使用或不使用 20%偏移；在输出选项区选择输出信号的类型，可以选择模拟量输出或数字量输出，对输出信号的极性（单极性或双极性），选择是否使用

20%的偏移，选择 D/A 转换数据的下限（可以输入 D/A 转换数据的最小值）和上限（可以输入 D/A 转换数据的最大值）。设定完成后单击"下一步"按钮。

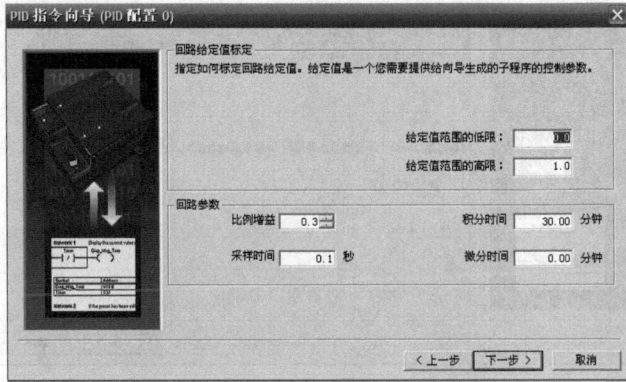

图 6-45　设定 PID 调节的基本参数

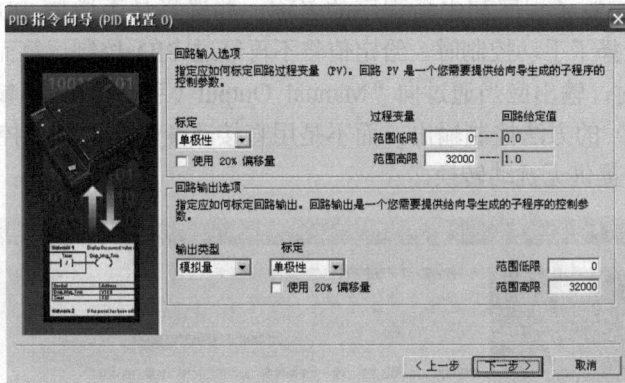

图 6-46　输入、输出参数的设定

5）输出报警参数的设定如图 6-47 所示。选择是否使用输出下限报警，使用时应指定下限报警值；选择是否使用输出上限报警，使用时应指定上限报警值；选择是否使用模拟量输入模块错误报警，使用时指定模块位置。

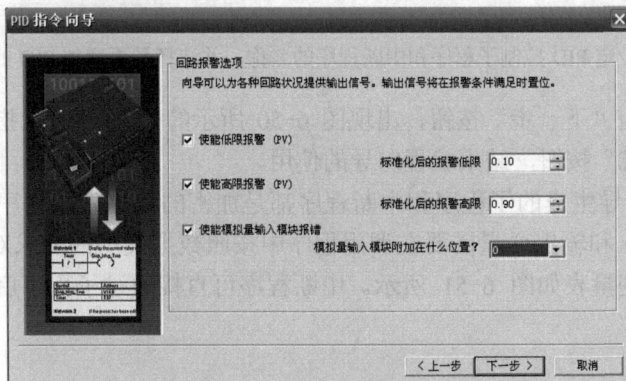

图 6-47　输出警报参数的设定

6）设定 PID 控制参数占用的变量存储器的起始地址，如图 6-48 所示。

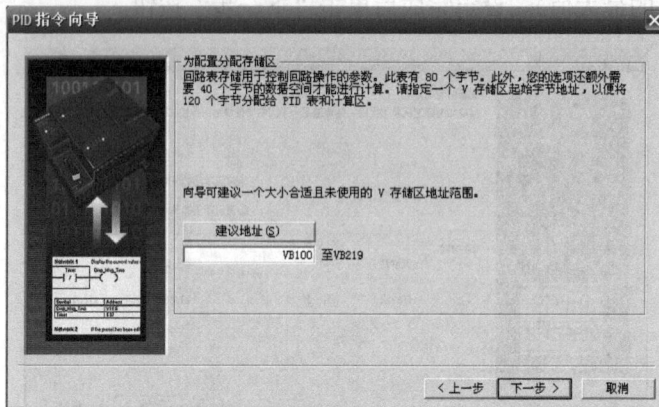

图 6-48　设定 PID 控制参数占用的变量存储器的起始地址

7）设定 PID 控制子程序和中断程序的名称，并选择是否增加 PID 的手动控制，如图 6-49 所示。在选择了手动控制时，给定值将不再经过 PID 控制运算而直接进行输出，当 PID 位于手动模式时，输出应当通过向"Manual Output（手动输出）"参数写入一个标准化数值（0.00 至 1.00）的方法控制输出，而不是用直接改变输出的方法控制输出。这样会在 PID 返回自动模式时提供无扰动转换。

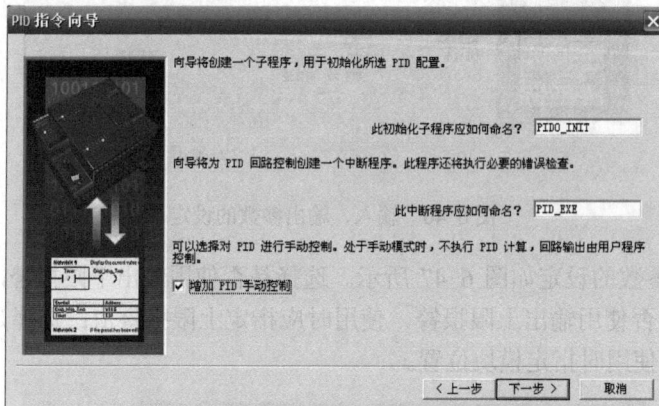

图 6-49　设定 PID 控制子程序和中断程序的名称，并选择是否增加 PID 的手动控制

设定完成后单击"下一步"按钮，出现图 6-50 所示的"确认 PID 指令向导生成项目"对话框，单击"完成"按钮，结束编程向导的使用。

8）PID 指令向导生成的子程序和中断程序都是加密的程序。子程序中全部使用的是局部变量，其中的输入和输出变量需要在调用程序中按照数据类型的要求对其进行赋值。PID 运算子程序的局部变量表如图 6-51 所示。中断程序可直接通过子程序启用，而不需要控制信号和变量。

输入变量如下。

EN：子程序使能控制端。通常使用 SM0.0 对子程序进行调用。

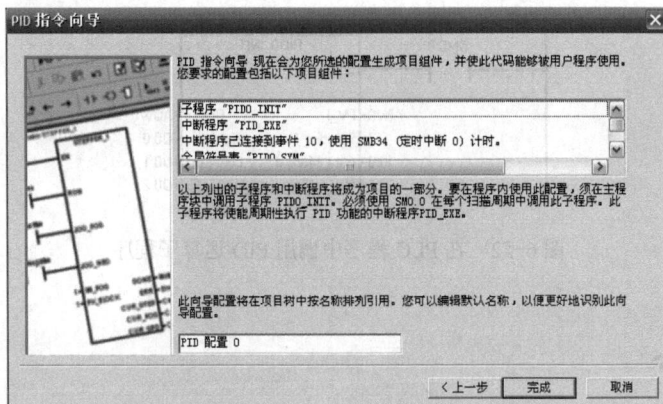

图 6-50 "确认 PID 指令向导生成项目"对话框

图 6-51 PID 运算子程序的局部变量表

PV-I：模拟量输入地址。输入为 16 位整数，取值范围为 0～32 000。

Setpoint-R：给定值的输入。取值范围为 0.0～1.0。

Auto-Manual：自动与手动转换信号。布尔型数据，"0"为手动，"1"为自动。

Manual Output：手动模式时回路输出的期望值。数据类型为实数，数据范围为 0.0～1.0。
输出变量如下。

Output：PID 运算后输出的模拟量。数据类型为 16 位整数，数据范围为 0～32 000，此
处应指定输出映像寄存器的地址，放置该输出模拟量。

HighAlarm：输出上限报警信号。布尔型数据。

LowAlarm：输出下限报警信号。布尔型数据。

ModuleErr：模块出错的报警信号。布尔型数据。

9）在 PLC 程序中，可以通过调用 PID 运算子程序（PID0-INIT）来实现 PID 控制，如
图 6-52 所示。

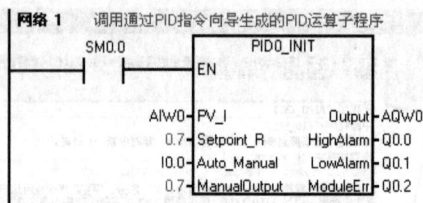

网络 1　调用通过PID指令向导生成的PID运算子程序

图 6-52　在 PLC 程序中调用 PID 运算子程序

6.4　时钟指令

利用时钟指令可以实现调用系统实时时钟或根据需要设定时钟，这对系统运行的监视、运行记录及与实时时间有关的控制等十分方便。时钟指令有两条：读实时时钟和设定实时时钟。读实时时钟和设定实时时钟指令格式如表 6-17 所示。

表 6-17　读实时时钟和设定实时时钟指令格式

LAD	STL	功　能　说　明
READ_RTC EN　ENO ????-T	TODR　T	读实时时钟指令：系统读取实时时钟当前时间和日期，并将其载入以地址 T 起始的 8 个字节的缓冲区中
SET_RTC EN　ENO ????-T	TODW　T	设定实时时钟指令：系统将包含当前时间和日期以地址 T 起始的 8 个字节的缓冲区装入 PLC 时钟中

输入/输出 T 的操作数：　VB、IB、QB、MB、SMB、SB、LB、*VD、*AC、*LD；数据类型：字节

指令使用说明：

1）8 字节缓冲区（T）的格式如表 6-18 所示。对所有日期和时间值，必须采用 BCD 码表示。对于年，仅使用年份最低的两个数字，如 16#05 代表 2005 年；对于星期，1 代表星期日，2 代表星期一，7 代表星期六，0 表示禁用星期。

表 6-18　8 字节缓冲区的格式

地　　址	T	T+1	T+2	T+3	T+4	T+5	T+6	T+7
含　　义	年	月	日	小时	分钟	秒	0	星期
范　　围	00～99	01～12	01～31	00～23	00～59	00～59		0～7

2）S7-200 CPU 不根据日期核实星期是否正确，不检查无效日期，例如 2 月 31 日为无效日期，但可以被系统接受，所以必须确保输入正确的日期。

3）不能同时在主程序和中断程序中使用 TODR/TODW 指令，否则，将产生非致命错误（0007），SM4.3 置 1。

4）对于没有使用过时钟指令或长时间断电或内存丢失后的 PLC，在使用时钟指令前，要通过 STEP-7 软件"PLC"菜单对 PLC 时钟进行设定，然后才能开始使用时钟指令。时钟可以被设定成与 PC 系统时间一致，也可用 TODW 指令自由设定。

【例6-9】 编写程序，要求读时钟并以 BCD 码显示秒钟。其程序如图 6-53 所示。

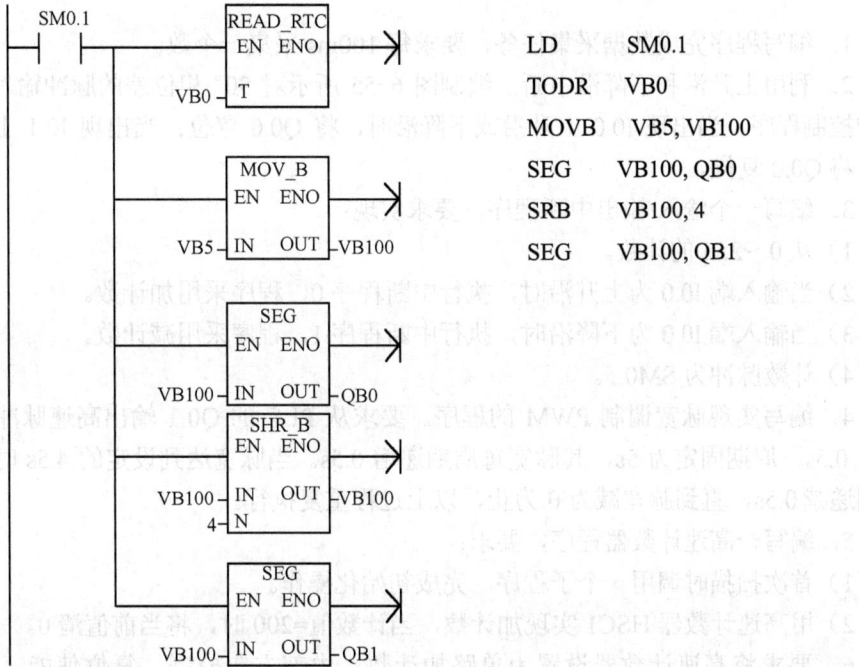

```
         SM0.1              READ_RTC              LD      SM0.1
──────────┤├──────────┬──────EN  ENO──────▷      TODR    VB0
                      │                            MOVB   0 VB5, VB100
                      │   VB0─T                    SEG    VB100, QB0
                      │                            SRB    VB100, 4
                      │      MOV_B                 SEG    VB100, QB1
                      ├──────EN  ENO──────▷
                      │
                      │   VB5─IN  OUT─VB100
                      │
                      │      SEG
                      ├──────EN  ENO──────▷
                      │
                      │ VB100─IN  OUT─QB0
                      │      SHR_B
                      ├──────EN  ENO──────▷
                      │
                      │ VB100─IN  OUT─VB100
                      │     4─N
                      │      SEG
                      └──────EN  ENO──────▷
                      
                        VB100─IN  OUT─QB1
```

图 6-53　例 6-9 读时钟并以 BCD 码显示秒钟的程序

分析：时钟缓冲区从 VB0 开始，VB5 中存放着秒钟，将第一次用 SEG 指令将字节 VB100 的秒钟低 4 位转换成 7 段显示码由 QB0 输出，接着用右移位指令将 VB100 右移 4 位，将其高 4 位变为低 4 位，再次使用 SEG 指令，将秒钟的高 4 位转换成 7 段显示码由 QB1 输出。

【例6-10】 编写程序，要求控制灯的定时接通和断开。要求 18:00 时开灯，06:00 时关灯。时钟缓冲区从 VB0 开始。该程序如图 6-54 所示。

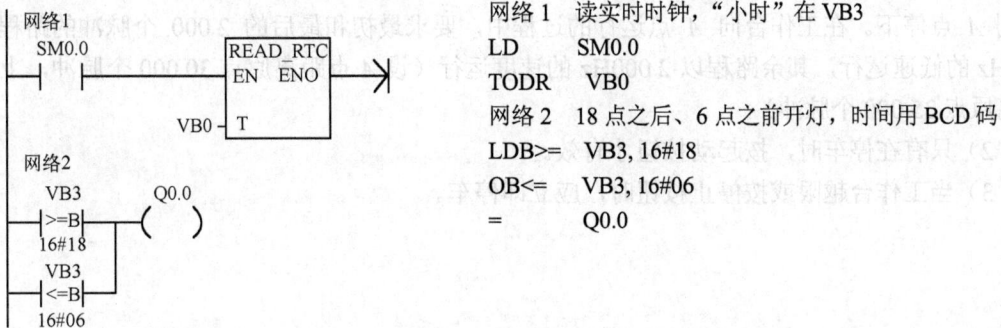

```
网络1                                        网络 1   读实时时钟，"小时"在 VB3
   SM0.0           READ_RTC                  LD      SM0.0
──────┤├──────────EN  ENO──────▷             TODR    VB0
                                             网络 2   18 点之后、6 点之前开灯，时间用 BCD 码
               VB0─T                          LDB>=   VB3, 16#18
网络2                                          OB<=    VB3, 16#06
   VB3        Q0.0                            =       Q0.0
──┤>=B├───────( )
  16#18
   VB3
──┤<=B├──
  16#06
```

图 6-54　例 6-10 控制灯的定时接通和断开程序

171

6.5 习题

1. 编写程序完成数据采集任务，要求每 100ms 采集一个数。

2. 利用上升沿和下降沿中断，编制图 6-55 所示对 90°相位差的脉冲输入进行二分频处理的控制程序。当出现 I0.0 上升沿或下降沿时，将 Q0.0 置位；当出现 I0.1 上升沿或下降沿时，将 Q0.0 复位。

3. 编写一个输入/输出中断程序，要求实现：

1）从 0～255 的计数。

2）当输入端 I0.0 为上升沿时，执行中断程序 0，程序采用加计数。

3）当输入端 I0.0 为下降沿时，执行中断程序 1，程序采用减计数。

4）计数脉冲为 SM0.5。

4. 编写实现脉宽调制 PWM 的程序。要求从 PLC 的 Q0.1 输出高速脉冲，脉宽的初始值为 0.5s，周期固定为 5s，其脉宽每周期递增 0.5s。当脉宽达到设定的 4.5s 时，脉宽改为每周期递减 0.5s，直到脉宽减为 0 为止，以上过程重复执行。

5. 编写一高速计数器程序，要求：

1）首次扫描时调用一个子程序，完成初始化操作。

2）用高速计数器 HSC1 实现加计数，当计数值=200 时，将当前值清 0。

6. 要求将高速计数器设置为单路加计数，内部方向控制，复位使能。现有一脉冲从 I0.0 端输入，试编写程序，使脉冲数为 2 000 时，Q0.3 亮；脉冲数为 3 000 时，Q0.3 灭，Q0.4 亮；脉冲数为 4 000 时，停止计数。

7. 上机利用指令向导编程实现图 6-56 所示的位置控制要求。

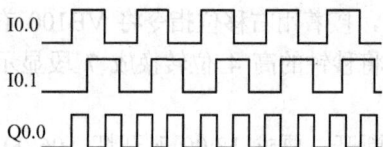

图 6-55 题 2 的控制要求   图 6-56 题 7 示意图

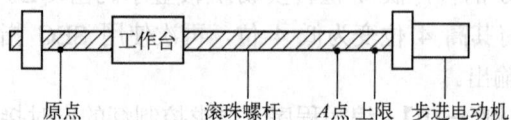

1）按下起动按钮，工作台现先以 500Hz 的低速返回原点，停 2s；然后工作台从原点运行到 A 点停下。在工作台向 A 点运行的过程中，要求最初和最后的 2 000 个脉冲的路程以 500Hz 的低速运行，其余路程以 2 000Hz 的速度运行（设 A 点距离原点 30 000 个脉冲，上限距离原点 35 000 个脉冲）

2）只有在停车时，按起动按钮才有效。

3）当工作台越限或按停止按钮时，应立即停车。

第7章 PLC应用系统设计及实例

本章要点

- PLC 应用系统的设计步骤及常用设计方法
- 应用举例
- PLC 的装配、检测和维护

7.1 PLC 应用系统设计概述

在了解了 PLC 的基本工作原理和指令系统之后，可以结合实际进行 PLC 的设计。PLC 的设计包括硬件设计和软件设计两部分。PLC 设计的基本原则是：

1）充分发挥 PLC 的控制功能，最大限度地满足被控制的生产机械或生产过程的控制要求。

2）在满足控制要求的前提下，力求使控制系统经济、简单、维修方便。

3）保证控制系统安全可靠。

4）考虑到生产发展和工艺的改进，在选用 PLC 时，在 I/O 点数和内存容量上适当留有余地。

5）软件设计主要是指编写程序。要求程序结构清楚，可读性强，程序简短，占用内存少，扫描周期短。

7.2 PLC 应用系统的设计

7.2.1 PLC 控制系统的设计内容及设计步骤

1. PLC 控制系统的设计内容

1）根据设计任务书，进行工艺分析，并确定控制方案，它是设计的依据。

2）选择输入设备（如按钮、开关和传感器等）和输出设备（如继电器、接触器和指示灯等执行机构）。

3）选定 PLC 的型号（包括机型、容量、I/O 模块和电源等）。

4）分配 PLC 的 I/O 点，绘制 PLC 的 I/O 硬件接线图。

5）编写程序并调试。

6）设计控制系统的操作台、电气控制柜等以及安装接线图。

7）编写设计说明书和使用说明书。

2. 设计步骤

1）工艺分析。深入了解控制对象的工艺过程、工作特点、控制要求，并划分控制的各个阶段，归纳各个阶段的特点和各阶段之间的转换条件，画出控制流程图或功能流程图。

2）选择合适的 PLC 类型。在选择 PLC 机型时，在主要考虑下面几点：

① 功能的选择。对于小型的 PLC，主要考虑 I/O 扩展模块、A/D 与 D/A 模块以及指令功能（如中断、PID 等）。

② I/O 点数的确定。统计被控制系统的开关量、模拟量的 I/O 点数，并考虑以后的扩充（一般加上 10%～20%的备用量），从而选择 PLC 的 I/O 点数和输出规格。

③ 内存的估算。用户程序所需的内存容量主要与系统的 I/O 点数、控制要求、程序结构长短等因素有关。一般可按下式估算，即

$$存储容量=开关量输入点数×10+开关量输出点数×8+模拟通道数×100+$$
$$定时器/计数器数量×2+通信接口个数×300+备用量$$

3）分配 I/O 点。分配 PLC 的输入/输出点，编写输入/输出分配表或画出输入/输出端子的接线图，接着就可以进行 PLC 程序设计，同时进行控制柜或操作台的设计和现场施工。

4）程序设计。对于较复杂的控制系统，根据生产工艺要求，画出控制流程图或功能流程图，然后设计出梯形图，再根据梯形图编写语句表程序清单，对程序进行模拟调试和修改，直到满足控制要求为止。

5）控制柜或操作台的设计和现场施工。设计控制柜及操作台的电器布置图及安装接线图；设计控制系统各部分的电气互锁图；根据图样进行现场接线，并检查。

6）应用系统整体调试。如果控制系统由几个部分组成，则应先进行局部调试，然后再进行整体调试；如果控制程序的步序较多，则可先进行分段调试，然后再连接起来进行总调。

7）编制技术文件。技术文件应包括：可编程序控制器的外部接线图等电气图样、电器布置图、电器元件明细表、顺序功能图、带注释的梯形图和说明。

7.2.2 PLC 的硬件设计和软件设计及其调试

1. PLC 的硬件设计

PLC 硬件设计包括：PLC 及外围线路的设计、电气线路的设计和抗干扰措施的设计等。

在选定 PLC 的机型和分配 I/O 点后，硬件设计的主要内容就是电气控制系统原理图的设计、电气控制元器件的选择和控制柜的设计。电气控制系统的原理图包括主电路和控制电路。控制电路中包括 PLC 的 I/O 接线和自动、手动部分的详细连接等。电器元件的选择主要是根据控制要求选择按钮、开关、传感器、保护电器、接触器、指示灯和电磁阀等。

2. PLC 的软件设计

软件设计包括系统初始化程序、主程序、子程序、中断程序、故障应急措施和辅助程序的设计。小型开关量控制一般只有主程序。首先应根据总体要求和控制系统的具体情况，确定程序的基本结构，画出控制流程图或功能流程图，对简单系统可以用经验法设计，对复杂系统一般用顺序控制设计法设计。

3. 软、硬件的调试

调试分模拟调试和联机调试。

设计好软件后，一般先进行模拟调试。模拟调试可以通过仿真软件来代替 PLC 硬件在计算机上调试程序。如果有 PLC 的硬件，就可以用小开关和按钮模拟 PLC 的实际输入信号

（如起动、停止信号）或反馈信号（如限位开关的接通或断开），再通过输出模块上各输出位对应的指示灯，观察输出信号是否满足设计的要求。当需要模拟量信号 I/O 时，可用电位器和万用表配合进行。在编程软件中，可以用状态图或状态图表监视程序的运行或强制某些编程元器件。

硬件部分的模拟调试主要是对控制柜或操作台的接线进行测试。可在操作台的接线端子上模拟 PLC 外部的开关量输入信号，或操作按钮的指令开关，观察对应 PLC 输入点的状态。用编程软件将输出点强制 ON/OFF，观察对应的控制柜内 PLC 负载（指示灯、接触器等）的动作是否正常，或对应接线端子上输出信号的状态变化是否正确。

联机调试时，把编制好的程序下载到现场的 PLC 中。调试时，对主电路一定要断电，只对控制电路进行联机调试。通过现场的联机调试，还会发现新的问题或对某些控制功能进行改进。

7.2.3 PLC 程序设计常用的方法

PLC 程序设计常用的方法主要有经验设计法、继电器控制电路转换为梯形图法、顺序控制设计法和逻辑设计法等。

1. 经验设计法

经验设计法即在一些典型控制电路程序的基础上，根据被控制对象的具体要求，进行选择组合，并多次反复调试和修改梯形图，有时需增加一些辅助触点和中间编程环节，才能达到控制要求。这种方法没有规律可遵循，设计所用的时间和设计质量与设计者的经验有很大的关系，所以称为经验设计法。经验设计法用于较简单的梯形图设计。应用经验设计法必须熟记一些典型的控制电路，如起保停电路、脉冲发生电路等，这些电路在前面的章节中已经介绍过。

2. 继电器控制电路转换为梯形图法

继电器接触器控制系统经过长期的使用，已有一套能完成系统要求的控制功能并经过验证的控制电路图，而 PLC 控制的梯形图和继电器接触器控制电路图很相似，因此，可以直接将经过验证的继电器接触器控制电路图转换成梯形图，主要步骤如下。

1）熟悉现有的继电器控制线路。

2）对照 PLC 的 I/O 端子接线图，将继电器电路图上的被控器件（如接触器线圈、指示灯、电磁阀等）换成接线图上对应的输出点编号，将电路图上的输入装置（如传感器、按钮开关、行程开关等）触点都换成对应输入点的编号。

3）将继电器电路图中的中间继电器、定时器，用 PLC 的辅助继电器、定时器来代替。

4）画出全部梯形图，并予以简化和修改。

这种方法对简单的控制系统是可行的，比较方便，但对于较复杂的控制电路就不适用了。

【例 7-1】 图 7-1 所示为电动机Y/△减压起动控制主电路和电气控制的原理图。

分析：1）工作原理如下。按下起动按钮 SB2，KM1、KM3、KT 通电并自保，电动机接成Y形起动，2s 后，KT 动作，使 KM3 断电，KM2 通电吸合，电动机接成△形运行。按下停止按扭 SB1，电动机停止运行。

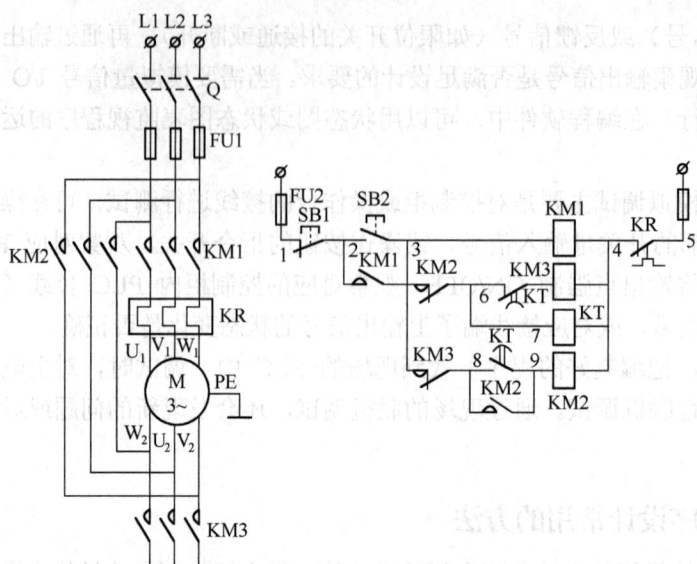

图 7-1　电动机丫/△减压起动控制主电路和电气控制的原理图

2）I/O 分配

输入	输出	
（外部用常开）停止按钮 SB1：I0.0	KM1：Q0.0	KM2：Q0.1
起动按钮 SB2：I0.1	KM3：Q0.2	
过载保护 FR：I0.2		

3）梯形图程序。转换后的梯形图程序如图 7-2 所示。按照梯形图语言中的语法规定简化和修改梯形图。为了简化电路，当多个线圈都受某一串并联电路控制时，可在梯形图中设置该电路控制的存储器的位，如 M0.0。简化后的梯形图程序如图 7-3 所示。

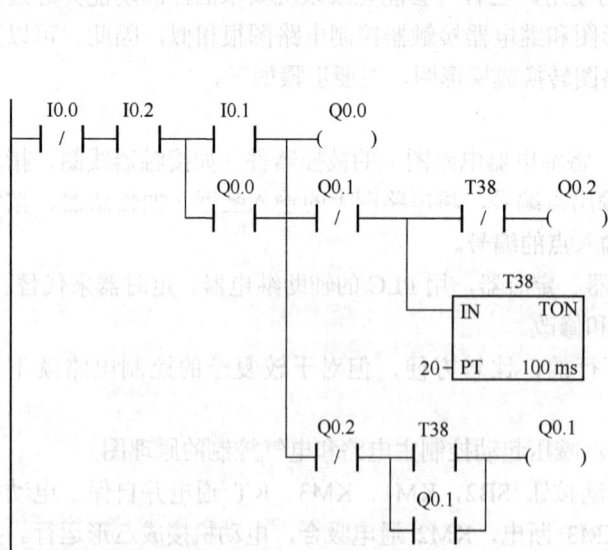

图 7-2　例 7-1 转换后的梯形图程序

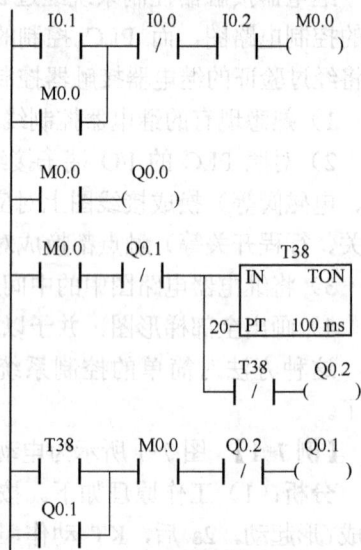

图 7-3　例 7-1 简化后的梯形图程序

176

3．顺序控制设计法

根据功能流程图，以步为核心，从起始步开始一步一步地设计下去，直至完成。此法的关键是画出功能流程图。首先将被控制对象的工作过程按输出状态的变化分为若干步，并指出工步之间的转换条件和每个工步的控制对象。这种工艺流程图集中了工作的全部信息。在进行程序设计时，可以用中间继电器 M 来记忆工步，一步一步地顺序进行，也可以用顺序控制指令来实现。下面详细介绍功能流程图的种类及编程方法。

（1）单流程及编程方法

功能流程图的单流程结构形式简单，如图 7-4 所示。其特点是，每一步后面只有一个转换，每个转换后面只有一步。各个工步按顺序执行，上一工步执行结束，转换条件成立，立即开通下一工步，同时关断上一工步。用顺序控制指令来实现功能流程图的编程方法，在前面的章节已经介绍过，在这里将重点介绍用中间继电器 M 来记忆工步的编程方法。

在图 7-4 中，当 $n-1$ 为活动步时，转换条件 b 成立，则转换实现，n 步变为活动步，同时 $n-1$ 步关断。由此可见，第 n 步成为活动步的条件是，$X_{n-1}=1$，$b=1$；第 n 步关断的条件只有一个，即 $X_{n+1}=1$。用逻辑表达式表示功能流程图的第 n 步开通和关断条件为

$$X_n = (X_{n-1} \cdot b + X_n) \cdot \overline{X_{n+1}}$$

式中，等号左边的 X_n 为第 n 步的状态，等号右边 X_{n+1} 表示关断第 n 步的条件，X_n 表示自保持信号，b 表示转换条件。

【例 7-2】 根据图 7-5 所示的功能流程图，设计出梯形图程序。在此将结合本例介绍常用的编程方法。

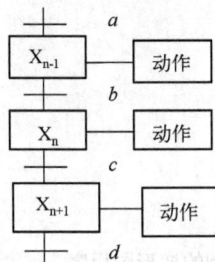

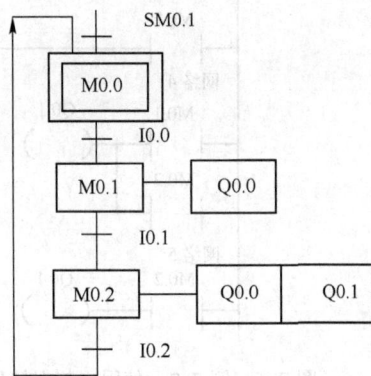

图 7-4 单流程结构　　　　　　图 7-5 例 7-2 功能流程图

分析：1）使用起保停电路模式的编程方法。在梯形图中，为了实现前级步为活动步且转换条件成立时，才能进行步的转换，总是将代表前级步的中间继电器的常开接点与转换条件对应的接点串联，作为代表后续步的中间继电器得电的条件。当后续步被激活时，应将前级步关断，所以用代表后续步的中间继电器常闭接点串在前级步的电路中。

在图 7-5 所示的功能流程图，对应的状态逻辑关系为

$$M0.0 = (SM0.1 + M0.2 \cdot I0.2 + M0.0) \cdot \overline{M0.1}$$

$$M0.1 = (M0.0 \cdot I0.0 + M0.1) \cdot \overline{M0.2}$$

$$M0.2 = (M0.1 \cdot I0.1 + M0.2) \cdot \overline{M0.0}$$
$$Q0.0 = M0.1 + M0.2$$
$$Q0.1 = M0.2$$

对于输出电路的处理应注意，Q0.0 输出继电器在 M0.1、M0.2 步中都被接通，应将 M0.1 和 M0.2 的常开接点并联去驱动 Q0.0；Q0.1 输出继电器只在 M0.2 步为活动步时才接通，所以用 M0.2 的常开接点驱动 Q0.1。

使用"起保停"电路模式编制的梯形图程序如图 7-6 所示。

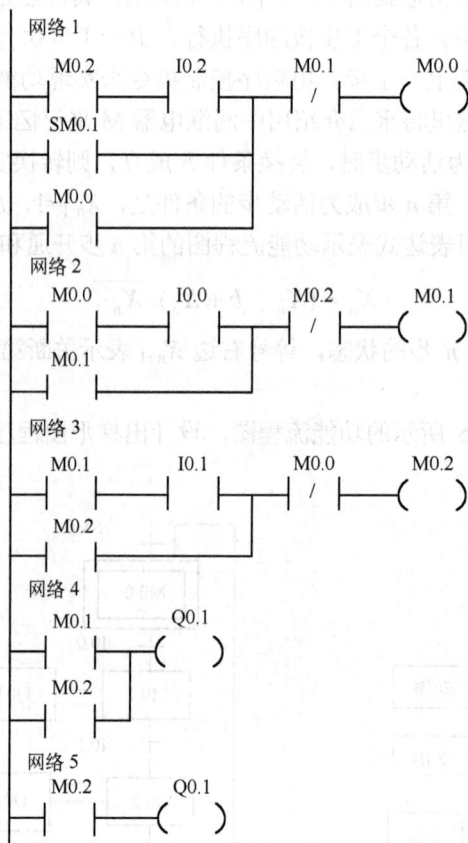

图 7-6　例 7-2　使用"起保停"电路模式编制的梯形图程序

2）使用置位、复位指令的编程方法。S7-200 系列 PLC 有置位和复位指令，且对同一个线圈置位和复位指令可分开编程，所以可以实现以转换条件为中心的编程。

当前步为活动步且转换条件成立时，用 S 将代表后续步的中间继电器置位（激活），同时用 R 将本步复位（关断）。

在图 7-5 所示的功能流程图中，如用 M0.0 的常开接点和转换条件 I0.0 的常开接点串联作为 M0.1 置位的条件，同时作为 M0.0 复位的条件。这种编程方法很有规律，每一个转换都对应一个 S/R 的电路块，有多少个转换就有多少个这样的电路块。用置位、复位指令编制的梯形图程序如图 7-7 所示。

3）使用移位寄存器指令编程的方法。单流程的功能流程图各步总是顺序通断，并且同

178

时只有一步接通，因此很容易采用移位寄存器指令实现这种控制。对于图 7-5 所示的功能流程图，可以指定一个两位的移位寄存器，用 M0.1、M0.2 代表有输出的两步，移位脉冲由代表步状态的中间继电器的常开接点和对应转换条件组成的串联支路并联提供，数据输入端（DATA）的数据由初始步提供。用移位寄存器指令编制的梯形图程序如图 7-8 所示。在梯形图中，将对应步的中间继电器的常闭接点串联连接，可以禁止流程执行的过程中移位寄存器 DATA 端置 "1"，以免产生误操作信号，从而保证了流程的顺利执行。

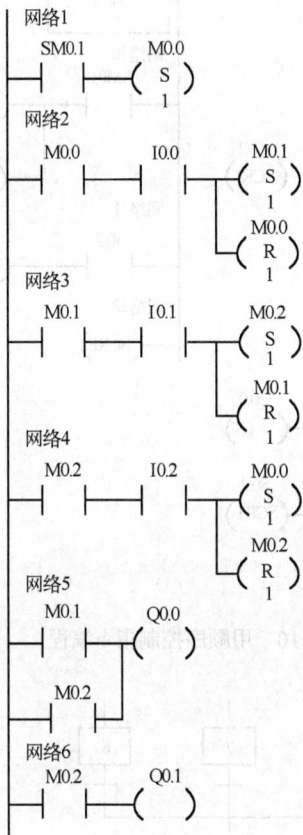

图 7-7　用置位、复位指令编制的梯形图　　　　图 7-8　用移位寄存器指令编制的梯形图

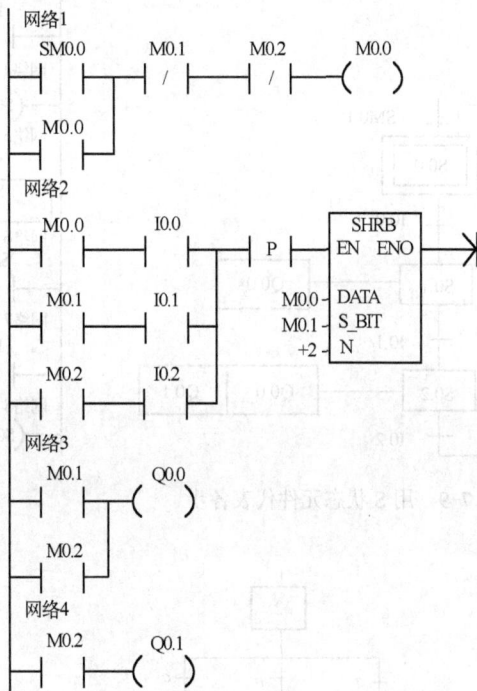

　　4）使用顺序控制指令的编程方法。使用顺序控制指令编程，必须使用 S 状态元件代表各步，如图 7-9 所示。其对应的梯形图如图 7-10 所示。
　　（2）选择分支及编程方法。
　　选择分支分为两种，图 7-11 所示为选择分支开始，图 7-12 所示为选择分支结束。
　　选择分支开始是指，一个前级步后面紧接着若干个后续步可供选择，各分支都有各自的转换条件，在图中则表示为代表转换条件的短划线在各自分支中。
　　选择分支结束又称为选择分支合并，是指，几个选择分支在各自的转换条件成立时转换到一个公共步上。
　　在图 7-11 中，假设 2 为活动步，若转换条件 $a=1$，则执行工步 3；若转换条件 $b=1$，则执行工步 4；转换条件 $c=1$，则执行工步 5。即哪个条件满足，则选择相应的分支，同时关断上一步。一般只允许选择其中一个分支。在编程时，若图 7-11 中的工步 2、3、4、5 分别用 M0.0、M0.1、M0.2、M0.3 表示，则当 M0.1、M0.2、M0.3 之一为活动步时，都将导致 M0.0=0，所以在梯形图中应将 M0.1、M0.2 和 M0.3 的常闭接点与 M0.0 的线圈串联，作为关断 M0.0 步的条件。

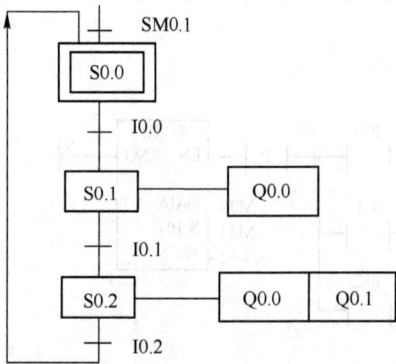

图 7-9　用 S 状态元件代表各步

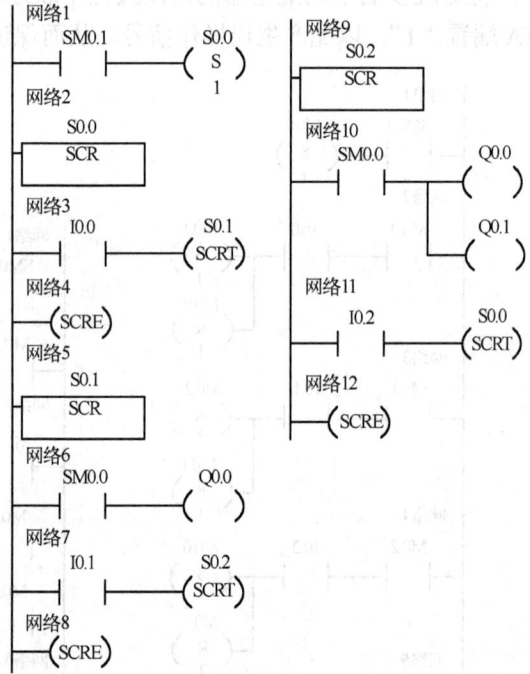

图 7-10　用顺序控制指令编程

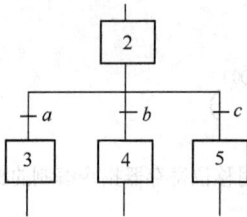

图 7-11　选择分支开始

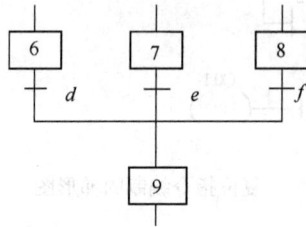

图 7-12　选择分支结束

在图 7-12 中，如果步 6 为活动步，转换条件 $d=1$，则工步 6 向工步 9 转换；如果步 7 为活动步，转换条件 $e=1$，则工步 7 向工步 9 转换；如果步 8 为活动步，转换条件 $f=1$，则工步 8 向工步 9 转换。若图 7-12 中的工步 6、7、8、9 分别用 M0.4、M0.5、M0.6、M0.7 表示，则 M0.7（工步 9）的起动条件为 M0.4·d+ M0.5·e+ M0.6·f，在梯形图中，则为 M0.4 的常开接点串联与 d 转换条件对应的触点、M0.5 的常开接点串联与 e 转换条件对应的触点、M0.6 的常开接点串联与 f 转换条件对应的触点，3 条支路并联后作为 M0.7 线圈的起动条件。

【例 7-3】　根据图 7-13 所示的功能流程图，设计出梯形图程序。

分析：1）使用"起保停"电路模式进行编程。对应的状态逻辑关系为

$$M0.0 = (SM0.1 + M0.3 \cdot I0.4 + M0.0) \cdot \overline{M0.1} \cdot \overline{M0.2}$$

$$M0.1 = (M0.0 \cdot I0.0 + M0.1) \cdot \overline{M0.3}$$

$$M0.2 = (M0.0 \cdot I0.2 + M0.2) \cdot \overline{M0.3}$$

$$M0.3 = (M0.1 \cdot I0.1 + M0.2 \cdot I0.3 + M0.3) \cdot \overline{M0.0}$$

$$Q0.0 = M0.1$$

$$Q0.1 = M0.2$$

$$Q0.2 = M0.3$$

对应的梯形图程序如图 7-14 所示。

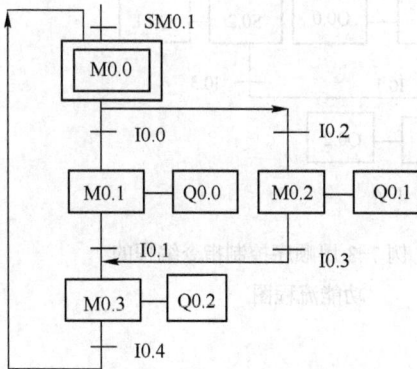

图 7-13　例 7-3 功能流程图

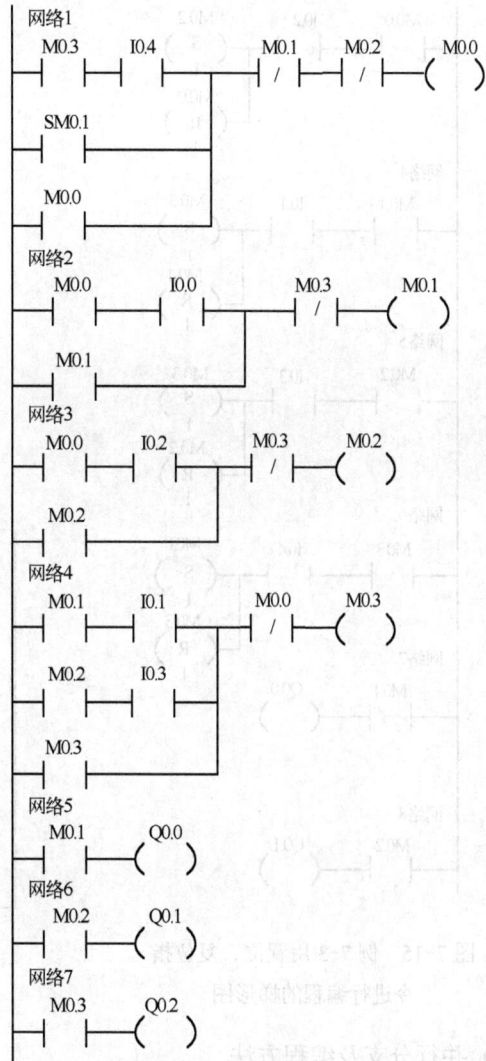

图 7-14　例 7-3 用"起保停"电路模式进行编程对应的的梯形图

2）使用置位、复位指令编程，对应的梯形图程序如图 7-15 所示。

3）使用顺序控制指令的编程，对应的功能流程图如图 7-16 所示，对应的梯形图程序如图 7-17 所示。

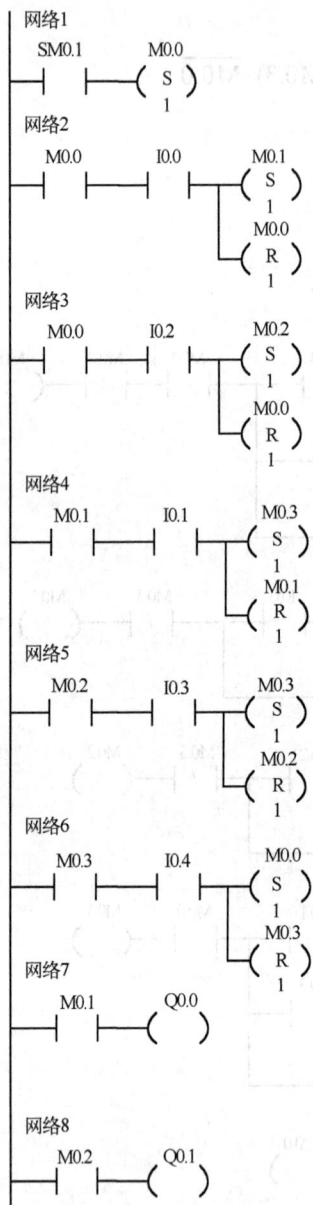

图 7-15　例 7-3 用置位、复位指令进行编程的梯形图

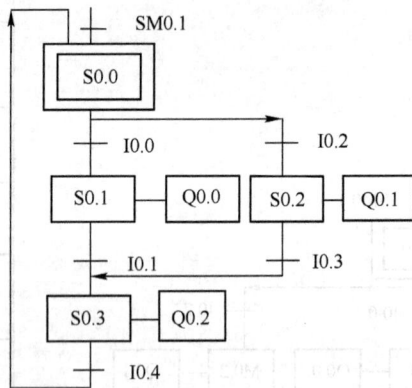

图 7-16　例 7-3 用顺序控制指令编程的功能流程图

（3）并行分支及编程方法

并行分支也分两种，图 7-18a 所示为并行分支的开始，图 7-18b 所示为并行分支的结束，也称为合并。并行分支的开始是指当转换条件实现后，同时使多个后续步激活。为了强

调转换的同步实现，水平连线用双线表示。在图 7-18a 中，当工步 2 处于激活状态时，若转换条件 $e=1$，则工步 3、4、5 同时起动，工步 2 必须在工步 3、4、5 都开启后才能关断。并行分支的合并是指，当前级步 6、7、8 都为活动步且转换条件 f 成立时，开通步 9，同时关断步 6、7、8。

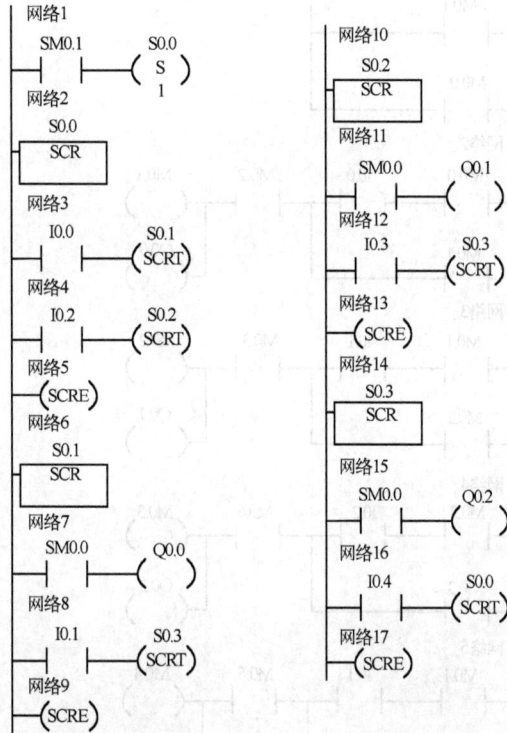

图 7-17 例 7-3 用顺序控制指令编程的梯形图

【例 7-4】 根据图 7-19 所示的功能流程图，设计出梯形图程序。

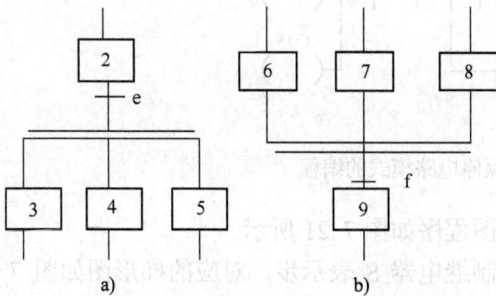

图 7-18 并行分支

a) 并行分支开始 b) 并行分支结束

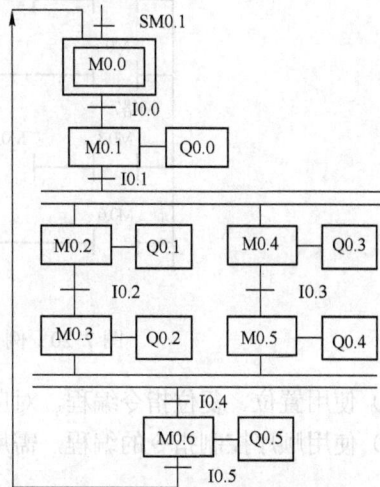

图 7-19 例 7-4 图

分析： 1）使用"起保停"电路模式编程，对应的梯形图程序如图 7-20 所示。

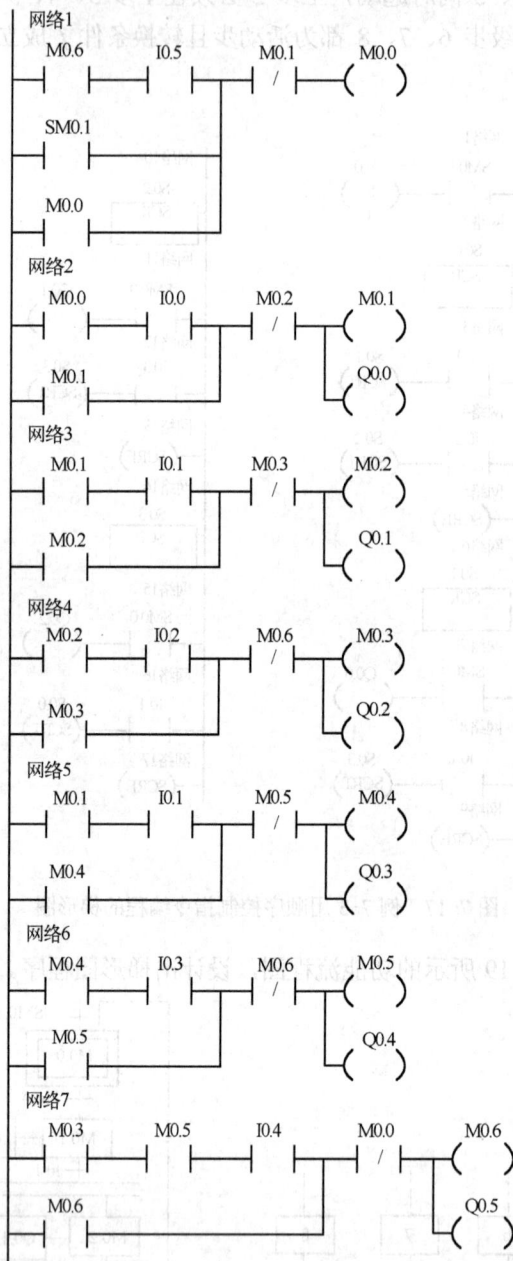

图 7-20 例 7-4 用起保停电路模式的编程

2）使用置位、复位指令编程，对应的梯形图程序如图 7-21 所示。

3）使用顺序控制指令的编程，需用顺序控制继电器 S 表示步。对应的梯形图如图 7-22 所示。

网络1

SM0.1　M0.0
├─┤ ├──┤ ├──(S)
　　　　　　　　 1

网络2

M0.0　I0.0　M0.1
├─┤ ├──┤ ├──(S)
　　　　　　　　 1
　　　　　　 M0.0
　　　　　　──(R)
　　　　　　　 1

网络3

M0.1　I0.1　M0.2
├─┤ ├──┤ ├──(S)
　　　　　　　　 1
　　　　　　 M0.4
　　　　　　──(S)
　　　　　　　 1
　　　　　　 M0.1
　　　　　　──(R)
　　　　　　　 1

网络4

M0.2　I0.2　M0.3
├─┤ ├──┤ ├──(S)
　　　　　　　　 1
　　　　　　 M0.2
　　　　　　──(R)
　　　　　　　 1

网络5

M0.4　I0.3　M0.5
├─┤ ├──┤ ├──(S)
　　　　　　　　 1
　　　　　　 M0.4
　　　　　　──(R)
　　　　　　　 1

网络6

M0.3　M0.5　I0.4　M0.6
├─┤ ├──┤ ├──┤ ├──(S)
　　　　　　　　　　　　 1
　　　　　　　　　　 M0.3
　　　　　　　　　　──(R)
　　　　　　　　　　　 1
　　　　　　　　　　 M0.5
　　　　　　　　　　──(R)
　　　　　　　　　　　 1

网络7

M0.6　I0.5　M0.0
├─┤ ├──┤ ├──(S)
　　　　　　　　 1
　　　　　　 M0.6
　　　　　　──(R)
　　　　　　　 1

网络8

M0.1　Q0.0
├─┤ ├──( )

网络9

M0.2　Q0.1
├─┤ ├──( )

网络10

M0.3　Q0.2
├─┤ ├──( )

网络11

M0.4　Q0.3
├─┤ ├──( )

网络12

M0.5　Q0.4
├─┤ ├──( )

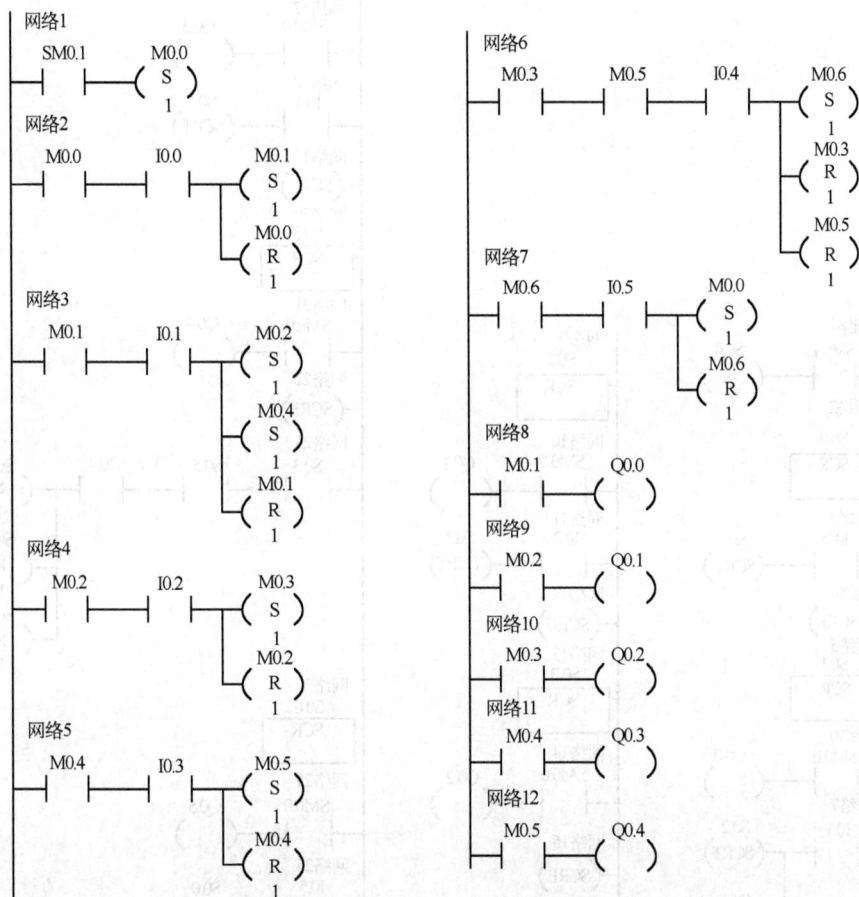

图 7-21　例 7-4 用置位、复位指令的编程

（4）循环、跳转流程及编程方法

在实际生产的工艺流程中，若要求在某些条件下执行预定的动作，则可用跳转程序；若需要重复执行某一过程，则可用循环程序。循环、跳转流程如图 7-23 所示。

跳转流程：当步 2 为活动步时，若条件 $f=1$，则跳过步 3 和步 4，直接激活步 5。

循环流程：当步 5 为活动步时，若条件 $e=1$，则激活步 2，循环执行。

编程方法和选择流程类似，不再详细介绍。

需要注意的是：① 转换是有方向的，若转换的顺序是从上到下，即为正常顺序，可以省略箭头。若转换的顺序从下到上，箭头不能省略；② 只有两步的闭环的处理。

在顺序功能图中，只由两步组成的小闭环如图 7-24a 所示。因为 M0.3 既是 M0.4 的前级步，又是它的后续步，所以对应的用"起保停"电路模式设计的梯形图如图 7-24b 所示。从梯形图中可以看出，M0.4 线圈根本无法通电。解决的办法是，在小闭环中增设一步，这一步只起短延时（≤0.1s）作用，由于延时取得很短，所以对系统的运行不会有什么影响，如图 7-24c 所示。

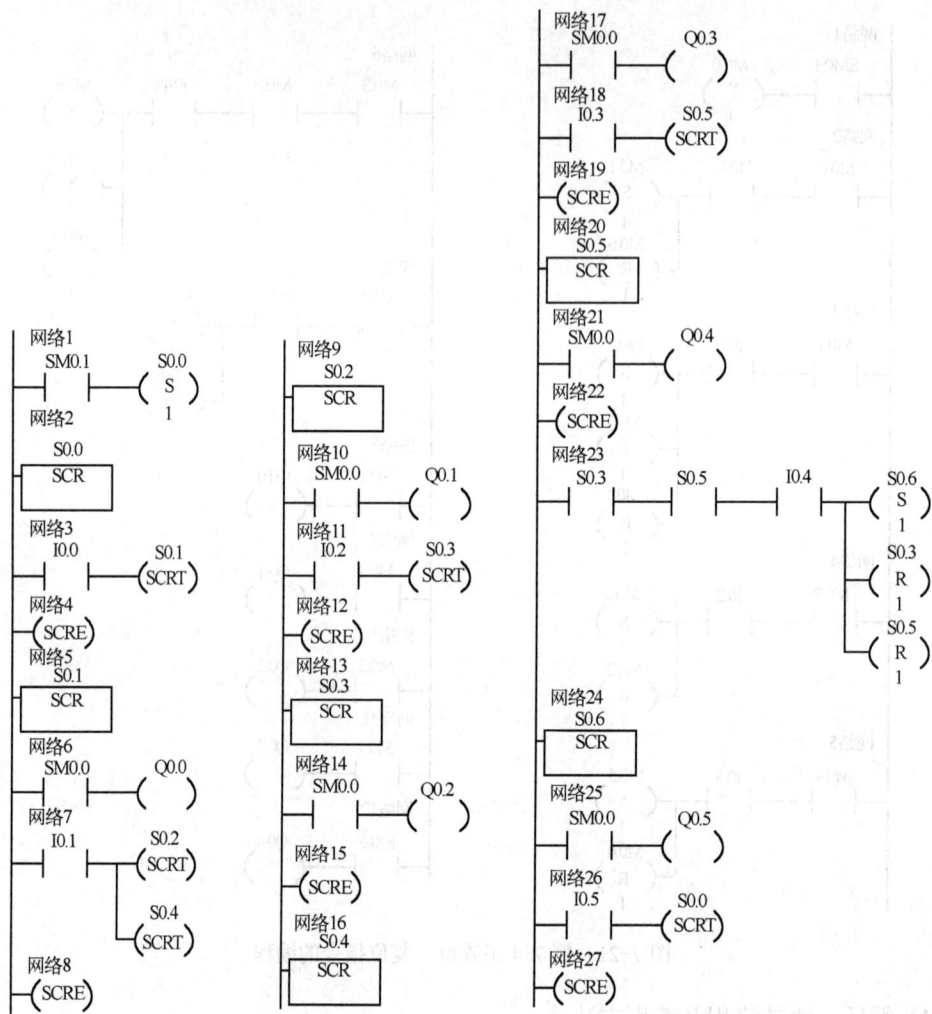

图 7-22　例 7-4 用顺序控制指令编程对应的梯形图

7.2.4　PLC 程序的设计步骤

PLC 程序设计一般分为以下几个步骤。

1. 程序设计前的准备工作

程序设计前的准备工作是要了解控制系统的全部功能、规模、控制方式、输入/输出信号的种类和数量、是否有特殊功能的接口、与其他设备的关系、通信的内容与方式等，从而对整个控制系统建立一个整体的概念。接着进一步熟悉被控对象，可把控制对象和控制功能按照响应要求、信号用途或控制区域分类，确定检测设备和控制设备的物理位置，了解每一个检测信号和控制信号的形式、功能、规模及之间的关系。

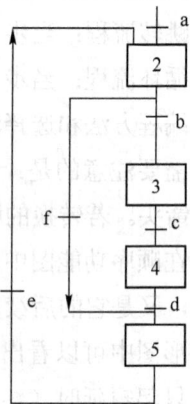

图 7-23　循环、跳转流程

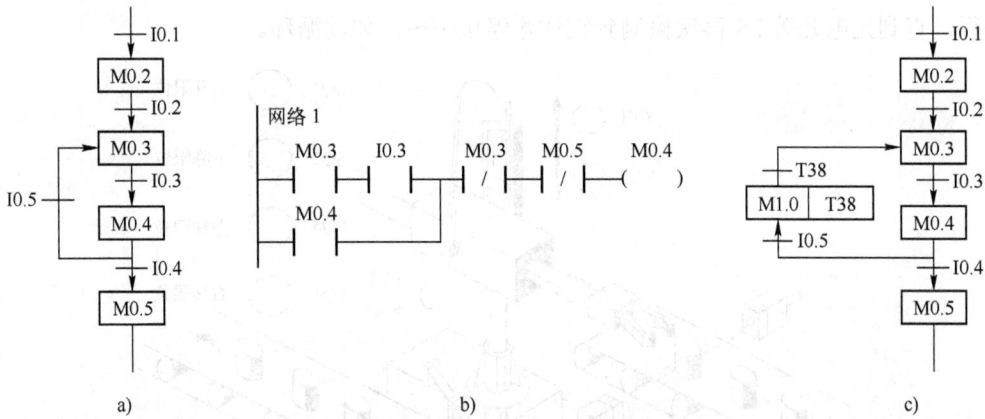

图 7-24 对只有两步的闭环的处理

a) 只由两步组成的小闭环 b) 对应的用"起保停"电路模式设计的梯形图 c) 增设一步只起延时作用

2. 设计程序框图

根据软件设计规格书的总体要求和控制系统的具体情况，确定应用程序的基本结构、按程序设计标准绘制出程序结构框图，然后再根据工艺要求，绘出各功能单元的功能流程图。

3. 编写程序

根据设计出的框图逐条地编写控制程序。在编写过程中，要及时给程序加注释。

4. 程序调试

调试时先从各功能单元入手，设定输入信号，观察输出信号的变化情况。各功能单元调试完成后，再调试全部程序，调试各部分的接口情况，直到满意为止。程序调试可以在实验室进行，也可以在现场进行。如果在现场进行测试，就需将可编程序控制器系统与现场信号隔离，切断输入/输出模板的外部电源，以免引起机械设备动作。在程序调试过程中，先发现错误，后进行纠错。基本原则是"集中发现错误，集中纠正错误"。

5. 编写程序说明书

在说明书中通常对程序的控制要求、程序的结构、流程图等给予必要的说明，并且给出程序的安装操作步骤等。

7.3 PLC 应用举例

7.3.1 机械手的模拟控制

图 7-25 所示为传送工件的某机械手控制示意图。其任务是将工件从传送带 A 搬运到传送带 B。

1. 控制要求

按起动按钮后，传送带 A 运行，直到光电开关 PS 检测到物体才停止，同时机械手下降。下降到位后机械手夹紧物体，2s 后开始上升，而机械手保持夹紧。上升到位左转（注：此处以机械手为主体，定左右），左转到位下降，下降到位机械手松开，2s 后机械手上升。上升到位后，传送带 B 开始运行，同时机械手右转，右转到位，传送带 B 停止，此时传送带

A 运行，直到光电开关 PS 再次检测到物体才停止……，如此循环。

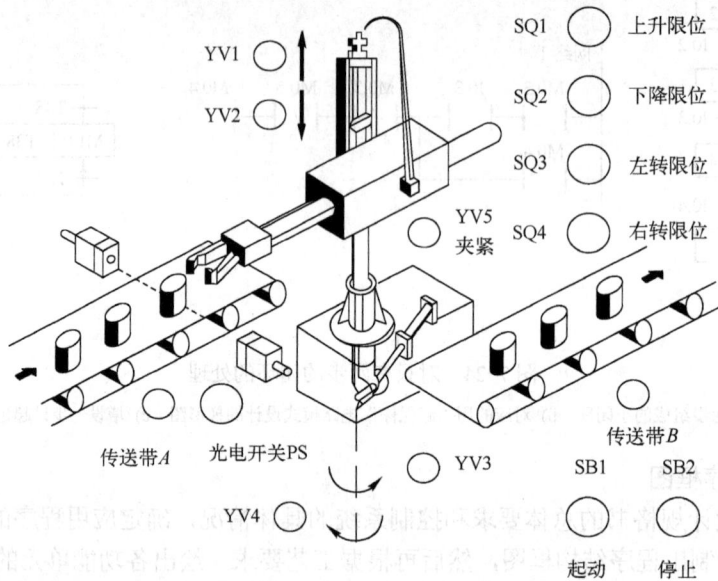

图 7-25 机械手控制示意图

机械手的上升、下降和左转、右转的执行，分别由双线圈二位电磁阀控制汽缸的运动控制。当下降电磁阀通电时，机械手下降，若下降电磁阀断电，机械手停止下降，保持现有的动作状态；当上升电磁阀通电时，机械手上升。同样，左转/右转也是由对应的电磁阀控制，夹紧/放松则是由单线圈的二位电磁阀控制汽缸的运动来实现，线圈通电时执行夹紧动作，断电时执行放松动作。并且要求只有当机械手处于上限位时才能进行左/右移动，因此在左右转动时用上限条件作为联锁保护。由于上下运动、左右转动采用双线圈两位电磁阀控制，两个线圈不能同时通电，因此在上/下、左/右运动的电路中需设置互锁环节。

为了保证机械手动作准确，在机械手上安装了限位开关 SQ1、SQ2、SQ3、SQ4，分别对机械手进行下降、上升、左转、右转等动作的限位，并给出动作到位的信号。光电开关 PS 负责检测传送带 A 上的工件是否到位，到位后机械手开始动作。

2. I/O 分配

输入		输出	
起动按钮：	I0.0	上升 YV1：	Q0.1
停止按钮：	I0.5	下降 YV2：	Q0.2
上升限位 SQ1：	I0.1	左转 YV3：	Q0.3
下降限位 SQ2：	I0.2	右转 YV4：	Q0.4
左转限位 SQ3：	I0.3	夹紧 YV5：	Q0.5
右转限位 SQ4：	I0.4	传送带 A：	Q0.6
光电开关 PS：	I0.6	传送带 B：	Q0.7

3. 设计控制程序

根据控制要求先设计出机械手功能流程图，如图 7-26 所示。根据功能流程图再设计出机械手梯形图程序，如图 7-27 所示。流程图是一个按顺序动作的步进控制系统，在本例中采用移位寄存器编程方法。用移位寄存器 M10.1～M11.1 位，代表流程图的各步，当两步之间的转换条件满足时，进入下一步。移位寄存器的数据输入端 DATA（M10.0）由 M10.1～M11.1 各位的常闭接点、上升限位的标志位 M1.1、右转限位的标志位 M1.4 及传送带 A 检测到工件的标志位 M1.6 串联组成，即当机械手处于原位、各工步未起动时，若光电开关 PS 检测到工件，则 M10.0 置 1，作为输入的数据，同时也作为第一个移位脉冲信号。以后的移位脉冲信号由代表步位状态中间继电器的常开接点和代表处于该步位的转换条件接点串联支路依次并联组成。在 M10.0 线圈回路中，串联 M10.1～M11.1 各位的常闭接点，是为了防止机械手在还没有回到原位的运行过程中移位寄存器的数据输入端再次置 1，这是因为当移位寄存器中的"1"信号在 M10.1～M11.1 之间依次移动时，各步状态位对应的常闭接点总有一个处于断开状态。当"1"信号移到 M11.2 时，机械手回到原位，此时移位寄存器的数据输入端重新置 1，若起动电路保持接通（M0.0=1），机械手将重复工作。当按下停止按钮时，使移位寄存器复位，机械手立即停止工作。若按下停止按钮后机械手的动作仍然继续进行，直到完成一周期的动作后，回到原位时才停止工作，需要修改程序。

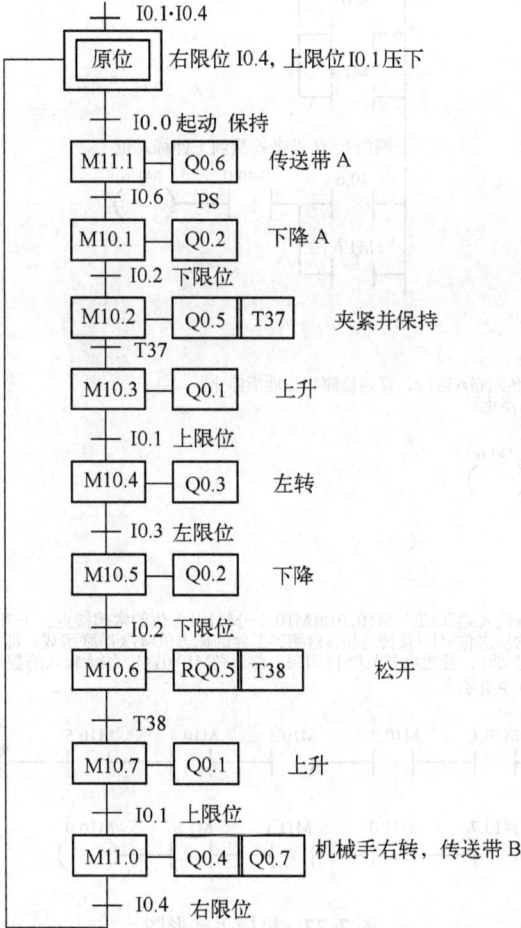

图 7-26 机械手功能流程图

网络1　起动回路

I0.0　　I0.5　　M0.0
M0.0

网络2　上升限位标志位

I0.1　　Q0.2　　M1.1
M0.0
M1.1

网络3　右限位标志位

I0.4　　Q0.3　　M1.4
M0.0
M1.4

网络4　传送带检测到工件标志位

I0.6　　M0.0　　M1.6
M1.6

网络5　传送带A（起动后传送带A运行，直到检测到工件后停止；
　　　　或机械手到原位后停止）

M0.0　　M1.6　　Q0.6
M11.1　　M11.2

网络6　移位寄存器的数据输入端DATA(M10.0)由M10.1~M11.1各位的常闭接点、上升限位的标志
　　　　M1.1、右转限位的标志位M1.4及传送带A检测到工件的标志位M1.6串联组成，即当机械手处
　　　　原位、各工步未起动时，若光电开关PS检测到工件，则M10.0置1，作为输入的数据，同时也
　　　　作为第一个移位脉冲信号

M1.1　　M1.4　　M10.1　　M10.2　　M10.3　　M10.4　　M10.5

M10.6　　M10.7　　M11.0　　M11.1　　M1.6　　M10.0

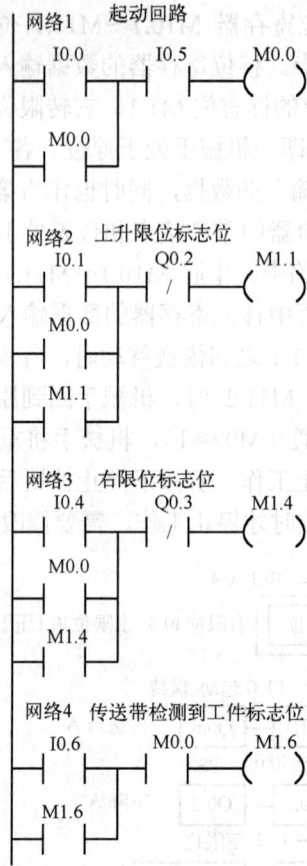

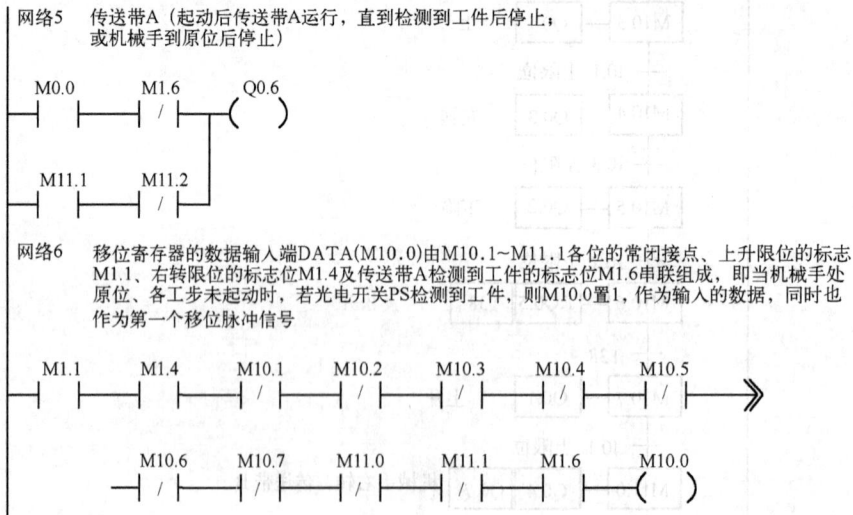

图 7-27　机械手梯形图

190

网络7 按停止按钮移位寄存器复位，机械手松开

```
  I0.5        M10.0
──┤ / ├────────( R )
                  9
              M20.0
              ( R )
                1
```

网络8 移位脉冲信号由代表步位状态中间继电器的常开接点和
       代表处于该步位的转换条件接点串联支路依次并联组成

```
  M10.0                    ┌─────────┐
──┤ ├──────────────┤P├────┤  SHRB   ├──
                          ┤EN    ENO├──
  M10.1    I0.2           │         │
──┤ ├──────┤ ├───┤        │         │
                   M10.0 ─┤DATA     │
  M10.2    T37     M10.1 ─┤S_BIT    │
──┤ ├──────┤ ├───┤  +10 ─┤N        │
                          └─────────┘
  M10.3    I0.1
──┤ ├──────┤ ├───┤

  M10.4    I0.3
──┤ ├──────┤ ├───┤

  M10.5    I0.2
──┤ ├──────┤ ├───┤

  M10.6    T38
──┤ ├──────┤ ├───┤

  M10.7    I0.1
──┤ ├──────┤ ├───┤

  M11.0    I0.4
──┤ ├──────┤ ├───┤

  M11.1    I0.6
──┤ ├──────┤ ├───┤
```

网络9 下降

```
  M10.1       Q0.2
──┤ ├──────────( )
  M10.5
──┤ ├──
```

网络10 夹紧置位

```
  M10.2    M20.0
──┤ ├────────( S )
               1
                      ┌──────────┐
              ────────┤IN    TON │
                      │     T37  │
               +20 ───┤PT        │
                      └──────────┘
```

网络11 夹紧输出

```
  M20.0       Q0.5
──┤ ├──────────( )
```

网络12

```
  M10.3       Q0.1
──┤ ├──────────( )
  M10.7
──┤ ├──
```

网络13

```
  M10.4       Q0.3
──┤ ├──────────( )
```

网络14 夹紧复位

```
  M10.6    M20.0
──┤ ├────────( R )
               1
                      ┌──────────┐
              ────────┤IN    TON │
                      │     T38  │
               +20 ───┤PT        │
                      └──────────┘
```

网络15 右转、传送带B

```
  M11.0    M11.1     Q0.7
──┤ ├──────┤ / ├──────( )
                      Q0.4
                      ( )
```

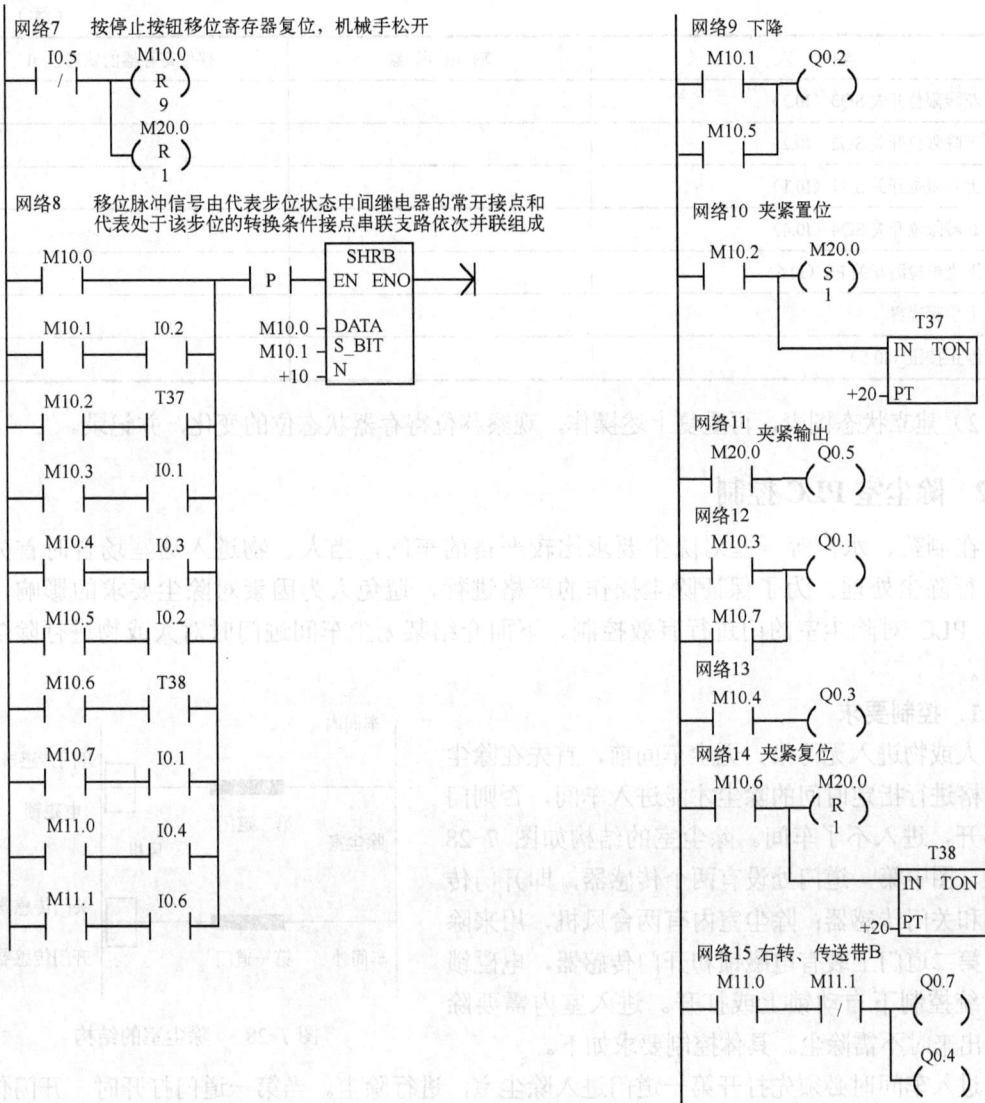

图 7-27 机械手梯形图（续）

4．输入程序，调试并运行程序

1）输入程序，编译无误后，运行程序。依次按表 7-1 所示的顺序按下各按钮，记录观察到的现象，看是否与控制要求相符。

表 7-1 机械手模拟控制调试记录表

输　入	输　出　现　象	移位寄存器的状态位=1
按下起动按钮（I0.0）		
按下光电检测开关 PS（I0.6）		
按下下降限位开关 SQ2（I0.2）		
按下上升限位开关 SQ1（I0.1）		

输　　入	输出现象	移位寄存器的状态位=1
按下左转限位开关 SQ3（I0.3）		
按下下降限位开关 SQ2（I0.2）		
按下上升限位开关 SQ1（I0.1）		
按下右转限位开关 SQ4（I0.4）		
再按下光电检测开关 PS（I0.6）		
重复上步骤观察		
按下停止按钮（I0.5）		

2）建立状态图表，再重复上述操作，观察移位寄存器状态位的变化，并记录。

7.3.2　除尘室 PLC 控制

在制药、水厂等一些对除尘要求比较严格的车间，当人、物进入这些场合时首先需要进行除尘处理。为了保证除尘操作的严格进行，避免人为因素对除尘要求的影响，可以用 PLC 对除尘室的门进行有效控制。下面介绍某无尘车间进门时对人或物进行除尘的过程。

1．控制要求

人或物进入无污染、无尘车间前，首先在除尘室严格进行指定时间的除尘才能进入车间，否则门打不开，进入不了车间。除尘室的结构如图 7-28 所示。图中第一道门处设有两个传感器，即开门传感器和关门传感器；除尘室内有两台风机，用来除尘；第二道门上装有电磁锁和开门传感器，电磁锁在系统控制下自动锁上或打开。进入室内需要除尘，出来时不需除尘。具体控制要求如下。

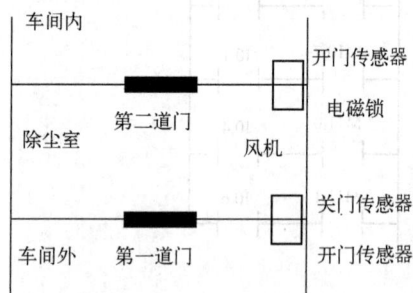

图 7-28　除尘室的结构

进入车间时必须先打开第一道门进入除尘室，进行除尘。当第一道门打开时，开门传感器动作，第一道门关上时关门传感器动作，第一道门关上后，风机开始吹风，电磁锁把第二道门锁上并延时 20s 后，风机自动停止，电磁锁自动打开，此时可打开第二道门进入室内。第二道门打开时相应的开门传感器动作。人从室内出来时，第二道门的开门传感器先动作，第一道门的开门传感器才动作，关门传感器与进入时动作相同，出来时不需除尘，所以风机、电磁锁均不动作。

2．I/O 分配

输入		输出	
第一道门的开门传感器	I0.0	风机 1	Q0.0
第一道门的关门传感器	I0.1	风机 2	Q0.1
第二道门的开门传感器	I0.2	电磁锁	Q0.2

3．程序设计

除尘室的控制系统梯形图程序如图 7-29 所示。

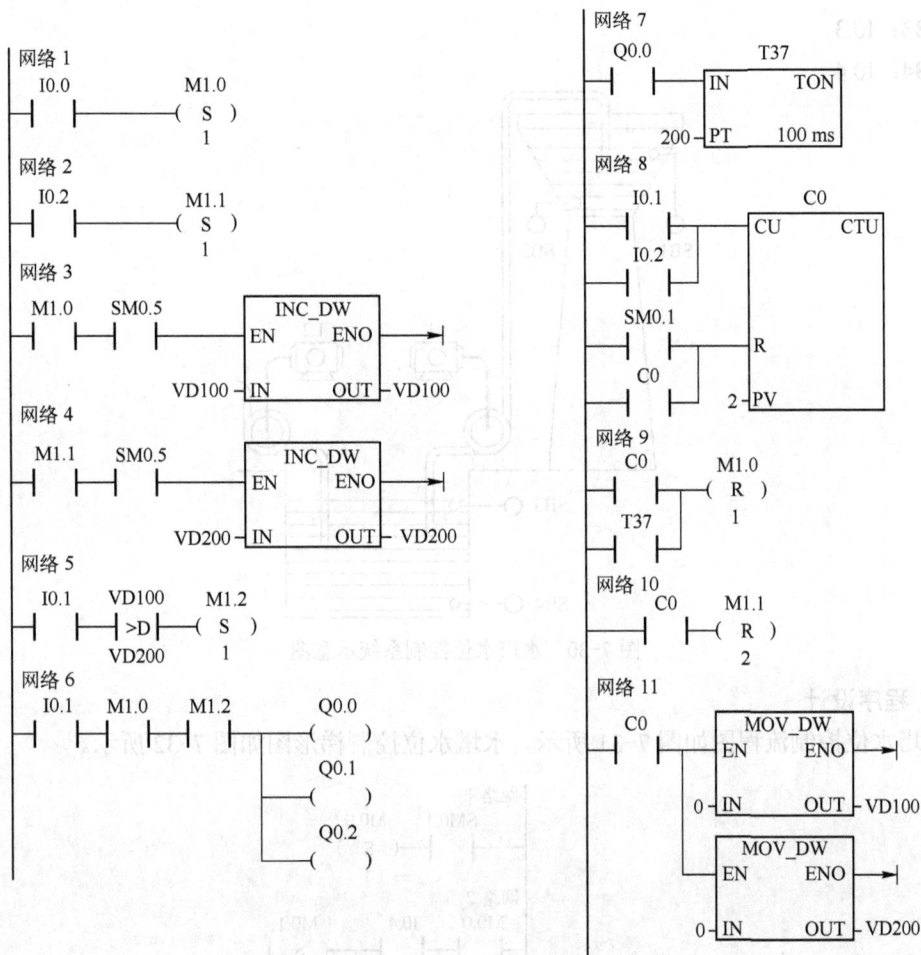

图 7-29 除尘室的控制系统梯形图程序

4．程序的调试和运行

在输入程序编译无误后，按除尘室的工艺要求调试程序，并记录结果。

7.3.3 水塔水位的模拟控制实训

用 PLC 构成水塔水位控制系统，其示意图如图 7-30 所示。在模拟控制中，用按钮 SB 来模拟液位传感器，用 L1、L2 指示灯来模拟抽水电动机。

1．控制要求

按下 SB4，水池需要进水，灯 L2 亮；直到按下 SB3，水池水位到位，灯 L2 灭；按 SB2，表示水塔水位低，需进水，灯 L1 亮，进行抽水；直到按下 SB1，水塔水位到位，灯 L1 灭，过 2s 后，水塔放完水后重复上述过程即可。

2．I/O 分配

输入	输出
SB1：I0.1	L1：Q0.1
SB2：I0.2	L2：Q0.2

SB3：I0.3
SB4：I0.4

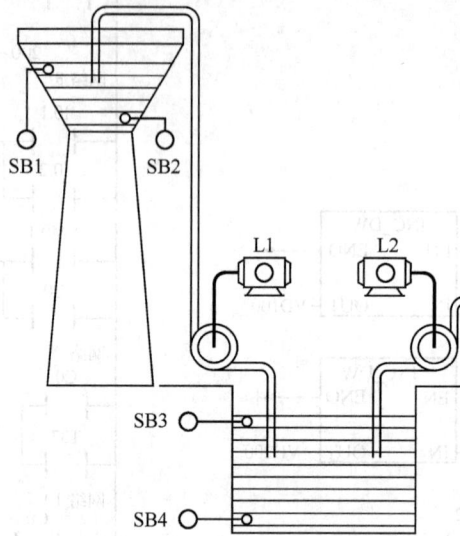

图 7-30　水塔水位控制系统示意图

3．程序设计

水塔水位控制流程图如图 7-31 所示。水塔水位控制梯形图如图 7-32 所示。

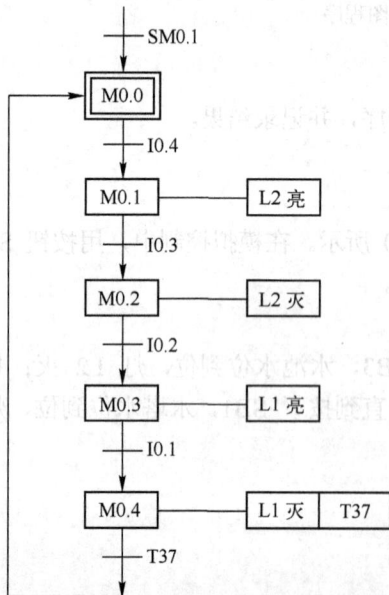

图 7-31　水塔水位控制流程图

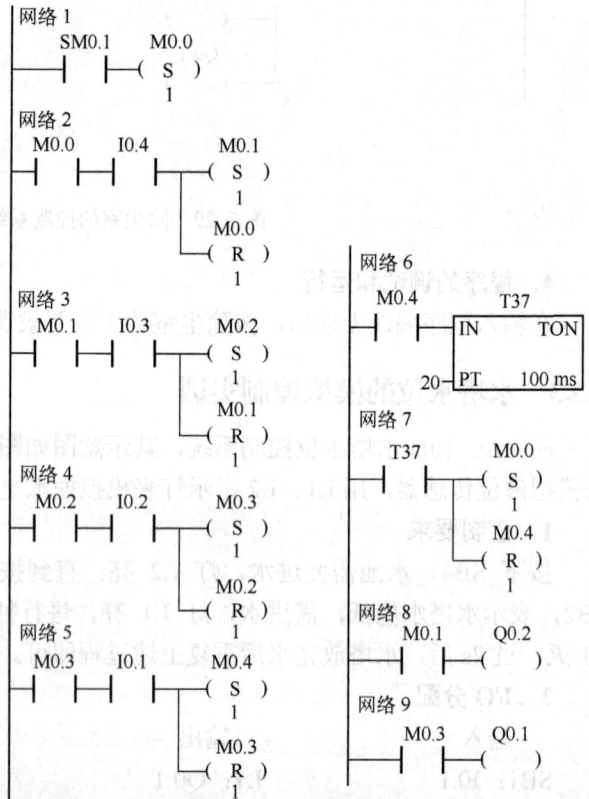

图 7-32　水塔水位控制梯形图

4．程序的调试和运行

输入梯形图程序，并按控制要求调试程序。

7.3.4 温度的检测与控制实训

用 PLC 构成温度检测和控制系统，其接线图及 PID 原理示意图分别图如图 7-33 和图 7-34 所示。

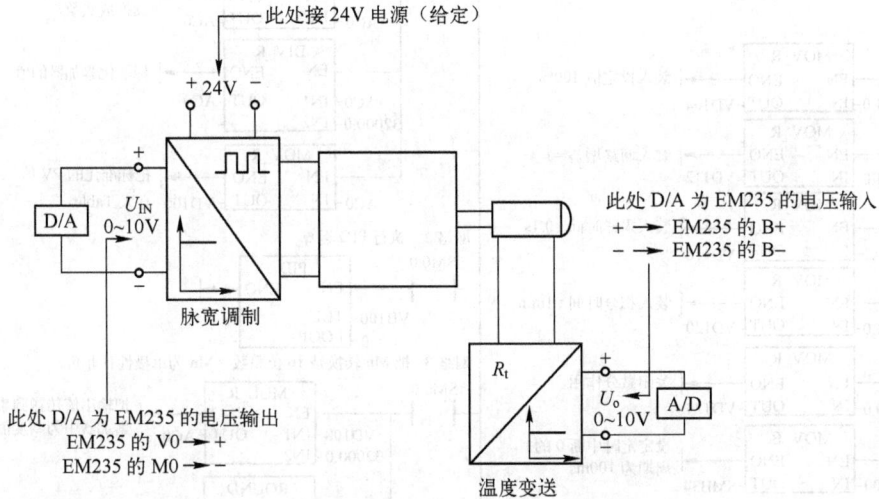

图 7-33　温度检测与控制系统接线示意图

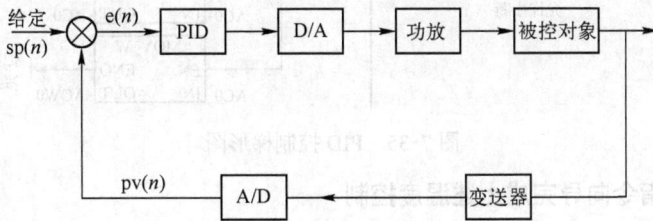

图 7-34　PID 控制原理示意图

1．控制要求

1）温度控制原理。通过电压加热电热丝产生温度，再通过温度变送器变送为电压。加热电热丝时根据加热时间的长短可产生不一样的热能，这就需用到脉冲。输入电压不同就能产生不一样的脉宽，输入电压越大，脉宽越宽，通电时间越长，热能越大，温度越高，输出电压就越高。

2）PID 闭环控制。通过 PLC+A/D+D/A 实现 PID 闭环控制。对于比例、积分、微分系数，取得合适，系统就容易稳定，这些都可以通过 PLC 软件编程来实现。

2．程序设计

图 7-35 所示的 PID 控制梯形图模拟量模块以 EM235 为例。

主程序

网络1　首次扫描调用初始化子程序0
SM0.1
SBR_0
EN

子程序

网络1
SM0.0

MOV_R
EN　ENO
1.0 — IN　OUT — VD104　→ 装入设定值100%

MOV_R
EN　ENO
1.0 — IN　OUT — VD112　→ 装入回路增益 =1

MOV_R
EN　ENO
0.1 — IN　OUT — VD116　→ 装入采样时间 =0.1s

MOV_R
EN　ENO
1.0 — IN　OUT — VD120　→ 装入积分时间 =1min

MOV_R
EN　ENO
0.0 — IN　OUT — VD124　→ 关闭微分作用

MOV_B
EN　ENO
100 — IN　OUT — SMB34　→ 设定定时中断0的周期为100ms

ATCH
EN　ENO
INT_0 — INT
10 — EVNT
→ 设定定时中断0连接中断程序0以执行PID运算

(ENI)　允许中断

中断程序

网络1　把PV转换成一个标准的实数
PV是单极性
SM0.0

I_DI
EN　ENO
AIW0 — IN　OUT — AC0　→ 把单极性模拟值存入累加器

DI_R
EN　ENO
AC0 — IN　OUT — AC0　→ 把32位整数变换成实数

DIV_R
EN　ENO
AC0 — IN1　OUT — AC0
32000.0 — IN2
→ 标准化累加器的值

MOV_R
EN　ENO
AC0 — IN　OUT — VD100　→ 把标准化的PV值存入Table

网络2　执行PID运算
SM0.0

PID
EN　ENO
VB100 — TBL
0 — LOOP

网络3　把Mn转换成16位整数，Mn为单极性且非负
SM0.0

MUL_R
EN　ENO
VD108 — IN1　OUT — AC0
32000.0 — IN2
→ 把输出值传送到累加器中，累加器中为刻度值

ROUND
EN　ENO
AC0 — IN　OUT — AC0　→ 把实数转换成32位整数

DI_I
EN　ENO
AC0 — IN　OUT — AC0　→ 把32位整数转换成16位整数

MOV_W
EN　ENO
AC0 — IN　OUT — AQW0　→ 把累加器中的数值写到模拟输出

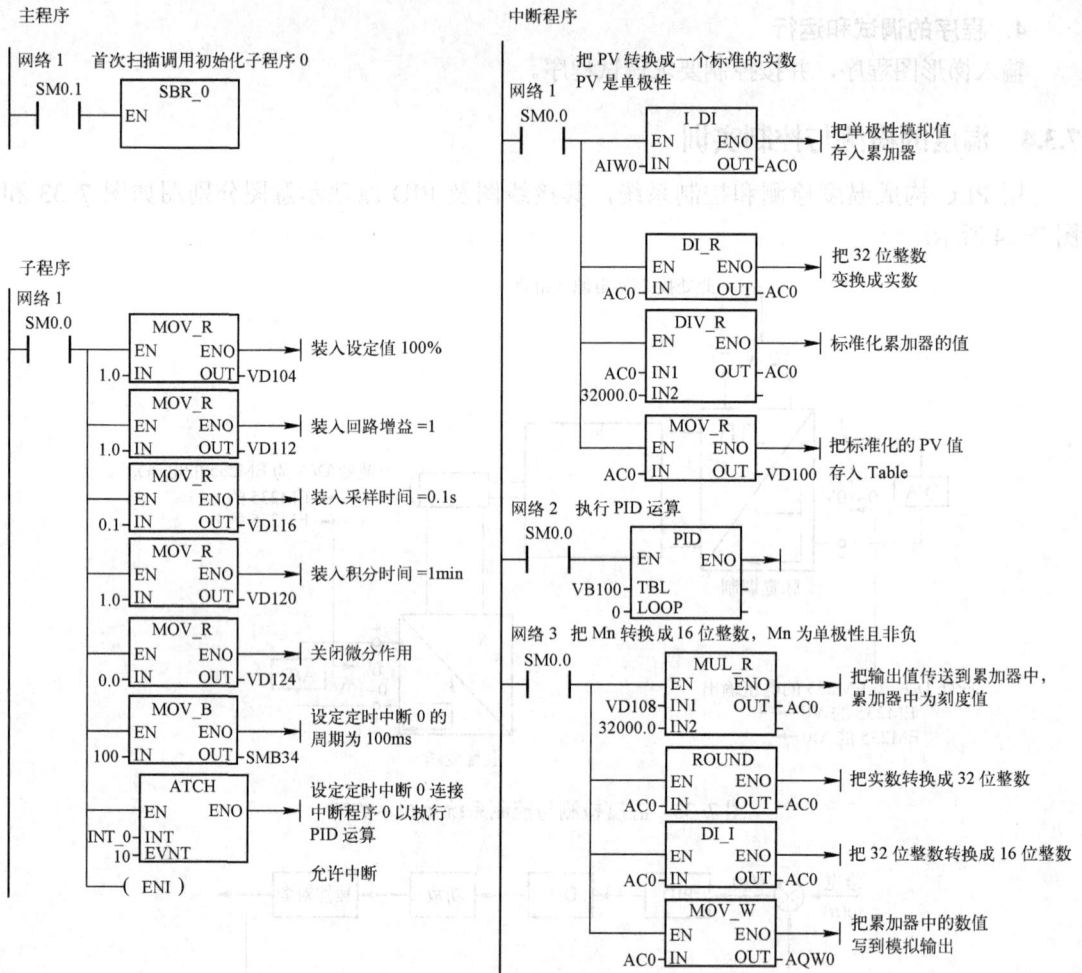

图7-35　PID控制梯形图

3．试用PID指令向导完成上述温度控制

7.4　S7-200系列PLC的装配、检测和维修

7.4.1　PLC的安装与配线

1．PLC安装

1）安装方式。S7-200的安装方法有两种：底板安装和DIN导轨安装。底板安装是利用PLC机体外壳4个角上的安装孔，用螺钉将其固定在底版上。DIN导轨安装是利用模块上的DIN夹子，把模块固定在一个标准的DIN导轨上。导轨安装既可以水平安装，也可以垂直安装。

2）安装环境。PLC适用于工业现场，为了保证其工作的可靠性，延长PLC的使用寿命，安装时要注意周围环境条件：环境温度在0～55℃范围内；相对湿度在35%～85%范围内（无结霜），周围无易燃或腐蚀性气体、过量的灰尘和金属颗粒；避免过度的震动和冲

击；避免太阳光的直射和水的溅射。

3）安装注意事项。除了环境因素，安装时还应注意：PLC 的所有单元都应在断电时安装、拆卸；切勿将导线头、金属屑等杂物落入机体内；模块周围应留出一定的空间，以便于机体周围的通风和散热。此外，为了防止高电子噪声对模块的干扰，应尽可能将 S7-200 模块与产生高电子噪声的设备（如变频器）分隔开。

2. PLC 的配线

PLC 的配线主要包括电源接线、接地、I/O 接线及对扩展单元的接线等。

（1）电源接线与接地

PLC 的工作电源有 120/230V 单相交流电源和 24V 直流电源。系统的大多数干扰往往通过电源进入 PLC，在干扰强或可靠性要求高的场合，动力部分、控制部分、PLC 自身电源及 I/O 回路的电源应分开配线，用带屏蔽层的隔离变压器给 PLC 供电。隔离变压器的一次侧最好接 380V，这样可以避免接地电流的干扰。输入用的外接直流电源最好采用稳压电源，因为整流滤波电源有较大的波纹，容易引起误动作。

良好的接地是抑制噪声干扰和电压冲击、保证 PLC 可靠工作的重要条件。PLC 系统接地的基本原则是单点接地，一般用独自的接地装置，单独接地，接地线应尽量短，一般不超过 20m，使接地点尽量靠近 PLC。

1）120/230V 交流电源接线的安装图如图 7-36 所示。说明如下。

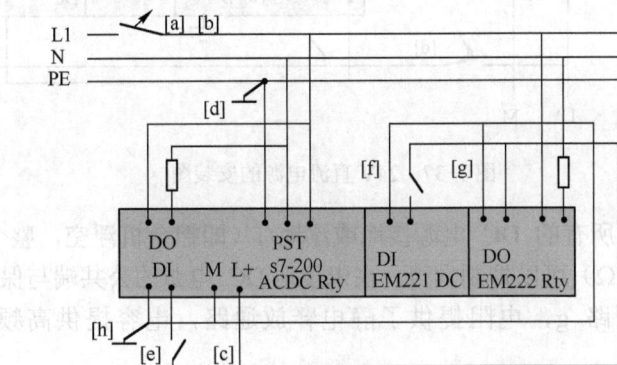

图 7-36　120/230V 交流电源接线的安装图

① 用一个单极开关 a 将电源与 CPU 所有的输入电路和输出(负载)电路隔开。

② 用一台过电流保护设备 b 保护 CPU 的电源输出点以及输入点，也可以为每个输出点加上熔丝。

③ 当使用 Micro PLC 24V DC 传感器电源 c 时，可以取消输入点的外部过电流保护，因为该传感器电源具有短路保护功能。

④ 将 S7-200 的所有地线端子与最近接地点 d 相连接，以提高抗干扰能力。所有的接地端子都使用 14 AWG 或 1.5mm^2 的电线连接到独立接地点上（也称为一点接地）。

⑤ 本机单元的直流传感器电源可用来为本机单元的直流输入 e、扩展模块 f 以及输出扩展模块 g 供电。传感器电源具有短路保护功能。

⑥ 在安装中，如把传感器的供电 M 端子接到地 h，可以抑制噪声。

2）24V 直流电源的安装图如图 7-37 所示。说明如下。

① 用一个单极开关 a，将电源同 CPU 所有的输入电路和输出（负载）电路隔开。

② 用过电流保护设备 b、c、d 来保护 CPU 电源、输出点以及输入点，或在每个输出点加上熔丝进行过电流保护。当使用 Micro 24V DC 传感器电源时，不用输入点的外部过电流保护。因为传感器电源内部具有限流功能。

③ 用外部电容 e 来保证在负载突变时得到一个稳定的直流电压。

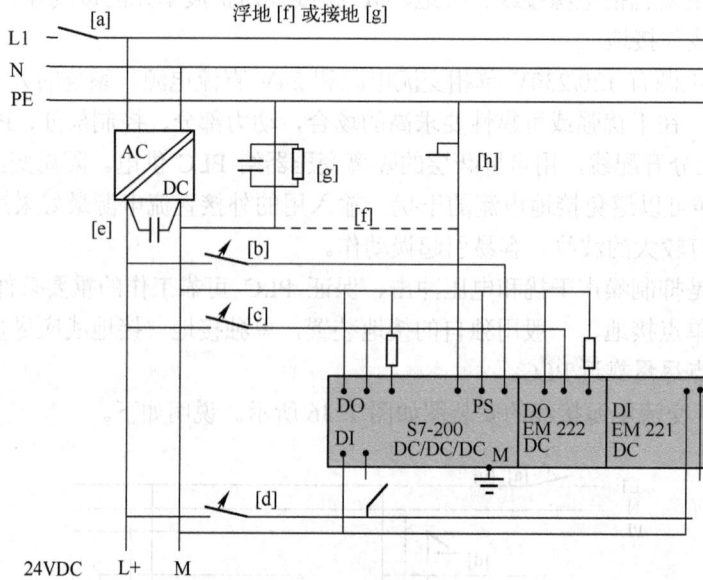

图 7-37　24V 直流电源的安装图

④ 在应用中，把所有的 DC 电源接地或浮地 f（即把全机浮空，整个系统与大地的绝缘电阻不能小于 50 MΩ）可以抑制噪声，在未接地 DC 电源的公共端与保护线 PE 之间串联电阻与电容的并联回路 g，电阻提供了静电释放通路，电容提供高频噪声通路。常取 $R=1\text{M}\Omega$，$C=4700\text{pF}$。

⑤ 将 S7-200 所有的接地端子同最近接地点 h 连接，采用一点接地，以提高抗干扰能力。

⑥ 在 24V 直流电源回路与设备之间以及 120/230V 交流电源与危险环境之间，必须进行电气隔离。

（2）I/O 接线和对扩展单元的接线

可编程序控制器的输入接线是指外部开关设备 PLC 的输入端口的连接线。输出接线是指将输出信号通过输出端子送到受控负载的外部接线。

I/O 接线时应注意：对 I/O 线与动力线、电源线分开布线，并保持一定的距离，如需在一个线槽中布线时，需使用屏蔽电缆；I/O 线的距离一般不超过 300m；分别对交流线与直流线，输入线与输出线使用不同的电缆；将数字量和模拟量 I/O 分开走线，对传送模拟量 I/O 线使用屏蔽线，且屏蔽层一端接地。

PLC 的基本单元与各扩展单元的连接比较简单，接线时，先断开电源，将扁平电缆的一端插入对应的插口中。PLC 的基本单元与各扩展单元之间电缆传送的信号小，频率高，易受干扰。因此，不能与其他连线敷设在同一线槽内。

7.4.2　PLC 的自动检测功能及故障诊断

PLC 具有很完善的自诊断功能，如出现故障，借助自诊断程序就可以方便地找到出现故障的部件，更换后恢复正常工作。故障处理的方法可参看 S7-200 系统手册的故障处理指南。实践证明，外部设备的故障率远高于 PLC，而发生这些设备故障时，PLC 不会自动停机，这样会使故障范围扩大。为了及时发现故障，可用梯形图程序实现故障的自诊断和自处理。

1．超时检测

机械设备在各工步所需的时间基本不变，因此可以用时间为参考，在可编程序控制器发出信号，当相应的外部执行机构开始动作时，起动一个定时器开始定计，定时器的设定值比正常情况下该动作的持续时间长 20% 左右。如某执行机构在正常情况下运行 10s 后，使限位开关动作，发出动作结束的信号。在该执行机构开始动作时，起动设定值为 12s 的定时器定时，若 12s 后还没有收到动作结束的信号，由定时器的常开触点发出故障信号，该信号停止正常的程序，起动报警和故障显示程序，使操作人员和维修人员能迅速判别故障的种类，及时采取排除故障的措施。

2．逻辑错误检查

在系统正常运行时，PLC 的输入、输出信号和内部的信号（如存储器位的状态）相互之间存在着确定的关系，如出现异常的逻辑信号，则说明出了故障。因此，可以编制一些常见故障的异常逻辑关系，一旦异常逻辑关系为 ON 状态，就应按故障处理。如机械运动过程中先后有两个限位开关动作，这两个信号不会同时接通。若它们同时接通，说明至少有一个限位开关被卡死，应停机进行处理。在梯形图中，用这两个限位开关对应存储器的位的常开触点串联，来驱动一个表示限位开关故障的存储器的位，就可以进行检测。

7.4.3　PLC 的维护与检修

虽然 PLC 的故障率很低，由 PLC 构成的控制系统可以长期稳定和可靠的工作，但对它进行维护和检查是必不可少的。一般每半年应对 PLC 系统进行一次周期性检查。检修内容包括：

1）供电电源。查看 PLC 的供电电压是否在标准范围内。交流电源工作电压的范围为 85～264V，直流电源电压应为 24V。

2）环境条件。查看控制柜内的温度是否在 0～55℃ 范围内，相对湿度是否在 35%～85% 范围内，以及无粉尘、铁屑等积尘。

3）安装条件。连接电缆的连接器是否完全插入旋紧，螺钉是否松动，各单元是否可靠固定，有无松动。

4）I/O 端电压。均应在工作要求的电压范围内。

7.5　习题

1．可编程序控制器系统的设计一般分为几步？

2. 如何选择合适的 PLC 类型？

3. 用 PLC 构成液体混合模拟控制系统，如图 7-38 所示。控制要求如下：按下起动按钮，电磁阀 Y_1 闭合，开始注入液体 A，按 L_2 表示液体到了 L_2 的高度，停止注入液体 A。同时电磁阀 Y_2 闭合，注入液体 B，按 L_1 表示液体到了 L_1 的高度，停止注入液体 B，开起搅拌机 M，搅拌 4s，停止搅拌。同时 Y_3 为 ON，开始放出液体至液体高度为 L_3，再经 2s 停止放出液体。同时注入液体 A。开始循环。按停止按扭，所有操作都停止，需重新起动。要求列出 I/O 分配表，编写梯形图，并上机调试程序。

4. 用 PLC 构成 4 节传送带控制系统，如图 7-39 所示。控制要求如下：起动后，先起动最末的皮带机，1s 后再依次起动其他的皮带机；停止时，先停止最初的皮带机，1s 后再依次停止其他的皮带机。当某条皮带机发生故障时，应立即停止该机及前面的操作，后面的按每隔 1s 顺序停止；当某条皮带机有重物时，应立即停止该皮带机前面的操作，该皮带机运行 1s 后停止，再 1s 后接下去的一台停止，依此类推。要求列出 I/O 分配表，编写 4 节传送带故障设置控制梯形图程序和载重设置控制梯形图程序，并上机调试程序。

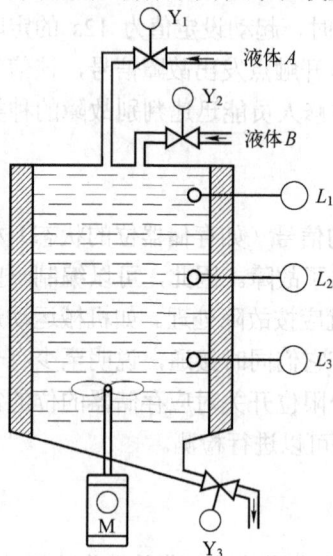

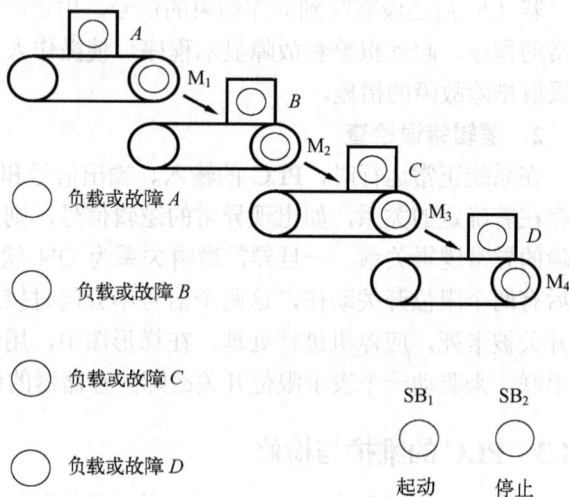

图 7-38　用 PLC 构成液体混合模拟控制系统　　图 7-39　用 PLC 构成 4 节传送带控制系统示意图

5. PLC 对安装环境有何要求？安装 PLC 的方法有几种？

6. 在进行 I/O 接线时应注意哪些事项？如何将 PLC 接地？

第8章 S7-200 的通信与网络

本章要点

- 通信基本概念和术语
- S7-200 PLC 通信部件的介绍
- S7-200 PLC 通信协议与通信
- S7-200 PLC 通信实例

8.1 通信的基本知识

在计算机控制与网络技术不断推广和普及的今天，对参与控制系统中的设备提出了可相互连接、构成网络及远程通信的要求，可编程序控制器生产厂商为此加强了可编程序控制器的网络通信能力。

8.1.1 基本概念和术语

1. 并行传输与串行传输

并行传输是指通信中同时传送构成一个字或字节的多位二进制数据；而串行传输是指通信中构成一个字或字节的多位二进制数据是一位一位被传送的。很容易看出两者的特点，与并行传输相比，串行传输的传输速度慢，但传输线的数量少，成本比并行传输低，故常用于远距离传输且速度要求不高的场合，如计算机与可编程序控制器间的通信、计算机 USB 口与外围设备的数据传送。并行传输的速度快，但传输线的数量多，成本比高，故常用于近距离传输的场合，如计算机内部的数据传输、计算机与打印机的数据传输。

2. 异步传输和同步传输

在异步传输中，信息以字符为单位进行传输，当发送一个字符代码时，字符前面都具有自己的一位起始位，极性为 0，接着发送 5～8 位的数据位、1 位奇偶校验位，1～2 位的停止位，数据位的长度视传输数据格式而定，奇偶校验位可有可无，停止位的极性为 1，在数据线上不传送数据时全部为 1。异步传输中一个字符中的各个位是同步的，但字符与字符之间的间隔是不确定的，也就是说，线路上一旦开始传送数据，就必须按照起始位、数据位、奇偶校验位、停止位这样的格式连续传送，但传输下一个数据的时间不定，不发送数据时线路保持 1 状态。

异步传输的优点就是收、发双方不需要严格的位同步，所谓"异步"是指字符与字符之间的异步，字符内部仍为同步。其次异步传输电路比较简单，链络协议易实现，所以得到了广泛的应用。其缺点在于通信效率比较低。

在同步传输中，不仅字符内部为同步，而且字符与字符之间也要保持同步。信息以数据块为单位进行传输，发送双方必须以同频率连续工作，并且保持一定的相位关系，这就需要通信系统中有专门使发送装置和接收装置同步的时钟脉冲。在一组数据或一个报文之内不需要启停标志，但在传送中要分成组，一组含有多个字符代码或多个独立的码元。在每组开始和结束，需加上规定的码元序列作为标志序列。发送数据前，必须发送标志序列，接收端通过检验该标志序列实现同步。

同步传输的特点是可获得较高的传输速度，但实现起来较复杂。

3. 信号的调制和解调

串行通信通常传输是数字量，这种信号包括从低频到高频极其丰富的谐波信号，要求传输线的频率很高。而远距离传输时，为降低成本，传输线频带不够宽，使信号严重失真、衰减，常采用的方法是调制解调技术。调制就是发送端将数字信号转换成适合传输线传送的模拟信号，完成此任务的设备叫做调制器。接收端将收到的模拟信号还原为数字信号的过程称为解调，完成此任务的设备叫做解调器。实际上一个设备工作起来既需要调制，又需要解调，将调制、解调功能由一个设备完成，称此设备为调制解调器。当进行远程数据传输时，可以将可编程序控制器的 PC/PPI 电缆与调制解调器进行连接，以增加数据传输的距离。

4. 传输速率

传输速率是指单位时间内传输的信息量，它是衡量系统传输性能的主要指标，常用波特率（Baud Rate）表示。波特率是指每秒传输二进制数据的位数，单位是 bit/s。常用的波特率有 185 000bit/s、19 200bit/s、9 600bit/s、4 800bit/s、2 400bit/s、1 200bit/s 等。例如，对于 1 200bit/s 的传输速率，每个字符格式规定包含 10 个数据位（起始位、停止位、数据位），信号每秒传输的数据为

$$1\ 200/10=120（字符/秒）$$

5. 信息交互方式

信息交互有以下几种方式：单工通信、半双工和全双工通信方式。

单工通信是指信息始终保持一个方向传输，而不能进行反向传输。如无线电广播、电视广播等都属于这种类型。

半双工通信是指数据流可以在两个方向上流动，但同一时刻只限于一个方向流动，又称为双向交替通信。

全双工通信方式是指通信双方能够同时进行数据的发送和接收。

8.1.2　差错控制

1. 纠错编码

纠错编码是差错控制技术的核心。纠错编码的方法是在有效信息的基础上附加一定的冗余信息位，利用二进制位组合来监督数据码的传输情况。一般冗余位越多，监督作用和检错、纠错的能力就越强，但通信效率越低，而且冗余位本身出错的可能性也变大。

纠错编码的方法很多。下面介绍两种常见的纠错编码方法。

1）奇偶检验码。奇偶检验码是应用最多、最简单的一种纠错编码。奇偶检验码是在信息码组之后加一位监督码，即奇偶检验位。奇偶检验码有奇检验码、偶检验码两种。奇检验码的方法是信息位和检验位中 1 的个数为奇数。偶检验码的方法是信息位和检验位中 1 的个数为偶数。例如，一信息码为 35H，其中 1 的为偶数，如果是奇检验，那么检验位就应为 1；如果是偶检验，那么检验位就应为 0。

2）循环检验码。循环检验码不像奇偶检验码一个字符校验一次，而是一个数据块校验一次。在同步通信中几乎都使用这种方法。

循环检验码的基本思想是利用线性编码理论，在发送端根据要发送二进制码序列，以一定的规则产生一个监督码，附加在信息之后，构成一新的二进制码序列发送出去。在接收端，根据信息码和监督码之间遵循的规则进行检验，确定传送中是否有错。

2. 错控制方法

1）自动重发请求。在自动重发请求中，发送端对发送序列进行纠错编码，可以检测出错误的校验序列。接收端根据校验序列的编码规则判断是否出错，并将结果传给发送端。若有错，接收端拒收，同时通知发送端重发。

2）向前纠错方式。向前纠错方式就是发送端对发送序列进行纠错编码，接收端收到此码后，进行译码。译码不仅可以检测出是否有错误，而且可以根据译码自动纠错。

3）混合纠错方式。混合纠错方式是上述两种方法的结合。接收端有一定的判断是否出错和纠错的能力，如果错误超出了接收端的纠错的能力，再命令发送端重发。

8.1.3 传输介质

目前在分散控制系统中普遍使用的传输介质有同轴电缆、双绞线、光缆，而其他介质如无线电、红外线、微波等，在 PLC 网络中应用很少。在使用的传输介质中，双绞线（带屏蔽）成本较低，安装简单；而光缆尺寸小，重量轻，传输距离远，但成本高，安装维修都较困难。

1. 双绞线

一对相互绝缘的线螺旋形式绞合在一起就构成了双绞线，两根线一起作为一条通信电路使用，两根线螺旋排列的目的是为了使各线对之间的电磁干扰减小到最小。而通常人们将几对双绞线包装在一层塑料保护套中，如两对或四对双绞线构成产品的称为非屏蔽双绞线，在外塑料层下增加一屏蔽层的称为屏蔽双绞线。

双绞线螺旋型的绞和仅仅解决了相邻绝缘线对之间的电磁干扰，而它对外界的电磁干扰还是比较敏感的，同时信号会向外辐射，有被窃取的可能。

2. 同轴电缆

同轴电缆是从内到外依次由内导体（芯线）、绝缘线、屏蔽层铜线网及外保护层的结构制造的。从横截面看，这 4 层构成了 4 个同心圆，故而得名。

同轴电缆外面加了一层屏蔽铜丝网，是为了防止外界的电磁干扰而设计的，因此它比双绞线的抗外界电磁干扰能力要强。根据阻抗的不同，可分为基带同轴电缆，特性阻抗为 50Ω，适用于计算机网络的连接，由于是基带传输，数字信号不经调制直接送上电缆，是单路传输，数据传输速率可达 10Mbit/s。宽带同轴电缆特性阻抗为 75Ω，常用于有线电视（CATV）的传输介质，如有线电视同轴电缆带宽达 750MHz，可同时传输几十路电视信号，并同时通过调制解调器支持 20Mbit/s 的计算机数据传输。

3. 光纤（又称光导纤维或光缆）

光纤常应用在远距离快速地传输大量信息中，它是由石英玻璃经特殊工艺拉成细丝来传输光信号的介质，这种细丝的直径比头发丝还要细，一般直径在 8～9μm（单模光纤）及 50/62.5μm（多模光纤，50μm 为欧洲标准，62.5μm 为美国标准），但它能传输的数据量却是巨大的。人们已经实现在一条光纤上传输几百个"太"位（1T=2^{40}）的信息量，而且这还远不是光纤的极限。在光纤中以内部的全反射来传输一束经过编码的光信号。

光纤根据工艺的不同分为单模光纤和多模光纤两大类。单模光纤由于直径小，与光波波长相当，光纤如同一个波导，光脉冲在其中没有反射，而沿直线进行传输，所使用的光源为方向性好的半导体激光。多模光纤在给定的工作波长上，光源发出的光脉冲以多条线路（又称多种模式）同时传输，经多次全反射后先后到达接收端，它所使用的光源为发光二极管。单模光纤由于传输时，没有反射，所以衰减小，传输距离远，接收端的一个光脉冲中的光几乎同时到达，脉冲窄，脉冲间距可以排的很密，因而数据传输率高；而多模光纤中光脉冲多次全反射，衰减大，因而传输距离近，接收端的一个光脉冲中的光经多次全反射后先后到达，脉冲宽，脉冲排得疏，因而数据传输率低。单模光纤的缺点是价格比多模光纤昂贵。

光纤是以光脉冲的形式传输信号的，它具有的优点如下：

1）所传输的是数字光脉冲信号，不会受电磁干扰，不怕雷击，不易被窃听。

2）数据传输安全性好。

3）传输距离长，且带宽宽，传输速度快。

缺点：光纤系统设备价格昂贵，光纤的连接与连接头的制作需要专门工具和专业人员。

8.1.4 串行通信接口标准

RS-232C 是美国电子工业协会（Electronic Industry Association，EIA）制定的串行接口标准。它已经成为国际上通用的标准。

PLC 与计算机的通信也是通过此接口。

1. RS-232C

（1）介绍 RS-232C

计算机上配有 RS-232C 接口，它使用一个 25 针的连接器。在这 25 个引脚中，20 个引脚作为 RS-232C 信号，其中有 4 个数据线，11 个控制线，3 个定时信号线，两个地信号线。另外，还保留了两个引脚，有 3 个引脚未定义。PLC 一般使用 9 针连接器，距离较近时，3 脚也可以完成。图 8-1 所示为 3 针连接器与 PLC 的连接图。

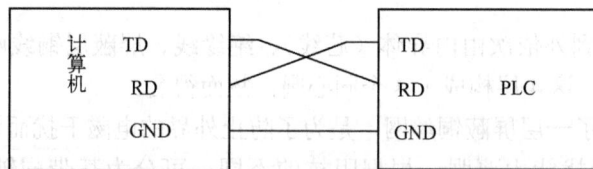

图 8-1 3 针连接器与 PLC 的连接图

TD（Transmitted Data）发送数据：串行数据的发送端。

RD（Received Data）接收数据：串行数据的接收端。

GND（Ground）信号地：它为所有的信号提供一个公共的参考电平，为 0V 电压。

常见的引脚如下。

RTS（Request To Send）请求发送。当数据终端准备好送出数据时，就发出有效的 RTS 信号，通知 Modem 准备接受数据。

CTS（Clean To Send）清除发送（也称为允许发送）。当 Modem 已准备好接收数据终端的传送数据时，发出 CTS 有效信号来响应 RTS 信号。所以 RTS 和 CTS 是一对用于发送数据的联系信号。

DTR（Data Terminal Ready）数据终端准备好。通常当数据终端加电时，该信号就有效，表明数据终端准备就绪。它可以用做数据终端设备发给数据通信设备 Modem 的联络信号。

DSR（Data Set Ready）数据装置准备好。通常表示 Modem 已接通电源连接到通信线路上，并处在数据传输方式，而不是处于测试方式或断开状态。它可以用做数据通信设备 MODEM 响应数据终端设备 DTR 的联络信号。

保护地（机壳地）。一个起屏蔽保护作用的接地端。一般应参考设备的使用规定，连接到设备的外壳或机架上，必要时要连接到大地。

（2）RS-232C 的不足

RS-232C 既是一种协议标准，又是一种电气标准，它采用单端的、双极性电源电路，可用于最远距离为 15m、最高速率达 20kbit/s 的串行异步通信。RS-232C 仍有一些不足之处，主要表现在：

1）传输速率不够快。RS-232C 标准规定最高速率为 20kbit/s，尽管能满足异步通信要求，但不能适应高速的同步通信。

2）传输距离不够远。RS-232C 标准规定各装置之间电缆长度不超过 15m。实际上，RS-232C 能够实现 30m 或 60m 的传输，但在使用前，一定要先测试信号的质量，以保证数据的正确传输。

3）RS-232C 接口采用不平衡的发送器和接收器，每个信号只有一根导线，两个传输方向仅有一个信号线——地线，因而，电气性能不佳，容易在信号间产生干扰。

2. RS-485

由于 RS-232C 存在的不足，美国的 EIC 在 1977 年指定了 RS-499、RS-422A 是 RS-499 的子集，RS-485 是 RS-422 的变形。RS-485 为半双工，不能同时发送和接收信号。目前，工业环境中广泛应用 RS-422、RS-485 接口。S7-200 系列 PLC 内部集成的 PPI 接口的物理特性为 RS-485 串行接口，可以用双绞线组成串行通信网络，不仅可以与计算机的 RS-232C 接口互联通信，而且可以构成分布式系统，系统中最多可有 32 个站，新的接口部件允许连接 128 个站。

8.2 工业局域网基础

8.2.1 局域网的拓扑结构

网络拓扑结构是指网络中的通信线路和节点间的几何连接结构，表示了网络的整体结构外貌。网络中通过传输线连接的点称为节点或站点。拓扑结构反映了各个站点间的结构关系，对整个网络的设计、功能、可靠性和成本都有影响。常见的有星形网络、环形网络、总线型网络 3 种拓扑结构形式。

1. 星形网络

星形拓扑结构是以中央节点为中心与各节点连接组成的，网络中任何两个节点要进行通信都必须经过中央节点转发，其网络的拓扑结构如图 8-2a 所示。星形网络的特点是，结构简单，便于管理控制，建网容易，网络延迟时间短，误码率较低，便于程序集中开发和资源共享。但系统花费大，网络共享能力差，负责通信协调工作的上位计算机负荷大，通信线路利用率不高，且系统可靠性不高，对上位计算机的依赖性也很强，一旦上位机发生故障，整个网络通信就停止。在小系统、通信不频繁的场合可以应用。星形网络常用双绞线作为传输介质。

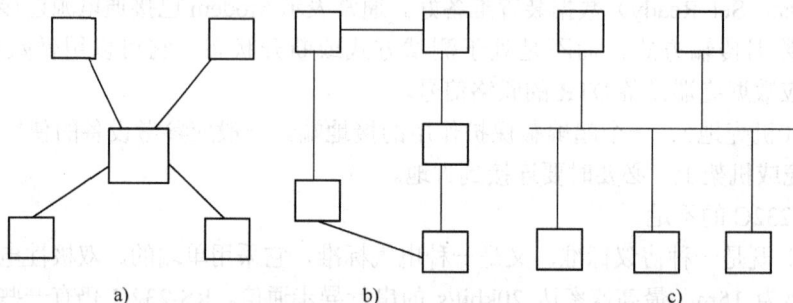

图 8-2　网络的拓扑结构

a) 星形网络　b) 环形网络　c) 总线型网络

上位计算机（也称主机、监控计算机、中央处理机）通过点到点的方式与各现场处理机（也称为从机）进行通信，就是一种星形结构。各现场机之间不能直接通信，若要进行相互间数据传输，则必须通过中央节点的上位计算机协调。

2. 环形网络

在环形网中，各个节点通过环路通信接口或适配器，连接在一条首尾相连的闭合环形通信线路上，环路上任何节点均可以请求发送信息。请求一旦被批准，便可以向环路发送信息。环形网中的数据主要是单向传输，也可以是双向传输。由于环线是公用的，一个节点发出的信息可能穿越环中多个节点，信息才能到达目的地址。如果某个节点出现故障，信息不能继续传向环路的下一个节点，应设置自动旁路。环形网络结构如图 8-2b 所示。

环形网具有容易挂接或摘除节点，安装费用低，结构简单的优点；由于在环形网络中数据信息在网中是沿固定方向流动的，节点之间仅有一个通路，大大简化了路径选择控制；当某个节点发生故障时，可以自动旁路，以提高系统的可靠性。所以工业上的信息处理和自动化系统常采用环形网络的拓扑结构。但节点过多时，会影响传输效率，整个网络响应时间变长。

3. 总线型网络

利用总线把所有的节点连接起来，这些节点共享总线，对总线有同等的访问权。总线型网络结构如图 8-2c 所示。

总线型网络由于采用广播方式传输数据，任何一个节点发出的信息经过通信接口（或适配器）后，沿总线向相反的两个方向传输，因此可以使所有节点接收到，各节点将目的地址是本站站号的信息接收下来。这样就无需进行集中控制和路径选择，在总线型网络中，所有节点共享一条通信传输链路，因此，在同一时刻，网络上只允许一个节点发送信息。一旦两个或两个以上节点同时发送信息就会发生冲突，应采用网络协议控制冲突。这种网络结构简单灵活，容易挂接或摘除节点，节点间可直接通信，速度快，延时小，可靠性高。

8.2.2 网络通信协议和体系结构

1. 通信协议

PLC 网络是由各种数字设备（包括 PLC、计算机等）与终端设备等通过通信线路连接起来的复合系统。在这个系统中，由于数字设备型号、通信线路类型、连接方式、同步方式、通信方式等的不同，给网络各节点间的通信带来了不便，甚至影响到 PLC 网络的正常运行，因此在网络系统中，为确保数据通信双方能正确而自动地进行通信，应针对通信过程中的各种问题，制定一整套的约定，这就是网络系统的通信协议，又称为网络通信规程。通信协议就是一组约定的集合，是一套语义和语法规则，用来规定有关功能部件在通信过程中的操作。通常通信协议必备的两种功能是通信和信息传输，包括了识别和同步、错误检测和修正等。

2. 体系结构

网络的结构通常包括网络体系结构、网络组织结构和网络配置。

1）网络体系结构。比较复杂的 PLC 控制系统网络的体系结构，常将其分解成一个个相对独立、又有一定的联系层面。这样就可以将网络系统进行分层，各层执行各自承担的任务，层与层可以设有接口。层次的设计结构是目前人们常用的设计方法。

2）网络组织结构。网络组织结构指的是从网络的物理实现方面来描述网络的结构。

3）网络配置。网络配置指的是从网络的应用来描述网络的布局、硬件、软件等，而网络体系结构是指从功能上来描述网络的结构，至于体系结构中所确定的功能怎样实现，有待网络生产厂家来解决。

8.2.3 现场总线

在传统的自动化工厂中，生产现场的许多设备和装置（如传感器、调节器、变送器、执行器等）都是通过信号电缆与计算机、PLC 相连的。当这些装置和设备相距较远、分布较广时，就会使电缆线的用量和铺设费用随之大大地增加，从而出现了整个项目的投资成本增高、系统连线复杂、可靠性下降、维护工作量增大、系统进一步扩展困难等问题。现场总线（FieldBus）的产生将分散于现场的各种设备连接起来，并有效实施了对设备的监控。它是一种可靠、快速、能经受工业现场环境、低廉的通信总线。PLC 的生产厂商也将现场总线技术应用于各自的产品之中构成工业局域网的最底层，使得 PLC 网络成为了真正意义上的自动控制领域发展的一个热点，给传统的工业控制技术带来了一次革新。

现场总线技术实际上是实现现场级设备数字化通信的一种工业现场层的网络通信技术。按照国际电工委员会 IEC61158 的定义，现场总线是"安装在过程区域的现场设备、仪表与控制室内的自动控制装置系统之间的一种串行、数字式、多点通信的数据总线。"也就是说，基于现场总线的系统是以单个分散的、数字化、智能化的测量和控制设备作为网络的节点，用总线相连，实现信息的相互交换，使得不同网络、不同现场设备之间可以信息共享。现场设备的各种运行参数、状态信息及故障信息等通过总线传输到远离现场的控制中心，而控制中心又可以将各种控制、维护、组态命令送往相关的设备，从而建立起具有自动控制功能的网络。通常将这种位于网络底层的自动化及信息集成的数字化网络称为现场总线系统（FieldBUS）。

西门子通信网络的中间层为现场总线，用于车间级和现场级的国际标准，传输速率最大为 12Mbit/s，响应时间的典型值为 1ms，使用屏蔽双绞线电缆（最长 9.6km）或光缆（最长 90km），最多可接 127 个从站。

8.3 S7-200 通信部件

在本节中将介绍 S7-200 通信的有关部件，包括通信口、PC/PPI 电缆、通信卡及 S7-200 通信扩展模块等。

8.3.1 通信端口

S7-200 系列 PLC 内部集成的 PPI 接口的物理特性为 RS-485 串行接口，为 9 针 D 型，该端口也符合欧洲标准 EN50170 中 PROFIBUS 标准。S7-200 CPU 上的 RS-485 串行接口外形如图 8-3 所示。

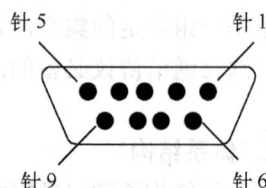

图 8-3 RS-485 串行接口外形图

在进行调试时，将 S7-200 接入网络时，该端口一般是作为端口 1 出现的，作为端口 1 时，S7-200 通信端口各引脚的名称及其表示的意义见表 8-1。端口 0 为所连接的调试设备的端口。

表 8-1 S7-200 通信端口各引脚的名称及其表示的意义

引　脚	名　称	端口 0/端口 1
1	屏蔽	机壳地
2	24V 返回	逻辑地
3	RS-485 信号 B	RS-485 信号 B
4	发送申请	RTS（TTL）
5	5V 返回	逻辑地
6	+5V	+5V，100Ω 串联电阻
7	+24V	+24V
8	RS-485 信号 A	RS-485 信号 A
9	不用	10 位协议选择（输入）
连接器外壳	屏蔽	机壳接地

8.3.2 PC/PPI 电缆

当用计算机编程时，一般用 PC/PPI（个人计算机/点对点接口）电缆连接计算机与可编程序控制器，这是一种低成本的通信方式。PC/PPI 电缆外形如图 8-4 所示。

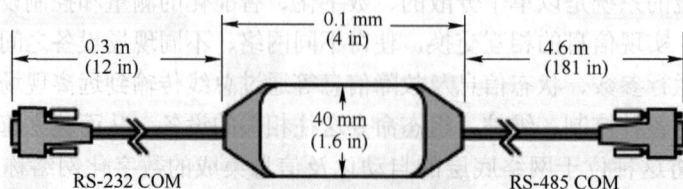

图 8-4 PC/PPI 电缆外形图

1. PC/PPI 电缆的连接

将 PC/PPI 电缆有"PC"的 RS-232 端连接到计算机的 RS-232 通信接口，标有"PPI"的 RS-485 端连接到 PLC 的 CPU 模块的通信口，拧紧两边螺钉即可。

PC/PPI 电缆上的 DIP 开关选择的波特率（见表 8-2）应与编程软件中设置的波特率一致。初学者可选通信速率的默认值 9 600bit/s。4 号开关为 1，选择 10 位模式，4 号开关为 0 就是 11 位模式，5 号开关为 0，选择 RS-232 口设置为数据通信设备（DCE）模式，5 号开关为 1，选择 RS-232 口设置为数据终端设备（DTE）模式。对未用调制解调器时 4 号开关和 5 号开关均应设为 0。

表 8-2　开关设置与波特率的关系

开关 1、2、3	传输速率/（bit/s）	转换时间/ms
000	38400	0.5
001	19200	1
010	9600	2
011	4800	4
100	2400	7
101	1200	14
110	600	28

2. PC/PPI 电缆的通信设置

在 STEP 7-Micro/Win 32 的指令树中单击"通信"图标，或从菜单中选择"检视→通信"选项，将出现"通信设置"对话框，"→"表示菜单的上下层关系。在对话框中双击"PC/PPI 电缆"的图标，将出现"PC/PG 接口属性"对话框。单击其中的"属性（Properties）"按扭，出现"PC/PPI 电缆属性"对话框。初学者可以使用默认的通信参数，在"PC/PPI 性能设置"窗口中按"默认（Default）"按扭可获得默认的参数。

1）计算机和可编程序控制器在线连接的建立。在 STEP7-Micro/Win 的浏览条中单击"通信"图标，或从菜单中选择"查看→通信"选项，将出现通信连接对话框，显示尚未建立通信连接。双击对话框中的刷新图标，编程软件检查可能与计算机连接的所有 S7-200 CPU 模块（站）在对话框中显示已建立起连接的每个站的 CPU 图标、CPU 型号和站地址。

2）可编程序控制器通信参数的修改。在计算机和可编程序控制器建立起在线连接后，就可以核实或修改后者的通信参数。在 STEP7-Micro/Win 32 的浏览条中单击"系统块"图标，或从主菜单中选择"查看→系统块"选项，将出现系统块对话框，单击对话框中的"通信口"选项卡，可设置可编程序控制器通信接口的参数，默认的站地址是 2，波特率为 9 600bit/s。设置好参数后，单击"确认"按扭退出系统块。设置好后，需将系统块下载到可编程序控制器中，这样设置的参数才会起作用。

3）可编程序控制器信息的读取。要想了解可编程序控制器的型号和版本、工作方式、扫描速率、I/O 模块配置以及 CPU 和 I/O 模块错误，可选择菜单命令"PLC→信息"，将显示出可编程序控制器的 RUN/STOP 状态、以为单位的扫描速率、CPU 的版本、错误的情况和各模块的信息。

"复位扫描速率"按扭用来刷新最大扫描速率、最小扫描速率和最近扫描速率。如果 CPU 配有智能模块，当需查看智能模块信息时，选中要查看的模块，单击"智能模块信息"

按钮，将出现一个对话框，以提供模块类型、模块版本的模块错误和其他有关的信息。

8.3.3 网络连接器

　　利用西门子公司提供的两种网络连接器可以把多个设备很容易地连到网络中。两种连接器都有两组螺钉端子，可以连接网络的输入和输出。通过网络连接器上的选择开关，可以对网络进行偏置和终端匹配。两个连接器中的一个连接器仅提供连接到 CPU 的接口，而另一个连接器增加了一个编程接口（如图 8-5 所示）。带有编程接口的连接器可以把 SIMATIC 编程器或操作面板增加到网络中，而不用改动现有的网络连接。编程口连接器把 CPU 的信号传到编程口（包括电源引线）。这个连接器对于连接从 CPU 取电源的设备（例如 TD200 或 OP3）很有用。

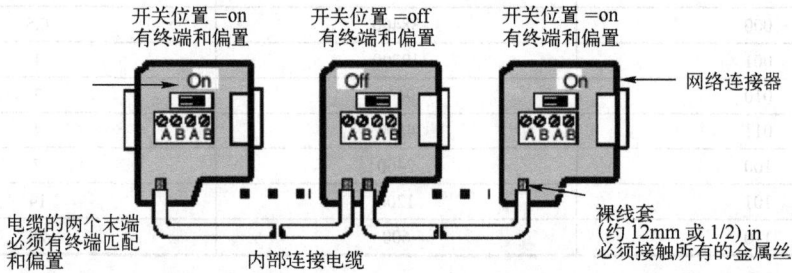

图 8-5　网络连接器

　　当进行网络连接时，连接的设备应共享一个共同的参考点。当参考点不同时，在连接电缆中会产生电流，这些电流会造成通信故障或损坏设备，可将通信电缆所连接的设备进行隔离，以防止不必要的电流。

8.3.4 PROFIBUS 网络电缆

　　当通信设备相距较远时，可使用 PROFIBUS 电缆进行连接。表 8-3 中列出了 PROFIBUS 网络电缆的性能指标。

表 8-3　PROFIBUS 网络电缆的性能指标

通 用 特 性	规 范
类型	屏蔽双绞线
导体截面积	24AWG（0.22mm^2）或更粗
电缆容量	<60pF/m
阻抗	100～200

　　PROFIBUS 网络的最大长度有赖于波特率和所用电缆的类型，表 8-4 中列出了规范电缆时网络段的最大长度。

表 8-4　规范电缆时网络段的最大长度

传输速率/（kbit/s）	网络段的最大电缆长度/m
9.6～93.75	1 200
187.5	1 000

传输速率/（kbit/s）	网络段的最大电缆长度/m
500	400
1～1.5×10³	200
3～12×10³	100

8.3.5 网络中继器

西门子公司提供连接到 PROFIBUS 网络环的网络中继器，如图 8-6 所示。利用中继器可以延长网络通信距离，允许在网络中加入设备，并且提供了一个隔离不同网络环的方法。在波特率为 9 600bit/s 时，PROFIBUS 允许在一个网络环上最多有 32 个设备，这时通信的最长距离是 1 200m。每个中继器允许加入另外 32 个设备，而且可以把网络再延长 1 200m。在网络中最多可以使用 9 个中继器。每个中继器为网络环提供偏置和终端匹配。

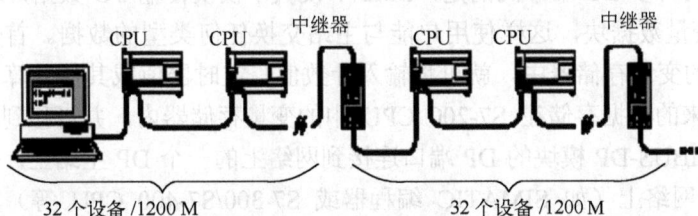

图 8-6 网络中继器

8.3.6 EM277 PROFIBUS-DP 模块

EM277 PROFIBUS-DP 模块是专门用于 PROFIBUS-DP 协议通信的智能扩展模块。它的外形如图 8-7 所示。EM277 机壳上有一个 RS-485 接口，通过接口可将 S7-200 系列 CPU 连接至网络。它支持 PROFIBUS-DP 和 MPI 从站协议。可在其地址选择开关上进行地址设置，地址范围为 0～99。

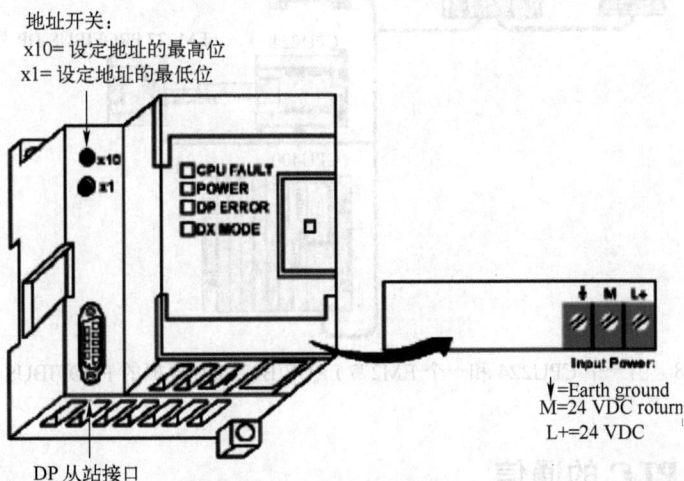

图 8-7 Em277 PROFIBUS-DP 模块外形图

PROFIBUS-DP 是由欧洲标准 EN50170 和国际标准 IEC611158 定义的一种远程 I/O 通信协议。遵守这种标准的设备，即使是由不同公司制造的，也是兼容的。DP 表示分布式外围设备，即远程 I/O。PROFIBUS 表示过程现场总线。EM277 模块作为 PROFIBUS-DP 协议下的从站，实现通信功能。

　　除以上介绍的通信模块外，还有其他的通信模块。如用于本地扩展的 CP243-2 通信处理器，利用该模块可增加 S7-200 系列 CPU 的输入、输出点数。

　　通过 EM277 PROFIBUS-DP 扩展从站模块，可将 S7-200 CPU 连接到 PROFIBUS-DP 网络。EM277 经过串行 I/O 总线连接到 S7-200 CPU。PROFIBUS 网络经过其 DP 通信端口，连接到 EM277 PROFIBUS-DP 模块。这个端口可运行于 9 600bit/s 和 12Mbit/s 之间的任何 PROFIBUS 支持的波特率。作为 DP 从站，EM277 模块接受从主站来的多种不同的 I/O 配置，向主站发送和接收不同数量的数据，这种特性使用户能修改所传输的数据量，以满足实际应用的需要。与许多 DP 站不同的是，EM277 模块不仅仅传输 I/O 数据，还能读写 S7-200 CPU 中定义的变量数据块，这样使用户能与主站交换任何类型的数据。首先，将数据移到 S7-200 CPU 中的变量存储器中，就可将输入计数值、定时器值或其他计算值传送到主站。类似地，从主站来的数据存储在 S7-200 CPU 中的变量存储器内，并可移到其他数据区。可将 EM277 PROFIBUS-DP 模块的 DP 端口连接到网络上的一个 DP 主站上，但仍能作为一个 MPI 从站与同一网络上（如 SIMATIC 编程器或 S7-300/S7-400 CPU 等）其他主站进行通信。图 8-8 所示表示由一个 CPU224 和一个 EM277 PROFIBUS-DP 模拟的 PROFIBUS 网络。在这种场合下，CPU315-2 是 DP 主站，并且已通过一个带有 STEP 7 编程软件的 SIMATIC 编程器进行组态。CPU224 是 CPU315-2 所拥有的一个 DP 从站，ET200I/O 模块也是 CPU315-2 的从站，将 S7-400 CPU 连接到 PROFIBUS 网络，并且可借助于 S7-400 CPU 用户程序中的 XGET 指令，从 CPU224 读取数据。

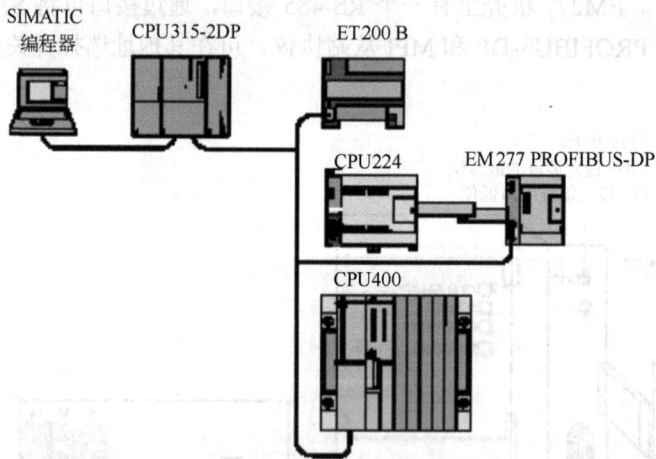

图 8-8　由一个 CPU224 和一个 EM277 PROFIBUS-DP 模拟的 PROFIBUS 网络

8.4　S7-200 PLC 的通信

　　本节介绍与 S7-200 联网通信有关的网络协议，包括 PPI、MPI、PROFIBUS 等协议以及相关的程序指令。

8.4.1 概述

S7-200 的通信功能强，有多种通信方式可供用户选择。在运行 Windows 或 Windows NT 操作系统的个人计算机（PC）上安装了编程软件后，可将 PC 作为通信中的主站。

1. 单主站方式

将单主站与一个或多个从站相连，如图 8-9 所示。STEP-Micro/Win 32 每次与一个 S7-200 CPU 通信，但是它可以访问网络上所有的 CPU。

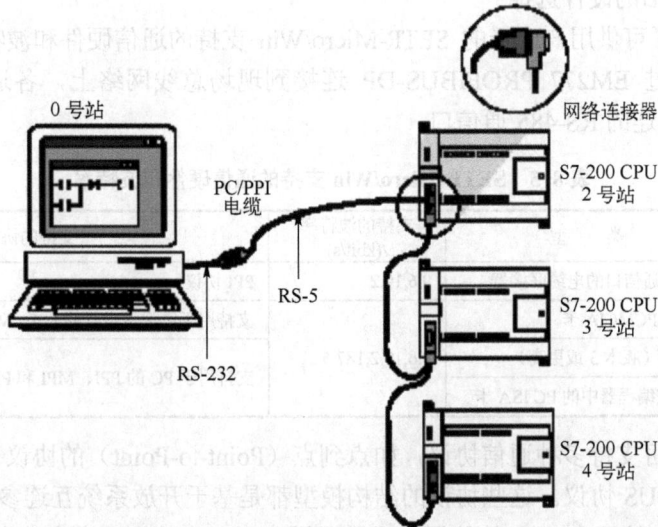

图 8-9　将单主站与一个或多个从站相连

2. 多主站方式

通信网络中有多个主站、一个或多个从站。图 8-10 所示为通信网络中有多个主站的情况。图中带 CP 通信卡的计算机和文本显示器 TD200、操作面板 OP15 是主站，S7-200 CPU 可以是从站或主站。

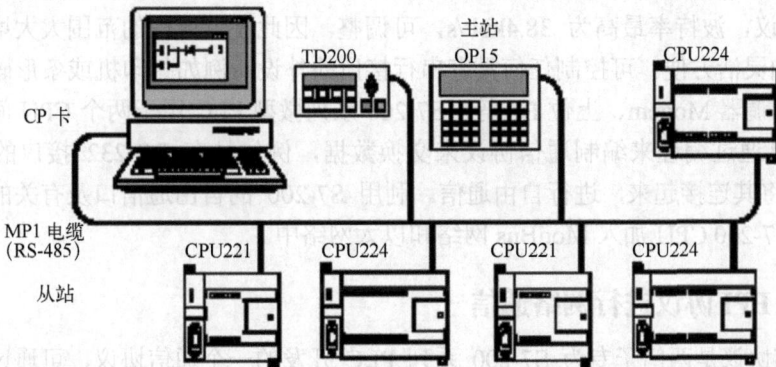

图 8-10　通信网络中有多个主站的情况

3．使用调制解调器的远程通信方式

利用 PC/PPI 电缆与调制解调器连接，可以增加数据传输的距离。在串行数据通信中，串行设备可以是数据终端设备（DTE），也可以是数据发送设备（DCE）。当数据从 RS-485 传送到 RS-232 口时，PC/PPI 电缆是接收模式（DTE），需要将 DIP 开关 5 设置为 1 的位置；当数据从 RS-232 传送到 RS-485 口时，PC/PPI 电缆是发送模式（DCE），需要将 DIP 开关 5 设置为 0 的位置。

S7-200 系列 PLC 单主站通过 11 位调制解调器（Modem）与一个或多个作为从站的 S7-200 CPU 相连，或单主站通过 10 位调制解调器与一个作为从站的 S7-200 CPU 相连。

4．S7-200 通信的硬件选择

表 8-5 给出了可供用户选择的 SETP-Micro/Win 支持的通信硬件和波特率。除此之外，S7-200 还可以通过 EM277 PROFIBUS-DP 连接到现场总线网络上，各通信卡提供一个与 PROFIBUS 网络相连的 RS-485 通信口。

表 8-5　SETP-Micro/Win 支持的通信硬件和波特率

支持的硬件	类　　型	支持的波特率 /(kbit/s)	支持的协议
PC/PPI 电缆	到 PC 通信口的电缆联接器	9.6,19.2	PPI 协议
CP5511	Ⅱ 型，PCMCIA 卡		支持用于笔记本电脑的 PPI、MPI 和 PROFIBUS 协议
CP5611	PCI 卡（版本 3 或更高）	9.6,19.2,187.5	支持用于 PC 的 PPI、MPI 和 PROFIBUS 协议
MPI	集成在编程器中的 PC ISA 卡		

S7-200 CPU 可支持多种通信协议，如点到点（Point-to-Point）的协议（PPI）、多点协议（MPI）及 PROFIBUS 协议。这些协议的结构模型都是基于开放系统互连参考模型（OSI）的 7 层通信结构。PPI 协议和 MPI 协议通过令牌环网实现。令牌环网遵守欧洲标准 EN50170 中的过程现场总线（PROFIBUS）标准。它们都是异步、基于字符的协议，传输的数据带有起始位、8 位数据、奇校验和一个停止位。每组数据都包含特殊的起始和结束标志、源站地址和目的站地址、数据长度、数据完整性检查几部分。只要相互的波特率相同，3 个协议就可在同一网络上运行而不互相影响。

自由通信口方式是 S7-200 PLC 的一个很有特色的功能。它使 S7-200 PLC 可以与任何通信协议公开的其他设备控制器进行通信，即 S7-200 PLC 可以由用户自己定义通信协议。例如 ASCII 协议，波特率最高为 38.4kbit/s，可调整，因此使可通信的范围大大增加，使控制系统配置更加灵活方便。可控制任何具有串行接口的外设，例如打印机或条形码阅读器、变频器、调制解调器 Modem、上位 PC 等。S7-200 系列微型 PLC 用于两个 CPU 间简单的数据交换，用户可通过编程来编制通信协议来交换数据，例如具有 RS-232 接口的设备，可用 PC/PPI 电缆将其连接起来，进行自由通信。利用 S7-200 的自由通信口及有关的网络通信指令，可以将 S7-200 CPU 加入 ModBus 网络和以太网络中。

8.4.2　利用 PPI 协议进行网络通信

PPI 通信协议是西门子专为 S7-200 系列 PLC 开发的一个通信协议，可通过普通的两芯屏蔽双绞电缆进行联网，波特率分别为 9.6kbit/s、19.2kbit/s 和 187.5kbit/s。在 S7-200 系列 CPU 上集成的编程口同时就是 PPI 通信联网接口，利用 PPI 通信协议进行通信非常简单方

便，只用 NETR 和 NETW 两条语句，即可进行数据信号的传递，不需额外再配置模块或软件。PPI 通信网络是一个令牌传递网，在不加中继器的情况下，最多可以由 31 个 S7-200 系列 PLC、TD200、OP/TP 面板或上位机插 MPI 卡为站点构成 PPI 网。

下面将网络读/网络写指令介绍如下。

网络读/网络写指令：NETR（Network Read）/ NETW（Network Write）。其指令格式如图 8-11 所示。

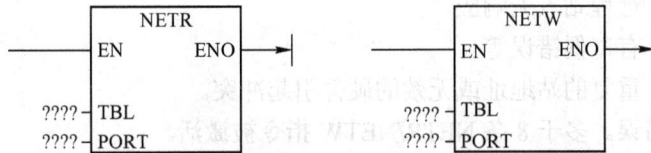

图 8-11　网络读/网络写指令 NETR/ NETW 的指令格式

TBL：缓冲区首址，操作数为字节。

PROT：操作端口，CPU226 为 0 或 1，其他只能为 0。

网络读 NETR 指令是通过端口（PROT）接收远程设备的数据、并保存在表（TBL）中的。可从远方站点最多读取 16 字节的信息。

网络写 NETW 指令通过端口（PROT）向远程设备写入在表（TBL）中的数据。可向远方站点最多写入 16 字节的信息。

在程序中，可以有任意多的 NETR/NETW 指令，但在任意时刻最多只能有 8 个 NETR 及 NETW 指令有效。TBL 表的参数定义见表 8-6 所示。表中各参数的意义如下。

表 8-6　TBL 表的参数定义

VB100	D	A	E	0	错　误　码
VB101	远程站点的地址				
VB102	指向远程站点的数据指针				
VB103					
VB104					
VB105					
VB106	数据长度（1~16B）				
VB107	数据字节 0				
VB108	数据字节 1				
…	…				
VB122	数据字节 15				

远程站点的地址。被访问的 PLC 地址。

数据区指针（双字）。指向远程 PLC 存储区中数据的间接指针。

接收或发送数据区。保存数据的 1~16 个字节，其长度在"数据长度"字节中定义。对于 NETR 指令，此数据区指执行 NETR 后存放从远程站点读取的数据区。对于 NETW 指令，此数据区指执行 NETW 前发送给远程站点的数据存储区。

表中字节的意义如下

D：操作已完成。0=未完成，1=功能完成。

A：激活（操作已排队）。0=未激活，1=激活。

E：错误。0=无错误，1=有错误。

对 4 位（二进制）错误代码的说明如下。

0：无错误。

1：超时错误。远程站点无响应。

2：接收错误。有奇偶错误等。

3：离线错误。重复的站地址或无效的硬件引起冲突。

4：排队溢出错误。多于 8 条 NETR/NETW 指令被激活。

5：违反通信协议。没有在 SMB30 中允许 PPI，就试图使用 NETR/NETW 指令。

6：非法参数。

7：没有资源。远程站点忙（正在进行上载或下载）。

8：第七层错误。违反应用协议。

9：信息错误。错误的数据地址或错误的数据长度。

在 PPI 网络作为主站的 PLC 程序中，必须在上电第 1 个扫描周期，用特殊存储器 SMB30 指定其主站属性，从而使能其主站模式。SMB30、SMB130 分别是 S7-200 PLC Port0、Port1 自由通信口的控制字节，其各位表达的意义如表 8-7 所示。

表 8-7 SMB30、SMB130 各位表达的意义

bit7	bit6	bit5	bit4	bit3	bit2	bit1	bit0
p	p	d	b	b	b	m	m
pp:校验选择			d: 每个字符的数据位		mm:协议选择		
00=不校验			0=8 位		00=PPI/从站模式		
01=偶校验			1=7 位		01=自由口模式		
10=不校验					10=PPI/主站模式		
11=奇校验					11 保留（未用）		
bbb: 自由口波特率/（bit/s）							
000=38400			011=4800		110=600		
001=19200			100=2400		111=300		
010=9600			101=1200				

在 PPI 模式下，控制字节的 2～7 位是忽略掉的，即 SMB30=0000 0010，定义 PPI 主站。SMB30 中协议选择默认值是 00=PPI 从站，因此，不需要对从站侧进行初始化。

【例】 用 NETR 指令实现两台 PLC 之间的数据通信，用 2 号机的 IB0 控制 1 号机 QB0。1 号机为主站，站地址为 2；2 号机为从站，站地址为 3，编程用的计算机的站地址为 0。从站在通信中是被动的，不需要通信程序。

本例中 1 号机读取 2 号机的 IB0 值，并写入本机的 QB0 中。1 号机网络读缓冲区内的地址安排如表 8-8 所示。主机通信程序如图 8-12 所示。

表 8-8　1 号机网络读缓冲区内的地址安排

状态字节	远程站地址	指向远程站点的数据指针	数据长度	数据字节
VB100	VB101	VD102	VB106	VB107

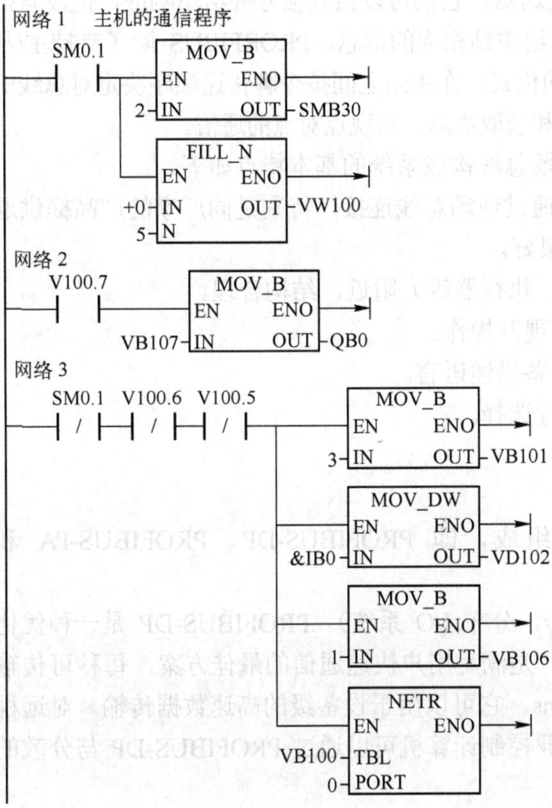

网络 1　主机的通信程序

```
网络 1
    SM0.1        MOV_B
    ┤ ├────┬──┤EN    ENO├────
              2─┤IN   OUT├─SMB30
              ├──┤FILL_N
              │  ┤EN    ENO├────
          +0─┤IN   OUT├─VW100
            5─┤N
```

```
网络 2
    V100.7        MOV_B
    ┤ ├────────┤EN    ENO├────
      VB107─┤IN   OUT├─QB0
```

```
网络 3
  SM0.1 V100.6 V100.5          MOV_B
  ┤/├──┤/├──┤/├──┬───┤EN    ENO├────
                      3─┤IN   OUT├─VB101
                      │     MOV_DW
                      ├───┤EN    ENO├────
                    &IB0─┤IN   OUT├─VD102
                      │     MOV_B
                      ├───┤EN    ENO├────
                      1─┤IN   OUT├─VB106
                      │     NETR
                      └───┤EN    ENO├────
                  VB100─┤TBL
                      0─┤PORT
```

```
网络 1
LD    SM0.1             // 首次扫描时
MOVB  2,SMB30           // 启用 PPI 主模式
FILL  +0,VW100,5        // 清除读缓冲区
```

```
网络 2
LD    V100.7            // 当 NETR 完成时
MOVB  VB107,QB0         // 将 2 号机的 IB0 送给 QB0
```

```
网络 3
LDN   SM0.1             // 如果不是首次扫描
AN    V100.6            // 若 NETR 未被激活
AN    V100.5            // 且没有错误
MOVB  3,VB101           // 载入 2 号机站址
MOVD  &IB0,VB102        // 载入 2 号机的数据指针 &IB0
MOVB  1,VB106           // 载入将要读取的数据长度
NETR  VB100,0           // 读取 2 号机 IB0，读缓冲区
                        // 起始地址为 VB100
```

图 8-12　例 8-1 主机通信程序

8.4.3　利用 MPI 协议进行网络通信

MPI 协议总是在两个相互通信设备之间建立逻辑连接的。MPI 协议允许主/主和主/从两种通信方式。选择何种方式依赖于设备类型。如果是 S7-300 CPU，由于所有的 S7-300 CPU 都必须是网络主站，所以就进行主/主通信方式。如果设备是 S7-200 CPU，那么就进行主/从通信方式，因为 S7-200 CPU 是从站。在图 8-10 中，S7-200 可以通过内置接口连接到 MPI 网络上，波特率为 19.2kbit/s 或 187.5kbit/s。它可与 S7-300 或者是 S7-400 CPU 进行通信。S7-200 CPU 在 MPI 网络中作为从站，它们彼此间不能进行通信。

8.4.4　利用 PROFIBUS 协议进行网络通信

PROFIBUS 是世界上第一个开放式的现场总线标准，目前技术已成熟，其应用覆盖了从机械加工、过程控制、电力、交通到楼宇自动化的各个领域。PROFIBUS 于 1995 年成为欧洲工业标准（EN50170），1999 年成为国际标准（1EC61158-3）。

在 S7-200 系列 PLC 的 CPU 中，CPU22X 都可以通过增加 EM277 PROFIBUS-DP 扩展模块

217

的方法支持 PROFIBUS DP 网络协议。最高传输速率可达 12Mbit/s。采用 PROFIBUS 的系统，对于不同厂家所生产的设备，不需要对接口进行特别的处理和转换就可以通信。PROFIBUS 连接的系统由主站和从站组成，主站能够控制总线，在主站获得总线控制权后，可以主动发送信息。从站通常为传感器、执行器、驱动器和变送器。它们可以接收信号并给予响应，但没有控制总线的权力。当主站发出请求时，从站回送给主站相应的信息。PRORFIBUS 除了支持主/从模式，还支持多主/多从的模式。对于多主站的模式，在主站之间按令牌传递顺序决定对总线的控制权。取得控制权的主站，可以向从站发送和获取信息，实现点对点的通信。

西门子 S7 系列 PLC 通过 PROFIBUS 现场总线构成系统的基本特点如下。

1）PLC、I/O 模板、智能仪表及设备可通过现场总线连接，特别是同厂家的产品提供通用的功能模块管理规范，通用性强，控制效果好。

2）I/O 模板被安装在现场设备（传感器、执行器等）附近，结构合理。

3）信号被就地处理，在一定范围内可实现互操作。

4）编程仍采用组态方式，设有统一的设备描述语言。

5）传输速率可在 9.6kbit/s～12Mbit/s 进行选择。

6）传输介质可以用双绞线或光纤。

1. PROFIBUS 的组成

PROFIBUS 由 3 个相互兼容的部分组成，即 PROFIBUS-DP、PROFIBUS-PA 和 PROFIBUS-FMS。

1）PROFIBUS-DP（Distributed Periphery，分布 I/O 系统）。PROFIBUS-DP 是一种优化模板，是制造业自动化主要应用的协议内容，是满足用户快速通信的最佳方案，每秒可传输 12 兆位。扫描 1 000 个 I/O 点的时间少于 1ms。它可以用于设备级的高速数据传输，对远程 I/O 系统尤为适用。位于这一级的 PLC 或工业控制计算机可以通过 PROFIBUS-DP 与分散的现场设备进行通信。

2）PROFIBUS-PA（Process Automation，过程自动化）。RROFIBUS-PA 主要用于过程自动化的信号采集及控制，它是专为过程自动化所设计的协议，可用于安全性要求较高的场合及总线集中供电的站点。

3）PROFIBUS-FMS（Fieldbus Message Specification，现场总线信息规范）。RROFIBUS-FMS 是为现场的通用通信功能所设计，主要用于非控制信息的传输，传输速度中等，可以用于车间级监控网络。FMS 提供了大量的通信服务，用以完成以中等级传输速度进行的循环和非循环的通信服务。对于 FMS 而言，它考虑的主要是系统功能而不是系统响应时间，应用过程中通常要求的是随机的信息交换，如改变设定参数。FMS 服务向用户提供了广泛的应用范围和更大的灵活性，通常用于大范围、复杂的通信系统。

2. PROFIBUS 协议结构

PROFIBUS 协议以 ISO/OSI 参考模型为基础。第一层为物理层，定义了物理的传输特性；第二层为数据链路层；第三层至第六层 PROFIBUS 未使用；第七层为应用层，定义了应用的功能。PROFIBUS-DP 是高效、快速的通信协议，它使用了第一层、第二层及用户接口，第三～七层未使用。这样简化了的结构确保了 DP 的高速的数据传输。

3. 传输技术

PROFIBUS 对于不同的传输技术定义了惟一的介质存取协议。

1）RS-485。RS-485 是 PROFIBUS 使用最频繁的传输技术，具体论述参见前面有关章节。

2）IECll58-2。根据 IECll58-2 在过程自动化中使用固定波特率 31.25kbit/s 的同步传输，它可以满足化工和石化工业对安全的要求，采用双线技术通过总线供电，这样 PROFIBUS 就可以用于危险区域了。

3）光纤。在电磁干扰强度很高的环境和高速、远距离传输数据时，PROFIBUS 可使用光纤传输技术。可以将使用光纤传输的 PROFIBUS 总线段设计成星形或环形结构。目前上已经有 RS-485 传输链接与光纤传输链接之间的耦合器，这样就实现了系统内 RS-485 和光纤传输之间的转换。

4）PROFIBUS 介质存取协议。PROFIBUS 通信规程采用了统一的介质存取协议，此协议由 OSI 参考模型的第二层来实现。在 PROFIBUS 协议设计时充分考虑了满足介质存取控制的两个要求，即在主站间通信时，必须保证在分配的时间间隔内，每个主站都有足够的时间来完成它的通信任务；在 PLC 与从站（PLC 或其他设备）间通信时，必须快速、简捷地完成循环，进行实时的数据传输。为此，PROFIBUS 提供了令牌传递方式和主/从方式这两种基本的介质存取控制方式。

令牌传递方式可以保证每个主站在事先规定的时间间隔内都能获得总线的控制权。令牌是一种特殊的报文，它在主站之间传递着总线控制权，每个主站均能按次序获得一次令牌，传递的次序是按地址升序进行的。

主/从方式允许主站在获得总线控制权时，可以与从站通信，发送或获得信息。

主站要发出信息，必须持有令牌。假设有一个由 3 个主站和 7 个从站构成的 PROFIBUS 系统。3 个主站构成了一个令牌传递的逻辑环，在这个环中，令牌按照系统预先确定的地址升序从一个主站传递给下一个主站。在一个主站得到了令牌后，它就能在一定的时间间隔内执行该主站的任务，可以按照主/从关系与所有从站通信，也可以按照主/主关系与所有主站通信。在总线系统建立的初期阶段，主站的介质存取控制（MAC）的任务是决定总线上的站点分配，并建立令牌逻辑环。在总线的运行期间，必须将损坏的或断开的主站从环中撤除，对新接入的主站加入逻辑环。MAC 的其他任务是检测传输介质和收发器是否损坏，检查站点地址是否出错，以及令牌是否丢失或有多个令牌。

PROFIBUS 的第二层按照国际标准 IEC870-5-1 的规定，通过使用特殊的起始位和结束位、无间距字节异步传输及奇偶校验来保证传输数据的安全。PROFIBUS 第二层按照非连接的模式操作，除了提供点对点通信功能外，还提供多点通信的功能，即广播通信和有选择的广播、组播。所谓广播通信，即主站向所有站点（主站和从站）发送信息，不要求回答。所谓有选择的广播、组播是指主站向一组站点（从站）发送信息。

4. S7-200 CPU 接入 PROFIBUS 网络

S7-200 CPU 必须通过 PROFIBUS-DP 模块 EM277 连接到网络，不能直接接入 PROFIBUS 网络进行通信。EM277 经过串行 I/O 总线连接到 S7-200 CPU。PROFIBUS 网络经过其 DP 通信端口，连接到 EM277 模块。这个端口支持 9600bit/s～12Mbit/s 的任何传输速率。EM277 模块在 PROFIBUS 网络中只能作为 PROFIBUS 从站出现。作为 DP 从站，EM277 模块接受从主站来的多种不同的 I/O 配置，向主站发送和接收不同数量的数据。这种特性使用户能修改所传输的数据量，以满足实际应用的需要。与许多 DP 站不同的是，EM277 模块不仅仅传输 I/O 数据，而且 EM277 能读写 S7-200 CPU 中定义的变量数据块。这样，使用户能与主站交换任何类型的数据。通信时，首先将数据移到 S7-200 CPU 中的变量存储区，这样就可将输入、计数值、定时器值或其他计算值传输到主站。类似地，从主站来的数据存储在 S7-200 CPU 中的变量存储区内，进而可移到其他数据区。

将 EM277 模块的 DP 端口连接到网络上的一个 DP 主站上，仍能作为一个 MPI 从站与同一网络上（如 SIMATIC 编程器或 S7-300/S7-400 CPU 等）其他主站进行通信。为了将 EM277 作为一个 DP 从站使用，用户必须设定与主站组态中的地址相匹配的 DP 端口地址。从站地址是使用 EM277 模块上的旋转开关设定的。在变动旋转开关之后，用户必须重新启动 CPU 电源，以便使新的从站地址起作用。主站通过将其输出区的信息发送给从站的输出缓冲区（称为接收信箱），与每个从站交换数据。从站将其输入缓冲区（称为发送信箱）的数据返回给主站的输入区，以响应从主站来的信息。

EM277 可用 DP 主站组态，以接收从主站来的输出数据，并将输入数据返回给主站。输出和输入数据缓冲区驻留在 S7-200 CPU 的变量存储区（V 存储区）内。当用户组态 DP 主站时，应定义 V 存储区内的字节位置。从这个位置开始为输出数据缓冲区，它应作为 EM277 的参数赋值信息的一个部分。用户也要定义 I/O 配置，它是写入到 S7-200 CPU 的输出数据总量和从 S7-200 CPU 返回的输入数据总量。EM277 从 I/O 配置确定输入和输入缓冲区的大小。DP 主站将参数赋值和 I/O 配置信息写入到 EM277 模块 V 存储器中，将地址和输入及输出数据长度传输给 S7-200 CPU。

输入和输出缓冲区的地址可配置在 S7-200 CPU 的 V 存储区中任何位置。输入和输出缓冲器器的默认地址为 VB0。输入和输出缓冲地址是主站写入 S7–200 CPU 赋值参数的一部分。用户必须组态主站以识别所有的从站及将需要的参数和 I/O 配置写入每一个从站中。

一旦 EM277 模块已用一个 DP 主站成功地进行了组态，EM277 和 DP 主站就进入数据交换模式。在数据交换模式中，主站将输出数据写入到 EM277 模块，然后，EM277 模块响应最新的 S7-200 CPU 输入数据。EM277 模块不断地更新从 S7-200 CPU 来的输入，以便向 DP 主站提供最新的输入数据。然后，该模块将输出数据传输给 S7-200 CPU。从主站来的输出数据放在 V 存储区中（输出缓冲区）由某地址开始的区域内，而该地址是在初始化期间，由 DP 主站提供的。传输到主站的输入数据取自 V 存储区存储单元（输入缓冲区），其地址是紧随输出缓冲区的。

在建立 S7-200 CPU 用户程序时，必须知道 V 存储区中的数据缓冲区的开始地址和缓冲区大小。从主站来的输出数据必须通过 S7-200 CPU 中的用户程序，从输出缓冲区转移到其他所用的数据区。类似地，传输到主站的输入数据也必须通过用户程序从各种数据区转移到输入缓冲区，进而发送到 DP 主站。

从 DP 主站来的输出数据，在执行程序扫描后立即放置在 V 存储区内。输入数据（传输到主站）从 V 存储区复制到 EM277 中，以便同时传输到主站。当主站提供新的数据时，则从主站来的输出数据才写入到 V 存储区内。在下次与主站交换数据时，将送到主站的输入数据发送到主站。

SMB200～SMB249 提供有关 EM277 从站模块的状态信息（如果它是 I/O 链中的第一个智能模块）。如果 EM277 是 I/O 链中的第二个智能模块，那么，EM277 的状态是从 SMB250～SMB299 获得的。如果 DP 尚未建立与主站的通信，那么，这些 SM 存储单元显示默认值。在主站已将参数和 I/O 组态写入到 EM277 模块后，这些 SM 存储单元显示

DP 主站的组态集。用户应检查 SMB224，并确保在使用 SMB225～SMB229 或 V 存储区中的信息之前，EM277 已处于与主站交换数据的工作模式。

8.4.5　工业以太网

随着网络控制技术的发展和成熟，自动控制技术、计算机、通信、网络技术、信息交换的网络正迅速全面覆盖，从工厂的现场设备到控制、管理的各个层次中均有应用。由于领域宽，导致企业网络不同层次间的数据传输已变得越来越复杂。人们对工业局域网的开放性、互联性、带宽等方面提出了更高的要求，应用传统的现场总线工业控制网已无法实现企业管理自动化与工业控制自动化的无缝接合，技术上早已成熟的管理网——以太网正在闯入人们的视线。20 世纪 70 年代末期由 Xerox、DEC 和 Intel 公司共同推出的以太网产品现在已获得了空前的发展，传输速率从 10Mbit/s 到 100Mbit/s 的快速以太网产品，已经开始流行。早期阻碍以太网应用与实时控制的难点已被解决，工业以太网已经成为工业控制系统的一种新的工业通信网。工业以太网有以下的一些优点。

1）可以满足控制系统各个层次的要求，使企业信息网与控制网得以统一。

2）可使设备的成本下降。

3）有利于企业工程人员的学习和管理，对以太网容易维护，工作人员无需再专门学习。

4）易于与其他网络（如 Internet）进行集成。

5）速度更快。

西门子公司已将工业以太网运用于工业控制领域，用 ASI、PROFIBUS 和工业以太网可以构成监控系统。

8.5　S7-200 PLC 的通信实训

1. 实训目的

1）掌握利用网络连接器进行接线的方法。

2）掌握网络读/写指令的使用方法。

3）掌握网络读/写指令向导的使用方法。

2. 实训内容及指导

PPI 协议是 S7-200 CPU 最基本的通信方式，通过原来自身的端口（PORT0 或 PORT1）就可以实现通信，是 S7-200 默认的通信方式。

PPI 是一种主-从协议通信，主-从站在一个令牌环网中，主站发送要求到从站，从站响应；从站不发信息，只是等待主站的要求并对要求作出响应。如果在用户程序中使能 PPI 主站模式，就可以在主站程序中使用网络读/写指令来读/写从站信息，而从站程序没有必要使用网络读/写指令。

用 5 个 PLC 实现 PPI 通信示意图如图 8-13 所示。输送站（1 号站）是主站；供料站（2号站）、加工站（3 号站）、装配站（4 号站）和分拣站（5 号站）为从站。要求各站 PLC 之间使用 PPI 协议实现通信。

具体操作步骤如下。

1）对网络上每一台 PLC，设置其系统块中的通信端口参数，对用做 PPI 通信的端口

（PORT0 或 PORT1），指定其地址（站号）和波特率。设置后把系统块下载到该 PLC 中。

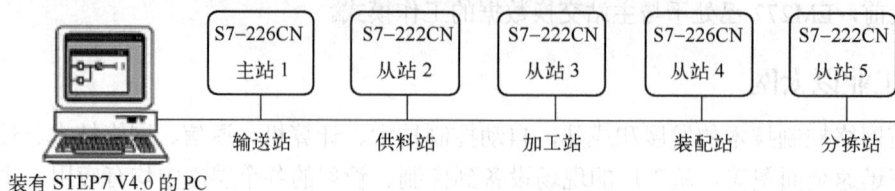

图 8-13　用 5 个 PLC 实现 PPI 通信示意图

① 在浏览条中单击"系统块"或者在指令树中单击"系统块"→"通信端口"。出现如图 8-14 所示的"设置 1 号站 PLC 端口 0 参数"对话框。设置端口 0 为 1 号站，波特率为187.5kbit/s。

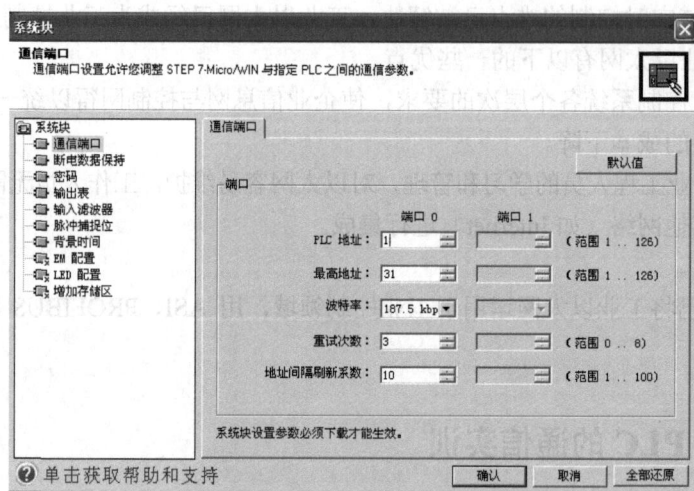

图 8-14　设置 1 号站 PLC 端口 0 参数

② 利用 PPI/RS485 编程电缆，单独地把输送站 PLC 系统块的设置下载到输送站的PLC 中。

采用同样方法设置供料站 PLC 端口 0 为 2 号站，波特率为 187.5 kbit/s；加工站 PLC 端口 0 为 3 号站，波特率为 187.5 kbit/s；装配站 PLC 端口 0 为 4 号站，波特率为 187.5 kbit/s；最后设置分拣站 PLC 端口 0 为 5 号站，波特率为 187.5 kbit/s。分别把系统块下载到各站相应的 PLC 中。

注意：对各站 PLC 波特率一定要保持一致，默认为 9.6kbit/s；各站 PLC 的地址不能重复，如有 PLC 地址重复，PLC 将亮起红灯提示；S7-CPU226 PLC 有两个端口（Port0 或 Port1），如果要和其他器件连接，仍然要保持地址一致。

2）利用网络接头和网络线把各台 PLC 中用做 PPI 通信的端口 0 连接。带编程接口的连接器如图 8-15 所示。在使用的网络接头中，2～5 号站用的是标准网络连接器（具体的连接方法见 8.3.3 节）。

图 8-15　带编程接口的连接器

用专用网线连接各站 PLC 的端口 0 后，用 PC/PPI 编程电缆连接网络连接器的编程口，将主站的运行开关拨到 STOP 状态。利用 SETP7 V4.0 软件搜索 PPI 网络中的 5 个站，如图 8-16 所示。如果能全部搜索，就到表明网络连接正常。

3）在 PPI 网络中作为主站的 PLC 程序中，必须在上电第 1 个扫描周期，用特殊存储器 SMB30 指定其主站属性，从而使能其主站模式，即 SMB30=0000 0010，定义 PPI 主站。

在 SMB30 中协议选择默认值是 00=PPI 从站，因此，从站侧不需要初始化。

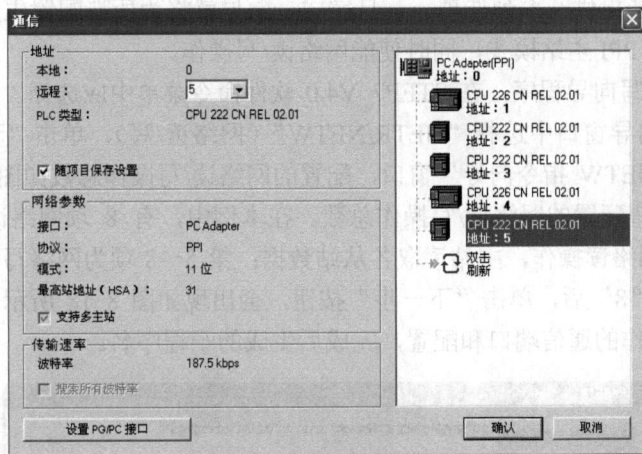

图 8-16　PPI 网络中的 5 个站

4）编写主站网络读/写程序段。如前所述，在 PPI 网络中，只有主站程序中使用网络读/写指令来读/写从站信息，而从站程序没有必要使用网络读/写指令。

在编写主站的网络读/写序程前，应预先规划好下面的数据。

① 主站向各从站发送数据的长度（字节数）。

② 将发送的数据位于主站何处。

③ 将数据发送到从站的何处。

④ 主站从各从站接收数据的长度（字节数）

⑤ 主站从从站的何处读取数据。

⑥ 将接收到的数据放在主站何处。

以上数据，应根据系统工作要求、信息交换量等统一筹划。本实训中，网络读/写数据规划实例如表 8-9 所示。

表 8-9　网络读/写数据规划实例

输　送　站 1#站（主站）	供　料　站 2#站（从站）	加　工　站 3#站（从站）	装　配　站 4#站（从站）	分　拣　站 5#站（从站）
发送数据的长度/B	2	2	2	2
从主站何处发送	VB100	VB100	VB100	VB100
发往从站何处	VB100	VB100	VB100	VB100
接收数据的长度/B	2	2	2	2
数据来自从站何处	VB200	VB200	VB200	VB200
数据存到主站何处	VB220	VB230	VB240	VB250

网络读/写指令可以向远程站发送或接收 16 个字节的信息。在 CPU 内同一时间最多可以有 8 条指令被激活。本例有 4 个从站，因此考虑同时激活 4 条网络读指令和 4 条网络写指令。

根据上述数据，即可编制主站的网络读/写程序。详见 8.4.2 的网络读/写指令的使用方法。

5）网络读写指令向导的应用。除了上述可编制主站的网络读/写程序之外，更简便的方法是借助网络读/写指令向导。网络读/写指令向导可以快速简单地配置复杂的网络读/写指令操作，为所需的功能提供一系列选项。一旦完成，向导就将为所选配置生成程序代码，并初始化指定的 PLC 为 PPI 主站模式，同时使能网络读/写操作。

要启动网络读/写向导程序，在 STEP7 V4.0 软件命令菜单中应选择"工具"→"指令向导"，并且在指令向导窗口中选择"NETR/NETW"（网络读/写），单击"下一步"按钮后，就会出现"NETR/NETW 指令向导"窗口，配置的网络读/写操作总数如图 8-17 所示。本窗口要求用户提供希望配置的网络读/写操作总数。在本例中，有 8 项网络读/写操作，安排如下：第 1～4 项为网络读操作，主站读取各从站数据；第 5～8 项为网络写操作，主站向各从站发送数据。输入"8"后，单击"下一步"按钮，会出现如图 8-18 所示的窗口，在此窗口中指定进行读/写操作的通信端口和配置，完成后生成的子程序名。

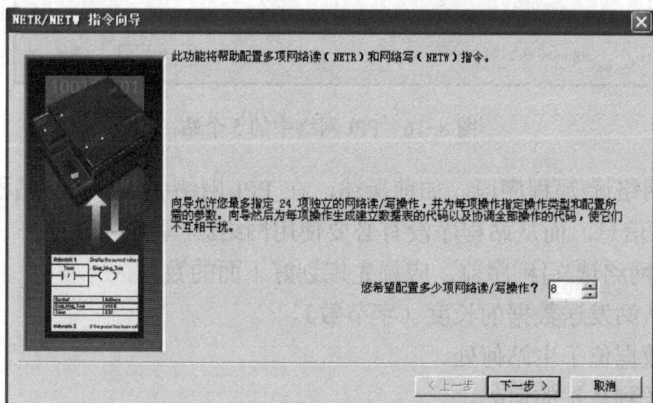

图 8-17 配置的网络读/写操作总数

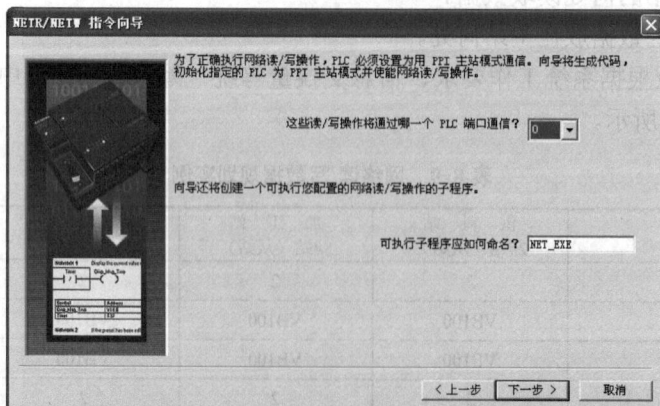

图 8-18 指定进行读/写操作的通信端口和配置完成后生成的子程序名

在完成这些设置后，单击"下一步"按钮，将进入对具体每一条网络读或写指令参数进行配置的界面。

图 8-19 所示为第 1 项操作配置（即对 2 号站的网络读操作）窗口，选择 NETR 操作，按规划填写读写数据地址。单击"下一项操作"按钮，依此类推，其他单元站的网络读操作与图 8-19 所示相似，完成对 4 号从站读操作的参数填写。

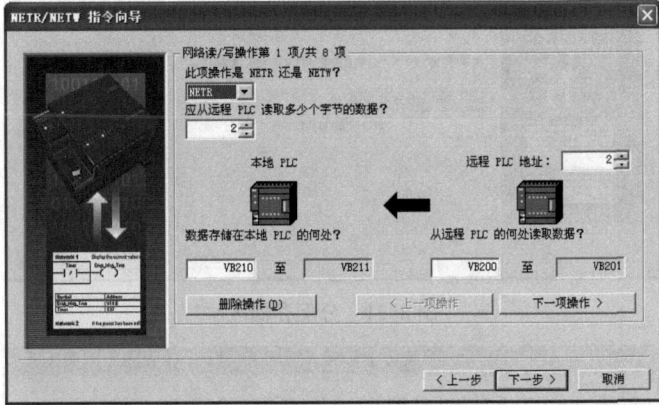

图 8-19　对 2 号站的网络读操作

继续单击"下一项操作"按钮，进入第 5 项配置（即对 2 号单元站的网络写操作配置），5～8 项都是选择网络写操作，按事先各站规划逐项填写数据，直至 8 项操作配置完成为止。图 8-20 所示是对 2 号单元站的网络写操作配置。

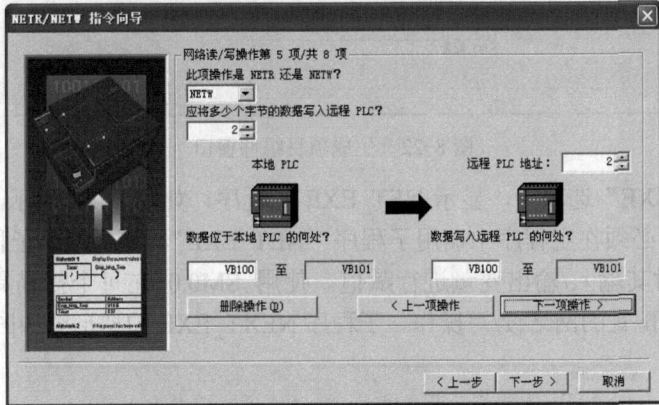

图 8-20　对 2 号单元站的网络写操作配置

在 8 项配置完成后，单击"下一步"按钮，导向程序将要求指定一个 V 存储区的起始地址，以便将此配置放入 V 存储区中。这时，若在选择框中填入一个 VB 值（例如，VB1000），单击"建议地址"按钮，如图 8-21 所示，程序将自动给出一个大小合适且未使用的 V 存储区地址范围。

单击"下一步"按钮，全部配置完成，向导将为所选的配置生成项目组件，其窗口如图 8-22 所示。修改或确认图中各栏目后，单击"完成"按钮，借助网络读/写向导程序配置网络读/写操作的工作结束。这时，指令向导窗口消失，程序编辑器窗口将增加 NET_EXE 子程序选项卡。

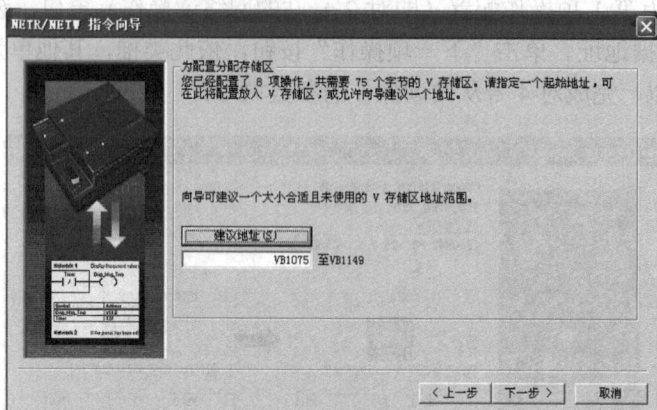

图 8-21   分配存储区

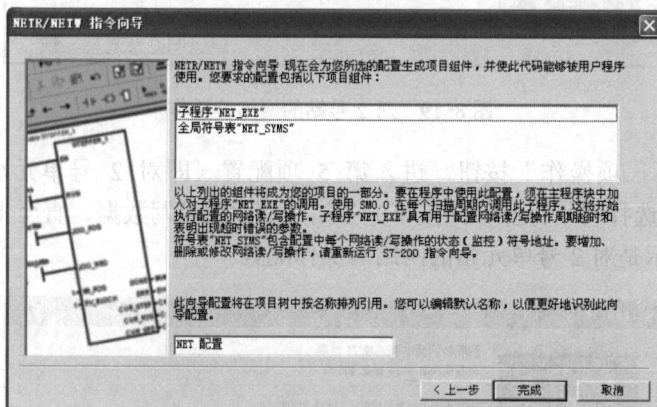

图 8-22   生成项目组件窗口

单击"NET_EXE"选项卡，显示 NET_EXE 子程序，如图 8-23 所示，这是一个加密的带参数的子程序。必须在主程序中调用子程序"NET_EXE"，并根据该子程序局部变量表中定义的数据类型对其输入/输出变量进行赋值。使用 SM0.0 在每个扫描周期内调用此子程序，这将开始执行配置的网络读/写操作。子程序 NEXT_EXE 的梯形图如图 8-24 所示。

图 8-23   NET_EXE 子程序

网络1   使用 SM0.0 在每个扫描周期内调用"NET_EXE"子程序

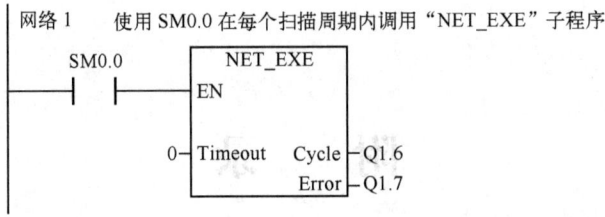

图 8-24 子程序 NET_EXE 调用的梯形图

由图 8-23 可见，NET_EXE 有 Timeout、Cycle 和 Error 等几个参数，它们的含义如下。

Timeout：设定的通信超时时限，1～32 767s，若=0，则不计时。

Cycle：输出开关量，所有网络读/写操作每完成一次的切换状态。

Error：发生错误时报警输出。

本例中 Timeout 设定为 0，Cycle 输出到 Q1.6，故网络通信时，Q1.6 所连接的指示灯将闪烁。Error 输出到 Q1.7，当发生错误时，所连接的指示灯将亮。

6）编写主站和从站网络读/写程序段，确定通信数据的传输是否成功。

给主站的 VB100 通过数据块赋初值，并将该值通过 PPI 通信送到各从站。给各从站的 VB200 赋初值，通过通信写入到主站制定的存储区中。

3. 思考题

用指令向导实现：用主站的 IB0 控制到 2 号站的 QB0；用 3 号站的 IB0 控制主站的 QB0。

8.6 习题

1. 什么是并行传输？什么是并行传输？
2. 什么是异步传输和同步传输？
3. 为什么要对信号进行调制和解调？
4. 常见的传输介质有哪些？它们的特点是什么？
5. 如何设定 PC/PPI 电缆上的 DIP 开关？
6. 奇偶检验码是如何实现奇偶检验的？
7. 常见的网络拓扑结构有哪些？
8. NETR/NETW 指令各操作数的含义是什么？如何应用？
9. PROFIBUS 由哪几部分组成？各部分的功能是什么？
10. 用 NETW 指令实现两台 PLC 之间的数据通信，用 1 号机的 IB0 控制 2 号机 QB0。设 1 号机为主站，站地址为 2；2 号机为从站，站地址为 3；编程用的计算机的站地址为 0。

附　　录

附录 A　错误代码

A.1　致命错误代码和信息

致命错误会导致 CPU 停止执行用户程序。依据错误的严重性，一个致命错误会导致 CPU 无法执行某个或所有功能。处理致命错误的目标是，使 CPU 进入安全状态，可以对当前存在的错误状况进行查询并响应。

当一个致命错误发生时，CPU 执行以下任务。

1）进入 STOP（停止）方式。

2）点亮系统致命系统错误和 STOP LED 指示灯。

3）断开输出。

这种状态将会持续到错误清除后。表 A-1 列出了从 CPU 可读出的致命错误代码及其描述。

表 A-1　从 CPU 可读出的致命错误代码及其描述

错 误 代 码	描　　　　述
0000	无致命错误
0001	用户程序检查和错误
0002	编译后的梯形图程序检查和错误
0003	扫描看门狗超时错误
0004	内部 E²PROM 错误
0005	内部 E²PROM 用户程序检查错误
0006	内部 E²PROM 配置参数检查错误
0007	内部 E²PROM 强制数据检查错误
0008	内部 E²PROM 错误默认输出表值检查错误
0009	内部 E²PROM 用户数据、DB1 检查错误
000A	存储器卡失灵
000B	存储器卡上用户程序检查和错误
000C	存储器卡配置参数检查和错误
000D	存储器卡强制数据检查和错误
000E	存储器卡默认输出表值检查和错误
000F	存储器卡用户数据、DB1 检查和错误
0010	内部软件错误
0011	比较接点间接寻址错误
0012	比较接点非法值错误
0013	存储器卡空，或者 CPU 不识别该卡

A.2 运行程序错误

在程序的正常运行中，可能会产生非致命（如寻址）错误。在这种情况下，CPU 产生一个非致命运行时刻的错误代码。运行程序错误如表 A-2 所示。它列出了这些非致命错误代码及其描述。

表 A-2 运行程序错误

错 误 代 码	运行程序错误（非致命）
0000	无错误
0001	执行 HDEF 之前，HSC 不允许
0002	输入中断分配冲突，已分配给 HSC
0003	到 HSC 的输入分配冲突，已分配给输入中断
0004	在中断程序中企图执行 ENI、DISI，或 HDEF 指令
0005	第一个 HSC/PLS 未执行完之前，又企图执行同编号的第二个 HSC/PLS（中断程序中的 HSC 同主程序中的 HSC/PLS 冲突）
0006	间接寻址错误
0007	TODW（写实时时钟）或 TODR（读实时时钟）数据错误
0008	用户子程序嵌套层数超过规定
0009	在程序执行 XMT 或 RCV 时，通信口 0 又执行另一条 XMT/RCV 指令
000A	在同一 HSC 执行时，又企图用 HDEF 指令再定义该 HSC
000B	在通信口 1 同时执行 XMT/RCV 指令
000C	时钟存储卡不存在
000D	重新定义已经使用地脉冲输出
000E	PTO 个数设为 0
0091	范围错误（带地址信息）：检查操作数范围
0092	某条指令的计数域错误（带计数信息）：确认最大计数范围
0094	范围错误（带地址信息）：写无效存储器
009A	用户中断程序试图转换成自由口模式

A.3 编译规则错误

当下载一个程序时，CPU 将编译该程序。如果 CPU 发现程序违反编译规则（如非法指令），那么 CPU 就会停止下装程序，并生成一个非致命编译规则错误代码。编译规则错误如表 A-3 所示。它列出了违反编译规则所产生的这些错误代码及其描述。

表 A-3 编译规则错误

错 误 代 码	编译错误（非致命）
0080	程序太大无法编译：必须缩短程序
0081	堆栈溢出：必须把一个网络分成多个网络
0082	非法指令：检查指令助记符
0083	无 MEND 或主程序中有不允许的指令：增加一条 MEND 或删去不正确的指令
0084	保留
0085	无 FOR 指令：加上 FOR 指令或删一条 NEXT 指令

错 误 代 码	编译错误（非致命）
0086	无 NEXT：增加一条 NEXT 指令或删除一条 FOR 指令
0087	无标号（LBL,INT,SBR）：加上合适标号
0088	无 RET，或子程序中有不允许的指令：增加一条 RET 或删去不正确指令
0089	无 RETI，或中断程序中有不允许的指令：增加一条 RETI 或删去不正确指令
008A	保留
008B	保留
008C	标号重复（LBLNINT,SBR）：重新命名标号
008D	非法标号（LBL,INT,SBR）：确保标号数在允许范围内
0090	非法参数：确认指令所允许的参数
0091	范围错误（带地址信息）：检查操作数范围
0092	指令计数域错误（带计数信息）：确认最大计数范围
0093	FOR/NEXT 嵌套层数超出范围
0095	无 LSCR 指令（装载 SCR）
0096	无 SCRE 指令（SCR 结束）或 SCRE 前面有不允许的指令
0097	保留
0098	在运行模式进行非法编辑
0099	隐含程序网络太多

附录 B　S7-200 故障处理指南

S7-200 故障处理指南如表 B 所示。

表 B　S7-200 故障处理指南

问　　题	可 能 原 因	解 决 方 法
输出不工作	● 被控制的设备产生了损坏 ● 输出的电气浪涌 ● 程序错误 ● 接线松动或不正确 ● 输出过载 ● 输出被强制	● 当接到感性负载时，（例如电动机或继电器）需要使用一个抑制电路 ● 修改程序 ● 检查接线，如果不正确，就要改正 ● 检查输出的负载率 ● 检查 CPU 是否有被强制的 I/O
CPU SF（系统故障）灯亮	下面给出可能的原因。 ● 用户程序错误： —0003　看门狗错误 —0011　间接寻址 —0012　非法的浮点数 ● 电气干扰： —0001 到 0009 ● 元件损坏 —0001 到 0010	读出致命错误代码号： ● 对于编程错误，检查 FOR，NEXT，JMP，LBL 和比较指令的用法 ● 对于电气干扰： — PLC 的接线指南。控制盘良好接地和高电压与低电压不并行引线是很重要的 — 把 24 VDC 传感器电源的 M 端子接到地
电源损坏	电源线被引入过电压	把电源分析器连接到系统，检查过电压尖峰的幅值和持续时间。根据检查结果，给系统加一个合适的抑制设备
电气干扰问题	● 不合适的接地 ● 在控制柜内交叉配线 ● 对快速信号配置了输入滤波器	参考 PLC 的接线，控制盘良好接地和高电压与低电压不并行引线是很重要的 把 24VDC 传感器电源的 M 端子接到地 增加系统数据块中输入滤波器的延迟时间

问　题	可　能　原　因	解　决　方　法
当连接到一个外部设备时通信网络损坏（计算机接口、PLC 的接口或 PC/PPI 电缆损坏）	如果所有的非隔离设备（例如 PLC、计算机或其他设备）被连到一个网络，而该网络没有共同的参考点，那么通信电缆就提供了一个不期望的电流通路。这些不期望的电流可以造成通信错误或损坏电路	● 参考 PLC 的接线指南 ● 购买隔离型 PC/PPI 电缆 ● 当连接没有共同电气参考点的机器时，购买隔离型中继器，即 RS-485 到 RS-485 中继器
STEP 7—Micro/Win 通信问题		参考网络通信
错误处理		参考错误代码的附录 A

附录 C　特殊存储器位

特殊存储器标志位提供大量的状态和控制功能，并能起到在 CPU 和用户程序之间交换信息的作用。特殊存储器标志位能以位、字节、字或双字使用。

1．SMB0：状态位

特殊存储器字节 SMB0 如表 C-1 所示。SMB0 有 8 个状态位，在每个扫描周期的末尾，由 S7-200 CPU 更新这些位。

表 C-1　特殊存储器字节 SMB0(SM0.0～SM0.7)

SM 位	描　　述
SM0.0	该位始终为 1
SM0.1	该位在首次扫描时为 1，用途之一是调用初始化子程序
SM0.2	若保存数据丢失，则该位在一个扫描周期中为 1。该位可用做错误存储器位，或用来调用特殊启动顺序功能
SM0.3	开机后进入 RUN 方式，该位将 ON 一个扫描周期，该位可用做在启动操作之前给设备提供一个预热时间
SM0.4	该位提供了一个时钟脉冲，30s 为 1，30s 为 0，周期为 1min。它提供了一个简单易用的延时或 1min 的时钟脉冲
SM0.5	该位提供了一个时钟脉冲，0.5s 为 1，0.5s 为 0，周期为 1s。它提供了一个简单易用的延时或 1s 的时钟脉冲
SM0.6	该位为扫描时钟，本次扫描时置 1，下次扫描时置 0。可用做扫描计数器的输入
SM0.7	该位只是 CPU 工作方式开关的位置（0 为 TERM 位置，1 为 RUN 位置）。当开关在 RUN 位置时，用该位可使自由端口通信方式有效，那么当切换至 TERM 位置时，同编程设备的正常通信也会有效

2．SMB1：状态位

特殊存储器字节 SMB1 如表 C-2 所示。SMB1 包含了各种潜在的错误提示。这些位可由指令在执行时进行置位（置 1）或复位（置 0）

表 C-2　特殊存储器字节 SMB1(SM1.0～SM1.7)

SM 位	描　　述
SM1.0	当执行某些指令、其结果为 0 时，将该位置 1
SM1.1	当执行某些指令、其结果溢出或查出非法数值时，将该位置 1
SM1.2	当执行数学运算、其结果为负数时，将该位置 1
SM1.3	当试图除以零时，将该位置 1
SM1.4	当执行 ATT(Add to Table)指令、试图超出表范围时，将该位置 1
SM1.5	当执行 LIFO 或 FIFO 指令、试图从空表中读数时，将该位置 1
SM1.6	当试图把一个非 BCD 数转换为二进制数时，将该位置 1
SM1.7	当 ASCII 码不能转换为有效的十六进制数时，将该位置 1

3．SMB2：自由口接收字符

特殊存储器字节 SMB2 如表 C-3 所示。SMB2 为自由端口接收字符缓冲区。在自由端口通信方式下，将接收到的每个字符都放在这里，便于梯形图程序存取。

表 C-3　特殊存储器字节 SMB2

SM 位	描　述
SMB2	在自由端口通信方式下，该字符存储从口 0 或口 1 接收到的每一个字符

4．SMB3：自由端口奇偶效验

特殊存储器字节 SMB3 如表 C-4 所示。SMB3 用于自由端口方式。当在接收到的字符中发现有奇偶校验错误时，将 SM3.0 置 1，根据该位来废弃错误消息。

表 C-4　特殊存储器字节 SMB3(SM3.0～SM3.7)

SM 位	描　述
SM3.0	口 0 或口 1 的奇偶效验错（0＝无错，1＝有错）
SM3.1-SM3.7	保留

5．SMB4：队列溢出

特殊存储器字节 SMB4 如表 C-5 所示。SMB4 包含了中断队列溢出位、中断是否允许标志位及发送空闲位。队列溢出表明要么是中断发生的频率高于 CPU，要么是中断已经被全局中断禁止指令所禁止。

表 C-5　特殊存储器字节 SMB4(SM4.0～SM4.7)

SM 位	描　述
SM4.0[1]	当通信中断队列溢出时，将该位置 1
SM4.1[1]	当输入中断队列溢出时，将该位置 1
SM4.2[1]	当定时中断队列溢出时，将该位置 1
SM4.3	在运行时发现编程有问题，将该位置 1
SM4.4	该位指示全局中断允许位，当允许中断时，将该位置 1
SM4.5	当（口 0）发送空闲时，将该位置 1
SM4.6	当（口 1）发送空闲时，将该位置 1
SM4.7	当发生强制时，将该位置 1

注：[1] 只有在中断程序中，才使用状态位 SM4.0、SM4.1 和 SM4.2。当队列为空时，将这些状态复位（置 0），并返回主程序。

6．SMB5：I/O 状态位

特殊存储器字节 SMB5 如表 C-6 所示。SMB5 包含 I/O 系统里发现的错误状态位。这些位提供了所发现的 I/O 错误的概况。

表 C-6　特殊存储器字节 SMB5(SM5.0～SM5.7)

SM 位	描　述
SM5.0	当有 I/O 错误时，将该位置 1
SM5.1	当 I/O 总线上连接了过多的数字量 I/O 点时，将该位置 1

SM 位	描 述
SM5.2	当 I/O 总线上连接了过多的模拟量 I/O 点时，将该位置 1
SM5.3	当 I/O 总线上连接了过多的智能 I/O 模块时，将该位置 1
SM5.4～SM5.6	保留
SM5.7	当 DP 标准总线出现错误时，将该位置 1

7. SMB6：CPU 识别（ID）寄存器

特殊存储器字节 SMB6 如表 C-7 所示。SMB6 为 CPU 识别（ID）寄存器。SM6.4 到 SM6.7 识别 CPU 的类型，SM6.0 到 SM6.3 保留，以备将来使用。

表 C-7 特殊存储器字节 SMB6

SM 位	描 述
格式	MSB LSB 7 0 CPU ID register × × × × r r r r
SM6.4～SM6.7	××××=0000=CPU212/CPU222 0010=CPU214/CPU224 0110=CPU221 1000=CPU215 1001=CPU216/CPU226
SM6.0～SM6.3	保留

8. SMB7：SMB7 为将来使用而保留

9. SMB8～SMB21：I/O 模块识别和错误寄存器

SMB8～SMB21 是按照字节对的形式（相邻两个字节）用于扩展模块 0 到 6。特殊存储器字节 SMB8～SMB21 如表 C-8 所示。每对字节的偶数位字节为模块识别寄存器，标记着模块类型、I/O 类型、输入和输出点数；奇数位字节为模块错误寄存器，提供相对应模块所测得的 I/O 错误提示。

表 C-8 特殊存储器字节 SMB8～SMB21

SM 位	描 述	

格式	偶数字节：模块识别寄存器
	MSB LSB
	7 0
	
	M t t A i i Q Q
	
	M: 模块存在 0=有模块
	             1=无模块
	tt: 00 非智能 I/O 模块
	    01 智能模块
	    10 保留
	    11 保留
	A: IO 类型 0=开关量
	            1=模拟量
	ii: 00=无输入
	    01=2 AI 或 8 DI
	    10=4 AI 或 16 DI
	    11=8 AI 或 32 DI
		奇数字节：模块错误寄存器
		MSB LSB
		7 0
		
		C 0 0 b r p f t
		
		C: 配置错误
		b: 总线错误或校验错误
		r: 超范围错误
		p: 无用户电源错误
		f: 熔断器错误
		t: 端子块松动错误
		
		QQ: 00=无输出
		    01=2 AQ 或 8 DQ
		    10=4 AQ 或 16 DQ
		    11=8 AQ 或 32 DQ

SMB8～SMB9	模块 0 识别（ID）寄存器和模块 0 错误寄存器	
SMB10～SMB11	模块 1 识别（ID）寄存器和模块 1 错误寄存器	

SM 位	描　述
SMB12～SMB13	模块 2 识别（ID）寄存器和模块 2 错误寄存器
SMB14～SMB15	模块 3 识别（ID）寄存器和模块 3 错误寄存器
SMB16～SMB17	模块 4 识别（ID）寄存器和模块 4 错误寄存器
SMB18～SMB19	模块 5 识别（ID）寄存器和模块 5 错误寄存器
SMB20～SMB21	模块 6 识别（ID）寄存器和模块 6 错误寄存器

10. SMW22～SMW26：扫描时间

特殊存储器字节 SMW22～SMW26 如表 C-9 所示。SMW22、SMO24 和 SMW26 提供扫描时间信息，即以毫秒为单位的最短扫描时间、最长扫描时间及上次扫描时间。

表 C-9　特殊存储器字节 SMW22～SMW26

SM 位	描　述
SMW22	上次扫描时间
SMW24	进入 RUN 方式后，所记录的最短扫描时间
SMW26	进入 RUN 方式后，所记录的最长扫描时间

11. SMB28 和 SMB29 模拟电位器

特殊存储器字节 SMB28 和 SMB29 如表 C-10 所示。SMB28 包含代表模拟电位器 0 位置的数字值。SMB29 包含代表模拟电位器 1 位置的数字值。

表 C-10　特殊存储器字节 SMB28 和 SMB29

SM 位	描　述
SMB28	存储模拟电位器 0 的输入值。在 STOP/RUN 方式下，每次扫描时更新该值
SMB29	存储模拟电位器 1 的输入值。在 STOP/RUN 方式下，每次扫描时更新该值

12. SMB30 和 SMB130：自由端口控制寄存器

SMB30 控制自由端口 0 的通信方式，SMB130 控制自由端口 1 的通信方式。可以对 SMB30 和 SMB130 进行写和读。特殊存储器字节 SMB30 如表 C-11 所示。这些字节设置自由端口通信的操作方式，并提供自由端口或者系统所支持的协议之间的选择。

表 C-11　特殊存储器字节 SMB30

口 0	口 1	描　述
SMB30 的格式	SMB130 的格式	MSB 7　　　　　LSB 0　自由口模式控制字节　　p p d b b b m m
SMB30.6 和 SM30.7	SM130.6 和 MB130.7	Pp 效验选择：00=不校验 01=奇校验 10=不校验 11=偶校验
SM30.5	SM130.5	d 每个字符的数据位：0=8 位/字符　　1=7 位/字符
SM30.2～SM30.4	SM130.2～MB130.4	bbb 自由口波特率：000=38 400bit/s　001=19 200bit/s　010=9 600bit/s　011=4 800bit/s　100=34 00bit/s　101=1 200bit/s　110=6 00bit/s　111=300bit/s

口 0	口 1	描　述
		Mm 协议选择：00=点到点接口协议（PPI/从站模式）
SMB30.0 和 SM30.1	SM130.0 和 MB130.1	01=自由口协议 10=PPI/主站模式 11=保留（默认是 PPI/从站模式） 注意：当选择 mm=10（PPI 主站）时，PLC 将成为网络的一个主站，可以 执行 NETR 和 ENTW 指令。在 PPI 模式下忽略 2～7 位

13．SMB31 和 SMB32：永久存储器（E²PROM）写控制

在用户程序的控制下，可以把 V 存储器中的数据存入永久存储器（E²PROM）中，也称非易失存储器。先把被存数据的地址存入 SMW32 中，然后把存入命令存入 MSB31 中。一旦发出存储命令，则直到 CPU 完成存储操作（SM31.7 被置 0）之前，不可以改变 V 存储器的值。

在每次扫描周期末尾，CPU 检查是否有向永久存储器区中存数据的命令。如果有，则将该数据存入永久存储器中。

特殊存储器字节 SMB31 和 SMB32 如表 C-12 所示。SMB31 定义了存入永久存储器的数据大小，且提供了初始化存储操作的命令。SMW32 提供了被存数据在 V 存储器中的起始地址。

表 C-12　特殊存储器字节 SMB31 和 SMW32

SM 字节	描　述
格式	SMB31:　　　　MSB　　　　　　　　LSB 软件命令　　　　7　　　　　　　　　0 　　　　　　　c 0 0 0 0 0 s s SMB32: V 存储器地址：　MSB　　　　　　　　LSB 　　　　　　　7　　　　　　　　　0 　　　　　V 存储器地址
SM31.0 和 SM31.1	ss：被存数据类型 00=字节 01=字节 10=字　11=双字
SM31.7	c：存入永久存储器（EEPROM） 　0=无效执行存储操作的请求　　　1=用户程序申请向永久存储器存储数据 每次存储操作完成后，由 CPU 复位
SMW32	SMW32 提供 V 存储器中被存数据相对于 V0 的偏移地址，当执行存储命令时，把该数据存到永久 存储器（E²PROM）中相应的位置

14．SMB34 和 SMB35：定时中断的时间间隔寄存器

特殊存储器字节 SMB34 和 SMB35 如表 C-13 所示。SMB34 分别定义了定时中断 0 和 1 的时间间隔，可以在 5～255ms 以 1ms 为增量进行设定。若为定时中断事件分配了中断程序，则 CPU 将在设定的时间间隔执行中断程序。若要改变该时间间隔，则必须把定时中断事件再分配给同一或另一中断程序，也可以通过撤销该事件来终止定时中断事件。

表 C-13　特殊存储器字节 SMB34 和 SMB35

SM 位	描　述
SMB34	定义时中断 0 的时间间隔（从 1～255 ms，以 1ms 为增量）
SMB35	定义时中断 1 的时间间隔（从 1～255 ms，以 1ms 为增量）

注：其他的特殊存储器标志位，可看看 S7-200 系统手册。

附录 D S7-200 指令速查

<table>
<tr><th colspan="3">布尔指令</th></tr>
<tr><td>LD.</td><td>N</td><td>装载</td></tr>
<tr><td>LDI</td><td>N</td><td>立即装载</td></tr>
<tr><td>LDN</td><td>N</td><td>取反后装载</td></tr>
<tr><td>LDNI.</td><td>N</td><td>取反后立即装载</td></tr>
<tr><td>A.</td><td>N</td><td>与</td></tr>
<tr><td>AII</td><td>N</td><td>立即与</td></tr>
<tr><td>AN.</td><td>N</td><td>取反后与</td></tr>
<tr><td>ANI</td><td>N</td><td>取反后立即与</td></tr>
<tr><td>O .</td><td>N</td><td>或</td></tr>
<tr><td>OI,I</td><td>N</td><td>立即或</td></tr>
<tr><td>ONZ.,</td><td>N</td><td>取反后或</td></tr>
<tr><td>ONI V</td><td>N</td><td>取反后立即或</td></tr>
<tr><td>LDBx.</td><td>N1,N2</td><td>装载字节比较的结果
N1(x:<.<=.=.>=.>.<>)N2</td></tr>
<tr><td>ABx.</td><td>N1,N2</td><td>与 字节比较的结果
N1(x:<.<=.=.>=.>.<>)N2</td></tr>
<tr><td>OBx.</td><td>N1,N2</td><td>或 字节比较的结果
N1(x:<.<=.=.>=.>.<>)N2</td></tr>
<tr><td>LDWx.</td><td>N1,N2</td><td>装载字节比较的结果
N1(x:<.<=.=.>=.>.<>)N2</td></tr>
<tr><td>AWx.</td><td>N1,N2</td><td>与 字节比较的结果
N1(x:<.<=.=.>=.>.<>)N2</td></tr>
<tr><td>OWx.</td><td>N1,N2</td><td>或 字节比较的结果
N1(x:<.<=.=.>=.>.<>)N2</td></tr>
<tr><td>LDDx.</td><td>N1,N2</td><td>装载双字比较的结果
N1(x:<.<=.=.>=.>.<>)N2</td></tr>
<tr><td>ADx.</td><td>N1,N2</td><td>与 双字比较的结果
N1(x:<.<=.=.>=.>.<>)N2</td></tr>
<tr><td>ODx.</td><td>N1,N2</td><td>或 双字比较的结果
N1(x:<.<=.=.>=.>.<>)N2</td></tr>
<tr><td>LDRx.</td><td>N1,N2</td><td>装载实数比较的结果
N1(x:<.<=.=.>=.>.<>)N2</td></tr>
<tr><td>ARx.</td><td>N1,N2</td><td>与 实数比较的结果
N1(x:<.<=.=.>=.>.<>)N2</td></tr>
<tr><td>ORx.</td><td>N1,N2</td><td>或 实数比较的结果
N1(x:<.<=.=.>=.>.<>)N2</td></tr>
<tr><td>NOT</td><td></td><td>堆栈取反</td></tr>
<tr><td>EU
ED</td><td></td><td>检测上升沿
检测下降沿</td></tr>
<tr><td>=</td><td>N</td><td>赋值</td></tr>
<tr><td>=I</td><td>N</td><td>立即赋值</td></tr>
<tr><td>S,</td><td>S_BIT,N</td><td>位置一个区域</td></tr>
<tr><td>R,</td><td>S_BIT,N</td><td>复位一个区域</td></tr>
<tr><td>SI</td><td>S_BIT,N</td><td>立即位置一个区域</td></tr>
<tr><td>RI</td><td>S_BIT,N</td><td>立即复位一个区域</td></tr>
<tr><th colspan="3">传送、移位、循环和填充指令</th></tr>
<tr><td>MOVB ,</td><td>OUT</td><td>字节传送</td></tr>
<tr><td>MOVW</td><td>OUT</td><td>字传送</td></tr>
<tr><td>MOVD ,</td><td>OUT</td><td>双字传送</td></tr>
<tr><td>MOVR ,</td><td>OUT</td><td>实数传送</td></tr>
<tr><td>BIR,</td><td>IN,OUT</td><td>立即读取物理输入字节</td></tr>
<tr><td>BIW ,</td><td>IN,OUT</td><td>立即写物理输出字节</td></tr>
</table>

<table>
<tr><th colspan="3">数学、增减指令</th></tr>
<tr><td>+I</td><td>IN1,OUT</td><td rowspan="3">整数、双整数或实数加法
IN1+OUT=OUT</td></tr>
<tr><td>+D</td><td>IN1,OUT</td></tr>
<tr><td>+R</td><td>IN1,OUT</td></tr>
<tr><td>-I</td><td>IN1,OUT</td><td rowspan="3">整数、双整数或实数减法
OUT- IN1 =OUT</td></tr>
<tr><td>-D</td><td>IN1,OUT</td></tr>
<tr><td>-R</td><td>IN1,OUT</td></tr>
<tr><td>MUL</td><td>IN1,OUT</td><td>整数或实数乘法</td></tr>
<tr><td>*R</td><td>IN1,OUT</td><td>IN1*OUT =OUT</td></tr>
<tr><td>*D,*I</td><td>IN1,OUT</td><td>整数或双整数乘法</td></tr>
<tr><td>DIV</td><td>IN1,OUT</td><td>整数或实数除法</td></tr>
<tr><td>/R</td><td>IN1,OUT</td><td>IN1/OUT =OUT</td></tr>
<tr><td>/D,/I</td><td>IN1,OUT</td><td>整数或双整数除法</td></tr>
<tr><td>SQRT</td><td>IN,OUT</td><td>平方根</td></tr>
<tr><td>LN</td><td>IN,OUT</td><td>自然对数</td></tr>
<tr><td>EXP</td><td>IN,OUT</td><td>自然指数</td></tr>
<tr><td>SIN</td><td>IN,OUT</td><td>正弦</td></tr>
<tr><td>COS</td><td>IN,OUT</td><td>余弦</td></tr>
<tr><td>TAN</td><td>IN,OUT</td><td>正切</td></tr>
<tr><td>INCB</td><td>OUT</td><td rowspan="3">字节、字和双字增 1</td></tr>
<tr><td>INCW</td><td>OUT</td></tr>
<tr><td>INCD</td><td>OUT</td></tr>
<tr><td>DECB</td><td>OUT</td><td rowspan="3">字节、字和双字减 1</td></tr>
<tr><td>DECW</td><td>OUT</td></tr>
<tr><td>DECD</td><td>OUT</td></tr>
<tr><td>PID</td><td>Table,Loop</td><td>PID 回路</td></tr>
<tr><th colspan="3">定时器和计数器指令</th></tr>
<tr><td>TON</td><td>Txxx,PT</td><td>接通延时定时器</td></tr>
<tr><td>TOF</td><td>Txxx,PT</td><td>关断延时定时器</td></tr>
<tr><td>TONR</td><td>Txxx,PT</td><td>带记忆的接通延时定时器</td></tr>
<tr><td>CTU</td><td>Cxxx,PV</td><td>增计数</td></tr>
<tr><td>CTD</td><td>Cxxx,PV</td><td>减计数</td></tr>
<tr><td>CTUD</td><td>Cxxx,PV</td><td>增/减计数</td></tr>
<tr><th colspan="3">实时时钟指令</th></tr>
<tr><td>TODR</td><td>T</td><td>读实时时钟</td></tr>
<tr><td>TODW</td><td>T</td><td>写实时时钟</td></tr>
<tr><th colspan="3">程序控制指令</th></tr>
<tr><td>END</td><td></td><td>程序的条件计数</td></tr>
<tr><td>STOP</td><td></td><td>切换到 STOP 模式</td></tr>
<tr><td>WDR</td><td></td><td>看门狗复位（300ms）</td></tr>
<tr><td>JMP</td><td>N</td><td>跳到定义的标号</td></tr>
<tr><td>LBL</td><td>N</td><td>定义一个跳转的标号</td></tr>
<tr><td>CALL N 〔N1,...〕 CRET</td><td></td><td>调用子程序〔N1,...可以有 16 个可选参数参数）
从 SBR 条件返回</td></tr>
<tr><td>FOR INDX,INIT FINAL
NEXT</td><td></td><td>For/Next 循环</td></tr>
<tr><td>LSCR
SCRT
SCRE</td><td>
N
N</td><td>顺控继电器段的启动、转换和结束</td></tr>
<tr><th colspan="3">表、查找和转换指令</th></tr>
<tr><td>ATT</td><td>TABLE,DATA</td><td>把数据加到表中</td></tr>
<tr><td>LIFO</td><td>TABLE,DATA</td><td>从表中取数，后入先出</td></tr>
<tr><td>FIFO</td><td>TABLE,DATA</td><td>从表中取数，先入先出</td></tr>
</table>

BMB	IN,OUT,N	字节块传送
BMWI	IN,OUT,N	字块传送
BMD	IN,OUT,N	双字块传送
SWAP	IN	交换字节
SHRB DATA S_BIT,N		移位寄存器
SRB	OUT,N	字节右移
SRW ,.	OUT,N	字右移
SRD	OUT,N	双字右移
SLB ,	OUT,N	
SLW ,.	OUT,N	字节、字和双字左移
SLD ,	OUT,N	
RRB	OUT,N	
RRW ,.	OUT,N	字节、字和双字循环右移
RRD	OUT,N	
RLB	OUT,N	
RLW ,.	OUT,N	字节、字和双字循环左移
RLD ,	OUT,N	
FILL	IN,OUT,N	用指定的元素填充存储器空间
逻 辑 操 作		
ALD		与一个电路块
OLD		或一个电路块
LPS		入栈
LRD		读栈
LPP		出栈
LDS		装载堆栈
AENO		对 ENO 进行与操作
ANDB	IN1,OUT	
ANDW III	IN1,OUT	对字节、字和双字逻辑与
ANDD	IN1,OUT	
ORB	IN1,OUT	
ORW ,	IN1,OUT	对字节、字和双字辑或
ORD	IN1,OUT	
XORB	IN1,OUT	
XORW ,,	IN1,OUT	对字节、字和双字逻辑异或
XORD ,,	IN1,OUT	
INVB	OUT	
INVW ,,	OUT	对字节、字和双字取反（1 的补码）
INVD	OUT	

FND=	SRC,PATRN,INDX	
FND<>	SRC,PATRN,INDX	在表中查找符合比较条件数据
FND<	SRC,PATRN,INDX	
FND>	SRC,PATRN,INDX	
BCDI	OUT	BCD 码转换成整数
IBCD	OUT	整数转换成 BCD 码
BTI	IN,OUT	字节转换成整数
ITB	IN,OUT	整数转换成字节
ITD	IN,OUT	整数转换成双整数
DTI	IN,OUT	双整数转换成整数
DTR	IN,OUT	把双字转换成实数
TRUNC	IN,OUT	把实数转换成双字
ROUND	IN,OUT	把实数转换成双整数
ATH	IN,OUT,LEN	把 ASCII 码转换成 16 进制数
HTA	IN,OUT,LEN	把 16 进制数转换成 ASCII 码
ITA	IN,OUT,FMT	把整数转换成 ASCII 码
DTA	IN,OUT,FMT	把双整数转换成 ASCII 码
RTA	IN,OUT,FM	把实数转换成 ASCII 码
DECO	IN,OUT	解码
ENCO	IN,OUT	编码
SEG	IN,OUT	产生 7 段译码
中 断		
CRETI		从中断条件返回
ENI		允许中断
DISI		禁止中断
ATCH	INT,EVENT	给事件分配中断程序
DTCH	EVENT	解除事件
通 信		
XMT	TABLE,PORT	自由口传送
RCV	TABLE,PORT	自由口接受信息
TODR	TABLE,PORT	网络读
TODW	TABLE,PORT	网络写
GPA	ADDR,PORT	获取端口地址
SPA	ADDR,PORT	设置端口地址
高 速 指 令		
HDEF	HSC,Mode	定义高速计数器模式
HSC	N	激活高速计数器
PLS	X	脉冲输出

参 考 文 献

[1] 廖常初. PLC 编程及应用[M]. 北京：机械工业出版社，2002.

[2] 廖常初. PLC 基础及应用[M]. 2 版. 北京：机械工业出版社，2004.

[3] 王永华. 现代电气控制及 PLC 应用技术[M]. 北京：北京航空航天大学出版社，2003.

[4] 李俊秀，赵黎明. 可编程控制器应用技术实训指导[M]. 北京：化学工业出版社，2002.

[5] 孙平. 可编程控制器原理及应用[M]. 北京：高等教育出版社，2003.

[6] 黄净. 电气控制与可编程控制器[M]. 北京：机械工业出版社，2004.

[7] 周万珍，高鸿斌. PLC 分析与设计及应用[M]. 北京：电子工业出版社，2004.

[8] 陈富安. 单片机与可编程控制器应用技术[M]. 北京：电子工业出版社，2003.

[9] 王也仿. 可编程控制器应用技术[M]. 北京：机械工业出版社，2004.

[10] 郁汉琪. 机床电气及可编程控制器实验、课程设计指导书[M]. 北京：高等教育出版社，2001.

[11] 朱家建. 单片机与可编程控制器[M]. 北京：高等教育出版社，1998.

[12] 李乃夫. 可编程控制器原理·应用·实验[M]. 北京：中国轻工业出版社，1998.

[13] SIMATIC S7-200 可编程控制器系统手册[M]. 2000.

[14] SIMATIC S7-200 可编程控制器应用示例[M]. 2000.

[15] 吕景泉. 可编程控制器技术教程[M]. 北京：高等教育出版社，2001.

[16] 潘新民，王燕芳. 微型计算机控制技术[M]. 北京：高等教育出版社，2002.

[17] 姒茂新，贾震斌. 计算机网络及应用[M]. 北京：电子工业出版社，2003.

[18] 张进秋. 可编程控制器原理及应用[M]. 北京：机械工业出版社，2004.

[19] 施利春，李伟. 变频器操作实训[M]. 北京：机械工业出版社，2007.

[20] 龚仲华. S7-200/300/400PLC 应用技术提高篇[M]. 北京：人民邮电出版社，2008.

[21] 肖朋生，张文，王建辉. 变频器及其控制技术[M]. 北京：机械工业出版社，2008.

[22] 吴丽. 电气控制与 PLC 应用技术[M]. 北京：机械工业出版社，2008.

[23] 吴志敏，阳胜峰. 西门子 PLC 与变频器、触摸屏综合应用教程[M]. 北京：中国电力出版社，2009.

计算机电路基础

书号：ISBN 978-7-111-35933-3
定价：31.00 元　　作者：张志良
推荐简言：

本书内容安排合理、难度适中，有利于教师讲课和学生学习，配有《计算机电路基础学习指导与习题解答》。

高级维修电工实训教程

书号：ISBN 978-7-111-34092-8
定价：29.00 元　　作者：张静之
推荐简言：

本书细化操作步骤，配合图片和照片一步一步进行实训操作的分析，说明操作方法；采用理论与实训相结合的一体化形式。

汽车电工电子技术基础

书号：ISBN 978-7-111-34109-3
定价：32.00 元　　作者：罗富坤
推荐简言：

本书注重实用技术，突出电工电子基本知识和技能。与现代汽车电子控制技术紧密相连，重难点突出。每一章节实训与理论紧密结合，实训项目设置合理，有助于学生加深理论知识的理解和对基本技能掌握。

单片机应用技术学程

书号：ISBN 978-7-111-33054-7
定价：21.00 元　　作者：徐江海
推荐简言：

本书是开展单片机工作过程行动导向教学过程中学生使用的学材，它是根据教学情景划分的工学结合的课程，每个教学情景实施通过几个学习任务实现。

数字平板电视技术

书号：ISBN 978-7-111-33394-4
定价：38.00 元　　作者：朱胜泉
推荐简言：

本书全面介绍了平板电视的屏、电视驱动板、电源和软件，提供有习题和实训指导，实训的机型，使学生真正掌握一种液晶电视机的维修方法与技巧，全面和系统介绍了液晶电视机内主要电路板和屏的代换方法，以面对实用性人才为读者对象。

电力电子技术　第2版

书号：ISBN 978-7-111-29255-5
定价：26.00 元　　作者：周渊深
获奖情况：普通高等教育"十一五"国家级规划教材
推荐简言：本书内容全面，涵盖了理论教学、实践教学等多个教学环节。实践性强，提供了典型电路的仿真和实验波形。体系新颖，提供了与理论分析相对应的仿真实验和实物实验波形，有利于加强学生的感性认识。

EDA 技术基础与应用

书号：ISBN 978-7-111-33132-2
定价：32.00 元　　作者：郭勇
推荐简言：
　　本书内容先进，按项目设计的实际步骤进行编排，可操作性强，配备大量实验和项目实训内容，供教师在教学中选用。

电子测量仪器应用

书号：ISBN 978-7-111-33080-6
定价：19.00 元　　作者：周友兵
推荐简言：
　　本书采用"工学结合"的方式，基于工作过程系统化；遵循"行动导向"教学范式；便于实施项目化教学；淡化理论，注重实践；以企业的真实工作任务为授课内容；以职业技能培养为目标。

高频电子技术

书号：ISBN 978-7-111-35374-4
定价：31.00 元　　作者：郭兵　唐志凌
推荐简言：
　　本书突出专业知识的实用性、综合性和先进性，通过学习本课程，使读者能迅速掌握高频电子电路的基本工作原理、基本分析方法和基本单元电路以及相关典型技术的应用，具备高频电子电路的设计和测试能力。

单片机技术与应用

书号：ISBN 978-7-111-32301-3
定价：25.00 元　　作者：刘松
推荐简言：
　　本书以制作产品为目标，通过模块项目训练，以实践训练培养学生面向过程的程序的阅读分析能力和编写能力为重点，注重培养学生把技能应用于实践的能力。构建模块化、组合型、进阶式能力训练体系。

Verilog HDL 与 CPLD/FPGA 项目开发教程

书号：ISBN 978-7-111-31365-6
定价：25.00 元　　作者：聂章龙
获奖情况：高职高专计算机类优秀教材
推荐简言：
　　本书内容的选取是以培养从事嵌入式产品设计、开发、综合调试和维护人员所必须的技能为目标，可以掌握 CPLD/FPGA 的基础知识和基本技能，锻炼学生实际运用硬件编程语言进行编程的能力，本书融理论和实践于一体，集教学内容与实验内容于一体。

电子信息技术专业英语

书号：ISBN 978-7-111-32141-5
定价：18.00 元　　作者：张福强
推荐简言：
　　本书突出专业英语的知识体系和技能，有针对性地讲解英语的特点等。再配以适当的原版专业文章对前述的知识和技能进行针对性联系和巩固。实用文体写作给出范文。以附录的形式给出电子信息专业经常会遇到的术语、符号。